国家科学技术学术著作出版基金资助出版

国家自然科学基金项目"少数民族服装图像自动着色关键技术研究"
（项目批准号：61862068）

少数民族服饰
图像数字化技术及应用

甘健侯 吴 迪 周菊香 等 著

科学出版社

北 京

内 容 简 介

本书以少数民族服饰为对象，综合计算机科学、民族学、艺术学等多学科，融合当前数字图像处理、机器学习等领域的新技术，从计算机视觉的角度开展少数民族服饰图像的数字化分析及应用研究。本书分析了传统的少数民族服饰图像数字化方法，同时提出了基于深度学习的少数民族服饰图像处理方法，包括少数民族服饰检索、草图自动生成、图像语义分割、自动着色等方面。此外，本书还详细地介绍了少数民族服饰数据集的构建，包括服饰图像采集规范和标准、服饰图像草图数据集及服饰图像语义数据集的构建方法。

本书可供电子信息工程、计算机科学与技术等领域的科技工作者参考，也可供高校电子工程、计算机及相关专业的本科生和研究生，以及对中国少数民族服饰文化感兴趣的读者参阅。

图书在版编目(CIP)数据

少数民族服饰图像数字化技术及应用 / 甘健侯等著. -- 北京：科学出版社, 2025. 3. -- ISBN 978-7-03-080906-3

Ⅰ. TS941.742.8

中国国家版本馆 CIP 数据核字第 20242EA159 号

责任编辑：朱丽娜　高丽丽 / 责任校对：王晓茜
责任印制：徐晓晨 / 封面设计：有道文化

科 学 出 版 社 出版

北京东黄城根北街 16 号
邮政编码：100717
http://www.sciencep.com

北京建宏印刷有限公司印刷
科学出版社发行　各地新华书店经销

*

2025 年 3 月第 一 版　开本：720×1000　1/16
2025 年 3 月第一次印刷　印张：17
字数：261 000

定价：198.00 元
（如有印装质量问题，我社负责调换）

前　　言

　　本书为国家自然科学基金项目"少数民族服装图像自动着色关键技术研究"（项目批准号：61862068）的研究成果之一。

　　我国民族众多，各民族在我国的文化发展中留下了带有自己特色的一笔，正是这些各有特色的民族文化瑰宝塑造了我国绚烂缤纷的文化。不同领域的文化各有千秋，如中国汉字的广博与精深；中国诗词的优美与铿锵；中国艺术的悠远与出彩；等等。其中，也包含了中国服饰的知性与儒雅。各民族服饰文化成就了中华"衣冠之国"的美誉，源远流长的服饰文化也是我国民族文化的重要一部分。

　　本书以少数民族服饰为对象，综合计算机科学、民族学、艺术学等多学科，融合当前数字图像处理、机器学习等领域的新技术，从计算机视觉的角度出发，开展对少数民族服饰图像的数字化分析及应用研究。本书可以为少数民族服饰数字化提供新的研究思路和技术手段，有助于少数民族服饰色彩元素在辅助服装设计等相关领域的推广应用，使该领域的研究更加科学，向广度与深度拓展，对于促进少数民族服饰文化的保护和传承，具有一定的研究意义和参考价值。本书介绍了传统的少数民族服饰图像数字化方法，同时提出了基于深度学习的少数民族服饰图像处理方法，包括少数民族服饰检索、草图自动生成、图像语义分割、自动着色等方面。这些都是近年来计算机视觉领域的研究热点。这些数字化方法和技术手段不仅准确、快速和可靠，而且可以协助学者从艺术和审美角度对少数民族服饰进行更深入、客观、全面的研究，同时也为少数民族服饰的辨识和认知提供了很好的依据。此外，本书详细地介绍了少数民族服饰数据集的构建，包括服饰图像采集规范和标准、服饰图像草图数据集及服饰图像语义数据集的构建方法。数据集的构建，不仅能为少数民族服饰文化的数字化保存提供基础数据支持，还能为后续的科学研究、文化传承与创新提供重要的资源。

目　录

第一章

导　言

　　绚丽多姿的少数民族服饰蕴含着丰富的民族历史与文化，具有符号象征的色彩，体现了更深层的民族精神和地域特色。

第一节　少数民族服饰概述

　　研究少数民族服饰色彩规律及应用，对于实现少数民族文化保护与传承具有积极的意义。当前，该领域存在信息技术应用比例不高、对专业经验的依赖较强等方面的问题，制约了少数民族文化数字资源的开发与利用。因此，利用计算机领域的新技术，探索并研究面向少数民族服饰数字资源应用的图像自动着色方法，具有一定的研究价值和应用前景。

一、少数民族服饰介绍

　　少数民族服饰是少数民族根据所处的特定区域，结合自己民族发展的历史背景创作出的独一无二的文化符号。少数民族服饰随着历史、文化的发展而演变，但仍然承继并保持着本民族的特色，通常在原料、制作工艺、色调、款式、花纹图案等方面较少受到其他民族服饰文化的影响，保留着本民族的风格和文化特点，能够代表和反映本民族历史与文化发展的进程。[①]少数民族服饰可以说是少数民族文化的缩影，是少数民族在漫长的历史发展过程中形成的各

---

① 申旭梅. 基于内容的少数民族服饰图像检索技术研究与实现[D]. 云南师范大学，2016：34.

具特色的民族文化。对于少数民族而言，服饰是少数民族传统文化的载体，是区别各少数民族的显著标志之一。①

我国是一个多民族国家，在物质、文化、地理位置和生活环境等多重因素的影响下，各个民族形成了各不相同的服饰文化。少数民族服饰是少数民族智慧的产物，是每个时代和地域群体的特殊印记。少数民族服饰的用料、图案样式、色彩选择、加工方式，在一定程度上反映出了某区域该民族的文化特色、礼仪制度、经济水平、工艺水平，以及在历史发展中所处的社会地位。少数民族服饰的织、绣、染等工艺更是非物质文化遗产的一部分，具有相当高的保护和传承价值。②少数民族服饰反映了各少数民族的生产生活，具有重要的史料价值，是民族工艺品的代表，也承载着其特有的民族风情和艺术文化价值。少数民族服饰是各个民族形象的标志，也是本民族生活、历史的见证。其文化差异构成了民族文化的多样性，是中华民族的文化瑰宝。正是各民族通过自己的勤劳与智慧创造出独具特色、光彩夺目的服饰文化，才使中华民族服饰文化有了深刻的内涵，对弘扬各民族文化产生了一定的积极影响。③

二、少数民族服饰的文化内涵

少数民族服饰不仅是少数民族保暖蔽体或满足审美需求之物，更是一个民族的象征，有其独具特色的文化内涵。少数民族服饰直接反映了少数民族的生产与生活，其体现出的原生态性和传统性是一个民族的符号，不仅反映了少数民族的性别、年龄与婚姻状况，更体现出了少数民族的信仰。我国多民族格局是历史与文化发展的必然结果，在历史长河中，各个民族都形成了鲜明的民族文化和地方特色。在民族文化资源保护方面进行创新性的工作，是维护中华民族整体性，以及促进民族文化现代化和可持续发展的有效途径。当前，我国正处于树立文化自信、助力民族复兴的关键阶段，发扬优秀的民族文化刻不容缓。

在我国，少数民族服饰文化历史悠久，其复杂的图案、绚丽的色彩、多样

---

① 赵伟丽. 基于区域综合匹配的少数民族服饰图像检索算法研究与实现[D]. 云南师范大学，2017：54.

② 崔琳. 少数民族服饰文化知识图谱的构建及应用研究[D]. 云南师范大学，2021：32.

③ 张雪梅. 我国少数民族服饰文化的传承与保护——评《中国民族服装艺术传承与发展》[J]. 印染助剂，2020（9）：66.

的设计、古老的纯手工制作工艺及配饰等，反映出了其特有的审美观念和风俗文化。少数民族服饰及其图案在少数民族文化中非常重要，具有一定的审美象征意义。少数民族服饰及其图案在重构与设计环节体现本民族文化的特点，对于传播民族文化有着深远的意义。少数民族服饰作为民族精神、物质文化及实用功能的结合，反映了少数民族的发源、文化、精神、信仰、传说、生活习惯及地方特色，对于传承少数民族的历史、文化具有重要意义。[①]

　　自古以来，中国就是一个统一的多民族国家。各民族在长期的发展、交流与融合过程中，形成了各具特色的少数民族服饰文化，精彩纷呈。民族服饰元素作为民族文化的载体，不仅反映了各民族的历史、文化和审美风格，还蕴含了人们对本民族文化之美的深刻理解。中国各地的少数民族大多拥有独特的服饰图腾文化。

　　在长期的生产生活中，各民族肩负着传承和发扬本民族服饰文化的重要使命，亲自动手制作本民族服饰，在技术条件不断改进的过程中，积累了丰富的服饰制作经验。老一辈的民间手工艺人可以凭借自身的记忆去识别服饰或者服饰上的花纹图案是否属于自己民族特有。但是，随着科技的进步，民族文化的传承与保护也呈现出数字化和智能化的趋势。

　　服饰能够反映出一个民族的精神内涵，是一个民族文化的外在体现。例如，虽然佤族服饰也会因地域差异有细微的不同，但基本上还保留着古老的山地民族特色，体现了佤族人粗犷、豪放的性格。一些男子仍然保持着系一片兜裆布为衣的传统。佤族女子一般穿贯头式紧身无袖短衣和家织红黑色条纹筒裙，赤足，戴耳柱或大耳环，项间佩挂银圈或数十串珠饰，喜戴臂箍、手镯。手镯宽约 5 厘米，多用白银制成，上面刻有各种精致的图案花纹，美观闪亮，是佤族妇女喜爱的装饰品。腰间一般以若干藤圈竹串为饰。在佤族的传统文化中，牛在人们的心目中是吉祥、神圣、高贵的象征，因此在上述提到的很多男女佤族服饰中均可以看到融入了"牛"的元素。

　　哈尼族服饰的色彩、款式和纹样既是该民族生存区域地理环境的缩影，也是族人社会身份和角色的标识，体现了其生生不息、物我合一的生存理念。哈

---

① 周朝晖. 非物质文化遗产保护视角下的少数民族服饰文化发展战略研究[J]. 湖南社会科学，2014(5)：173-176.

尼族服饰在原料、色彩、款式、装饰手法等方面，无不与梯田农耕生产密切相关。以梯田农耕生产和哈尼梯田文化为主体的社会意识形态、社会生活方式，决定了其服饰的改良、发展均以反映梯田文化内涵、适应梯田生产需要为原则。哈尼族崇尚黑色，无论男女，其服装均以黑色为主色调，这是由其在漫长的迁徙过程中形成的历史沉重感和审美的心理要求、社会历史文化发展程度、哀牢山自然环境和梯田稻作农业决定的。哈尼族主要以梯田农业为生，对于在高山地区从事农耕的他们而言，黑色服装在保暖性能、耐脏耐用等方面展现出了显著的优势。此外，这一穿着习俗还反映了他们所处的地理环境特征、相对封闭的社会生活状态、追求避世隐居的民族心理，以及传统原料和印染技术相对有限的客观条件。当然，哈尼族年轻人的服饰往往色彩斑斓。然而，当他们步入婚姻并有了孩子之后，便会转而穿着简约的蓝黑色服饰，并将那些曾经鲜艳亮丽的衣物珍藏起来，打算日后传承给自己的子女。

彝族人的服饰以其多姿多彩、独树一帜的风格而闻名，形态多样，近达百种。历史上，不同地区的彝族服饰差异显著，各具特色，有着地域文化的痕迹。在凉山彝族自治州的许多地方，由于四季气候偏凉且相对稳定，彝族的服饰并未展现出强烈的季节性变化，查尔瓦（一种披衫）成了常年必备之物，不论男女，皆习惯于穿着查尔瓦及披毡。查尔瓦，彝语称作"瓦拉"，其形态类似披风，采用精心撵制的粗羊毛线织就而成，尤其以圣乍地区所产的最为华美。它的边缘装饰有红、黄两色的牙边及青色的衬布，通常由大约 2 千克的羊毛精心缝制，虽较重却薄如铜钱，经过折叠形成固定宽度的褶皱，上方以毛绳束为领口，颜色多为原色或蓝色。查尔瓦是彝族男女老幼的日常必备服饰，白天可当作衣物穿着，夜晚则可作被子使用，还能有效抵御风雨和雪霜，无论寒暑皆适宜。从各民族的服饰中，我们可以窥见它们各自鲜明的民族特色与文化精神，因此，保护少数民族服饰成了一项重要任务，这不仅是对各民族文化的守护，也是对中华民族悠久历史的一种珍贵记录。

三、少数民族服饰保护与传承

保护和传承少数民族服饰有助于推动物质文明建设与精神文明建设的和谐并进。在悠久的历史演进中，少数民族服饰凝聚了各自文化的精髓，形成了独特的风格，不仅具有深厚的艺术价值和历史意义，而且是探索一个民族文化内涵的重要窗口。此外，对少数民族服饰的保护与传承能够增进文化多样性，为构建和谐社会贡献力量。民族文化根植于不同的地域与生态环境之中。要发展民族文化，必须立足于其独特的文化特性和当地自然环境，同时尊重其生活方式与价值观念，以此为基础继承和弘扬特色鲜明的民族文化。当前，随着互联网技术的迅猛发展和全球化的日益加深，地区间的交流变得前所未有的便捷，民族地区经济建设步伐加快，现代文化对传统文化的冲击愈发显著，少数民族服饰文化的变迁速度超越了历史上的任何时期。[①]

在全球化的冲击下，一些传统的民族服饰已经发生了很大变化。在很长一段时间内，由于交通不发达、信息技术条件有限，少数民族与外界社会的交流很少，这也影响了部分少数民族服饰文化的传承与发扬。另外，随着社会的不断发展，特别是各种新技术、新思潮的涌入，在一些人看来，长期缺少创新的民族服饰显得不够时髦，认为本民族的服饰跟不上时代发展的潮流，以至于现在一些少数民族很少在节日之外穿本民族的服饰[②]，而是普遍穿着西服、牛仔裤等大众化的服饰，只有部分老年人还保留着穿本民族服饰的习惯[③]。这使得当前少数民族服饰文化的保护工作面临着诸多挑战。

第一，现代社会能熟练掌握少数民族服饰制作工艺的人日益减少。更令人担忧的是，愿意投身学习这一传统工艺的人更是寥寥无几，少数民族服饰制作工艺面临着濒临失传的风险。

第二，随着经济社会的发展，外来服饰文化对传统少数民族服饰产生了显著的冲击。在这一过程中，一些少数民族同胞在不知不觉中受到了外来审美文化的影响，其审美观念逐渐变化，对民族服饰的热情与兴趣逐渐减弱。

第三，传统少数民族服饰的制作流程颇为繁复，涵盖了布料的纺织、染色、裁剪及刺绣等多个环节，几乎全程依赖手工技艺。完成一件少数民族服装的制作，往往需要经验丰富的手工艺人倾注大量时间与精力。然而，随着经济的持续增长和民众生活水平的显著提升，当部分手工艺者发现从制作少数民

① 杨军. 少数民族服饰文化的保护与传承研究[J]. 西南农业大学学报（社会科学版），2013(6)：57-61.

② 刘远峰，刘佳玉. 中国少数民族传统服饰现状文化视角分析[J]. 智富时代，2019(7)：1.

③ 陈国强. 民族服饰文化的保护及传承[J]. 纺织科技进展，2016(8)：4-6.

服饰中获取的收益不足以维持生计时，他们可能会转而投身于更具市场的大众服饰领域。与此同时，工业化生产的服饰以其简约美观、性价比高等优势逐渐占据了更大的市场份额，少数民族服饰的穿着场合与受众范围日益缩小。

第四，由于市场经济的发展，传统少数民族服饰日渐商业化，其制作过程发生了巨大变化，服饰本身所具有的文化内涵也逐渐淡化，真正体现少数民族服饰文化的手工艺逐渐减少。最终，可能会导致少数民族服饰从艺术创作的手工艺品转变为工业时代的复制品。[1]因此，我们要高度重视对少数民族服饰文化的保护与传承，要在外来服饰文化强烈的冲击下保持少数民族服饰文化的特色，避免被同化。

中国有 55 个少数民族，因地理环境、气候条件、风俗习惯、经济状况及文化背景的差异，历经长期发展，形成了各具特色、五彩斑斓的民族风貌。少数民族服饰不仅承载着深厚的民族文化内涵，也是民族工艺艺术的瑰宝。服饰中的符号象征与色彩运用，深刻体现了民族精神和地域特色，同时也映射出社会变迁的轨迹。因此，探索少数民族服饰的数字化应用，对于保护和传承少数民族文化具有重大意义，是留存宝贵民族文化资源的关键途径。借助计算机视觉领域的信息技术手段，可以研究少数民族服饰草图自动生成、图像语义分割、图像智能上色、图像高效检索等数字资源应用方法，进而构建少数民族服饰图像资源库。这一资源库将为研究少数民族服饰文化的学者提供坚实的数据支撑，同时也将促进少数民族服饰在文化教育、电子商务等多个领域的广泛应用。[2]

在传承与保护少数民族服饰的过程中，我们应致力于挽救现存具有代表性的少数民族服饰，确保在维护民族传统与文化特色的同时，巧妙融入现代元素，使其顺应时代发展，满足当代社会的需求，从而吸引更多人接纳并热爱少数民族服饰文化，为这一文化的繁荣开辟新的路径。采用数字化技术对少数民族服饰文化进行全面抢救与保护，借助现代科技手段进行科学管理与开发、保护与传承，不仅是维护民族文化的一种高效策略，也是一项亟待推进的紧迫任务。可以说，服饰是各民族历史与文化的生动载体。

① 薛可有. 少数民族服饰资源数字化及其学习平台构建与实现[D]. 云南师范大学，2016：21.
② 赵伟丽. 基于区域综合匹配的少数民族服饰图像检索算法研究与实现[D]. 云南师范大学，2017：13.

第二节　少数民族服饰数字化

在数字化浪潮汹涌澎湃的当代社会，少数民族服饰正经历着一场引人注目的数字化变革，展现出蓬勃的创新力与无限活力。作为绚烂多彩的文化瑰宝，这些服饰不仅镌刻着历史的深邃、传统的韵味，还蕴含着别具一格的审美理念。在现代科技的强力驱动下，它们犹如获得了新生，正以一种前所未有的姿态绽放光彩，焕发着崭新的生命力。

一、什么是少数民族服饰数字化

数字化，即将许多复杂多变的信息转变为可以度量的数字、数据，再根据这些数字、数据建立起适当的数字化模型，把它们转变为一系列二进制代码，引入计算机内部，进行统一处理。这一概念最早是由美国著名科技评论家史蒂夫·利伯（S. Lieber）提出的，主要是针对图像处理而提出的理论模型。这一理论模型认为，图像不仅是一种视觉上的信息传达，也是一种心理层面和社会行为层面上的信息传达。随着信息技术的飞速发展，计算机可以对工作和生活中的海量信息进行收集与整理，按照计算机能识别的语言，将其转化为二进制代码，然后输入计算机建立数据库，并以数据库为基础在计算机中构建模型，从而将一些感官的信息转化成为可量化考核与精确分析的数字代码，为我们获取科学、可信的结果提供帮助。[①]

数字技术的发展，一方面为文化遗产的保护与展示提供了先进的技术手段，另一方面也革新了传统文化遗产的保护模式，使得社会公众能够更广泛地接触和享受人类的文化遗产。少数民服饰文化作为民族精神的独特体现，蕴含着民族的智慧、思维方式及精神气质，展现了民族物质文化与精神文化的现状，堪称民族历史的"活化石"。[②]如今，数字化技术的飞速发展，打破了少数民族服饰存储和保护的空间与时间限制，采用扫描、储存及分析等技术可以使其从静态变为动态，使得原有的信息以一种更生动、直观的方式展现在人们

---

① 孔祥琪. 文化遗产保护背景下基诺族服饰数字化研究[D]. 云南艺术学院，2020：28.
② 漆亚莉，申启明. 民族服饰资源数字化保护与开发探索——以构建"壮族服饰文化数据库"为例[J]. 学术论坛，2014(10)：123-127.

面前。在互联网技术高速发展的今天，受社会现代化因素的影响，少数民族服饰文化发展正面临困境，因此如何应用计算机技术、多媒体技术实现少数民族服饰的数字化生成与应用，对少数民族文化的有效保护及传承具有积极的意义。①

二、少数民族服饰如何数字化

传统的少数民族服饰数字化是指通过扫描仪、图像拍摄等数字化手段对少数民族服饰进行数字化保护与再利用的过程。②以往通过传统方式保存下来的少数民族服饰图像多为黑白形式，对这些传统少数民族服饰灰度图像进行着色，通常需要经过人工绘图与手工上色等烦琐步骤。在这一过程中，人为的主观因素会产生较大的影响。此外，随着需要着色的图像数量不断增加，着色工作的负担也随之加重，这对少数民族服饰灰度图像的人工着色画师而言，无疑是一项愈发艰巨的任务。同时，在承担如此庞大的灰度图像人工着色任务时，工作人员可能会出现一些失误。对传统少数民族服饰图像进行着色，要求画师深入了解少数民族服饰图像内容，熟悉少数民族服饰图库色彩风格，并精通少数民族服饰着色的每一个细节。因此，在开始着色之前，画师需要对少数民族服饰着色流程进行全面的评估，这一过程本身就极为漫长且复杂。鉴于传统少数民族服饰文化传承的难度日益加大，加快其数字化传承的进程显得尤为重要且紧迫。

20 世纪 60 年代以来，图像处理相关技术快速发展，其应用领域越来越广泛。使用计算机技术对少数民族服饰进行数字化处理，是当前主流研究方向之一。③本书汇集了针对少数民族服饰的草图生成、图像语义分割、图像自动着色及图像检索等一系列核心技术方法，旨在为相关研究者的研究奠定坚实的基础，进一步拓展对少数民族日常生活其他领域的研究。

目前，流行的数字化处理技术各有特色，例如，草图着色有着悠久的历史，在黑白图像出现后，人们就尝试采用手工方法为黑白图像或手绘草图着

---

① 袁军. 黔南民族服饰图案数字化生成技术研究[J]. 电脑知识与技术，2020(22)：35-36，39.
② 谭欣. 传统民族服饰数字化采集标准研究[D]. 北京邮电大学，2019：10.
③ 申旭梅. 基于内容的少数民族服饰图像检索技术研究与实现[D]. 云南师范大学，2016：37.

色。长期以来，着色工作只能依靠人工操作来完成。随着数字图像和计算机技术的发展，使用算法自动为灰度图像着色成了图像处理领域的研究热点。一般来说，无论采用何种颜色空间，每一种确定的色彩都被表示为一个多维向量，所以将灰度图像转换为彩色图像，本质就是将一个单一的灰度值经过函数变换为一个多维向量。色彩向量的搜索空间远远大于灰度空间，即同一个灰度值可能对应多个不同的色彩值。完全无指导的着色方法只能达到随机着色的效果，因此对灰度图像的着色必须遵循相应的指导原则，具体可分为以下 3 种方法：基于色彩转移、基于颜色扩展、基于图像分割。

　　基于色彩转移的着色算法的思想是：给定一幅彩色图像，经过一种算法将原图的颜色信息匹配到目标图像中，从而实现灰度图的彩色化。但其弊端也很突出：原图像中不一定存在可以完美进行匹配的点，一旦不匹配则效果较差；彩色化的方向无法精准进行人为控制。在此基础上，李玉润选择亮度均值、标准差、纹理等作为匹配特征，并选取欧氏距离来度量特征之间的关系。同时，选择测地线编辑方法对灰度图像进行局部着色，并将其应用到二次着色上。[①]戴康使用多种特征联合进行图像级联匹配的策略，基于局部色彩传递算法进行颜色值的传播，然后利用随机森林来训练彩色图像提取的超像素，并用训练好的模型来预测图像中单个像素的颜色选择。[②]曹丽琴等在迁移过程中考虑局部邻域像素信息，同时自动调节邻域像素权重，在颜色正确迁移的同时，保证边界信息的清晰。根据图像纹理特征，在彩色图像中寻找灰度图像的像素匹配点，利用自适应权重均值滤波来迁移高置信度匹配像素点的颜色，对低置信度匹配像素点进行颜色扩散，完成灰度图像的彩色化。[③]

　　基于颜色扩展的着色算法的思想是：人为在一幅灰度图像上画出自己想要添加的颜色线条，根据确定的颜色线条，计算给定色块周围与其相似度较高的区域，使用该颜色对整个区域进行着色。这一算法的准确度相对较高，但是计算开销较大。王绘利用灰度图像像素点的亮度信息对测地距离和不平度进行计算，通过颜色扩展使色度在整个图像中传播，最后结合色度混合的思想，将几

　　① 李玉润. 灰色图像着色方法研究及实现[D]. 云南大学，2013：33.

　　② 戴康. 基于局部颜色传递的图像彩色化技术研究与实现[D]. 南京理工大学，2018：28.

　　③ 曹丽琴，商永星，刘婷婷等. 局部自适应的灰度图像彩色化[J]. 中国图象图形学报，2019（8）：1249-1257.

种具有最大贡献的色度加权，最终计算出像素点的色度。[①]金舟提出了一种基于轮廓提取与纹理分析的着色方法，通过提取轮廓获得用于指导上色过程的方向场，对图像中的相似纹理区域进行查找匹配，采用颜色替换、渐变填充、笔迹保持等方法使着色图像更加合理。[②]

　　基于图像分割的着色算法的思想是：统计彩色图像，从而建立图像色彩库，将目标图像分割为若干个小的区域，从图像色彩库中为每个小的区域选择一种颜色进行彩色化操作。分割的精度越高，分割区域越多，彩色化效果就越好。[③]黄冠婷等将输入图像分割为若干个特点一致的子区域，利用亮度和局部纹理特征对子区域进行匹配，然后在 YCbCr 色彩空间进行颜色传递。[④]

　　上述都属于基于传统特征进行抽取与匹配的方法。近年来，随着深度神经网络的发展，尤其是卷积神经网络（convolutional neural networks，CNN）对图像处理的巨大影响，越来越多的研究者采用深度神经网络进行着色。张娜等设计的算法，通过密集子网络和分类子网络分别对图像的细节特征及分类信息进行基于密集神经网络的提取，结合两类信息对彩色结果进行预测。[⑤] Wen 等根据不同背景及前景下的图像建立色彩库，其基本元素为一个前景色和对应背景色组成的色彩对。[⑥]色彩转移时，色相不变，饱和度和亮度则代表着色风格。着色时，先选择备选色彩，将草图区域和边信息转化为图链接存储，计算不同区域间的连接度，最后使用反向传播算法优化能量方程。传统的卷积神经网络在图像分类任务上展现出显著优势，而在进行彩色图像生成时，它通常也借鉴了类似颜色分类的思路，即通过对图像内容的理解和分析，来预测并赋予每个像素合适的颜色。自生成式对抗网络（generative adversarial networks，GAN）出现以来，它强大的生成能力将图像着色质量提高到一个新的高度。

① 王绘. 基于颜色线索的图像彩色化研究[D]. 中南大学，2011：25.

② 金舟. 图像着色关键技术分析及其应用[D]. 天津大学，2011：26.

③ 马贺贺，周岳斌，饶刚. 图像彩色化方法研究进展[J]. 包装工程，2019（3）：229-236.

④ 黄冠婷，韩学辉，龚晓婷等. 基于图像分割和区域匹配的灰度图像彩色化算法[J]. 液晶与显示，2019（6）：619-626.

⑤ 张娜，秦品乐，曾建潮等. 基于密集神经网络的灰度图像着色算法[J]. 计算机应用，2019（6）：1816-1823.

⑥ Wen F, Luan Q, Liang L, et al. Color sketch generation[C]. Proceedings of the 4th International Symposium on Non-Photorealistic Animation and Rendering, 2006: 47-54.

基于 GAN 的图像着色，不仅仅局限于灰度图像，原始信息较少的手绘草图也可以实现相应的着色效果。根据着色方式的不同，有不借助人为信息的全自动着色方法①，只需要有成对的训练集即可得到着色模型，可以对同类图像进行着色；有基于颜色提示的交互式生成方法②，依赖草图轮廓和少量的颜色画笔来生成真实化图像，这种方法要求用户在草图上通过涂鸦的方式来选择颜色，并生成相应的结果图像；有基于彩色参考图的生成方法，比如，主要基于纹理进行图像合成。③以往的图像合成方法仅通过草图和彩色笔画来控制图像合成。该方法允许用户"拖动"一个或多个任意尺寸的纹理块到草图对象上，以控制所需输出图像的纹理。

当前，少数民族服饰数字化的主要研究方向聚焦于三个方面：少数民族服饰的数字化保护、少数民族服饰数字图像库的建立及少数民族服饰元素库的构建。相较于普通图像，少数民族服饰的图像在色调的丰富性、款式的独特性、纹样的精细度及图案的文化内涵等方面展现出独特优势。因此，对少数民族服饰实施数字化保护不仅必要，而且在技术应用层面具备显著的优势。④在数字化保护方面，可以使用资源入库管理和数据可视化等技术建立相应的数字化保护与传承体系，对少数民族服饰资源进行保护。⑤谭欣在有关传统民族服饰数字化采集的研究中提到，法国、荷兰、美国、中国等地的国家博物馆、美术馆使用数字化的方式对传统民族服饰资源进行保护、传承和数据共享。⑥目前，少数民族服饰图像资源的数字化采集工作主要依赖实地采集的方式，即前往民族聚居地进行现场收集，以此构建图像数据库。在一些民族地区，人们保留着本民族特有的服饰，同时当地的一些博物馆也珍藏有珍贵的少数民族服饰资源。这些服饰资源对于深入研究和保护民族服饰文化具有极其重要的价值和意

① Liu Y F, Qin Z C, Wang T, et al. Auto-painter: Cartoon image generation from sketch by using conditional Wasserstein generative adversarial networks[J]. Neurocomputing, 2018, 311: 78-87.

② Sangkloy P, Lu J W, Fang C, et al. Scribbler: Controlling deep image synthesis with sketch and color[C]. 2017 IEEE Conference on Computer Vision and Pattern Recognition（CVPR），2017: 6836-6845.

③ Xian W Q, Sangkloy P, Agrawal V, et al. TextureGAN: Controlling deep image synthesis with texture patches[C]. 2018 IEEE/CVF Conference on Computer Vision and Pattern Recognition（CVPR），2018: 8456-8465.

④ 申旭梅. 基于内容的少数民族服饰图像检索技术研究与实现[D]. 云南师范大学，2016：27.

⑤ 宋俊华，王明月. 我国非物质文化遗产数字化保护的现状与问题分析[J]. 文化遗产，2015（6）：1-9，157.

⑥ 谭欣. 传统民族服饰数字化采集标准研究[D]. 北京邮电大学，2019：44.

义。因此，在传统少数民族服饰文化资源数字化的道路上，有很多人进行着不同的探索。例如，赵海燕亲自前往少数民族聚居地及相关文化馆，采集了大量富有当地特色的传统服饰图像，并创建了一个有关少数民族服饰文化的教育资源库，不仅对少数民族服饰文化进行了较好的记录与保存，实现了其教育功能的提升，还极大地提高了其学习和参考价值。[①]高飞在构建少数民族服饰图像资源库的基础上，从多元文化教育思想的角度入手，对相关的民族教育理论进行整理，在合理表现少数民族服饰色彩、图案、纹理的文化内涵的基础上，建立了一个服饰图案知识表达传播模型。[②]王耀希将少数民族服饰资源数字化简化为 5 个步骤，分别为数字化收集、数字化储存、数字化处理、数字化显示和数字化交流。[③]其中，最为烦琐的部分是少数民族服饰资源收集。因为这主要是依靠前往各个民族聚居地进行实地拍摄，或者是在各地博物馆进行数字化采集。这不仅工作量巨大、成本高，还会受到许多主观因素的影响。因此，可以说各种探索与尝试都让我们离少数民族服饰资源数字化的目标越来越近。

三、少数民族服饰数字化生产

当下，青少年能够享受到良好的现代教育。随着国家精准扶贫政策的深入实施及相关教育政策的不断推进，少数民族同胞的教育参与度显著提升，文化素养也日益提高。然而，在这一过程中，对本民族文化的学习与深入研究却在一定程度上被忽视，一些人对少数民族精神和物质文化传承的意识逐渐淡化。随着时代的变迁、社会的进步及经济的飞速发展，人们的生活节奏日益加快，外来服饰文化对传统少数民族服饰产生了深远的影响。由于传统少数民族服饰穿着烦琐、制作工艺复杂且普及性不高，越来越多的少数民族民众开始倾向于穿着简单、便宜的服饰，从而潜移默化地接受了其他服饰文化的影响，并悄然改变着少数民族服饰的样式。许多原本烦琐的工艺制作程序被不断简化，那些曾经几乎全部由纯手工制作的、工艺精细且复杂的传统少数民族服

---

① 赵海燕. 基于卷积神经网络的民族服饰图像教育资源检索研究——以佤族、哈尼族为例[D]. 云南师范大学，2018：41.

② 高飞. 少数民族服饰图案数字化学习平台构建研究[D]. 云南师范大学，2018：43.

③ 王耀希. 民族文化遗产数字化[M]. 北京：人民出版社，2009：12.

饰数量急剧减少。

少数民族服饰制作过程相对复杂，布匹的织造、染色、加工及刺绣基本上是纯手工劳动，制作周期长、价格高，且需要耗费大量的人力、物力。同时，正式的少数民族服饰穿戴是极为复杂和隆重的，需要配齐银饰、贝饰、皮草等众多配件才能完成。随着现代化和工业化的发展，大规模的服饰工厂通过流水线生产服饰，其制作简单、周期短、价格低、性价比高，挤占了少数民族服饰的售卖市场，使得少数民族服饰的影响范围逐渐缩小。随着时间的推移与社会的不断进步，少数民族服饰文化的传承和发展面临着巨大的挑战，所以迫切地需要相关文化专家及学者重视少数民族服饰文化的保护与传承。

21 世纪是一个信息化与智能化交相辉映的时代，借助人工智能和深度学习等相关技术，可以实现少数民族服饰的高效检索、草图的自动生成、图像的精细语义分割及自动化的色彩填充等功能。这些应用不仅有助于将少数民族服饰文化永久地保存下来，还通过技术手段有效解决了传统工艺烦琐复杂、后继乏人等现实问题。这对于少数民族服饰文化资源的保护与传承，以及我国民族文化史料的完整留存，具有深远而重要的意义。

四、少数民族服饰数字化推广

中华民族在艺术领域展现出了非凡的才华，其中，苗族与侗族的刺绣、蜡染及织锦技艺在中国南方民族服饰工艺文化中占据着举足轻重的地位，享有极高的声誉。

少数民族服饰不仅是民族物质与精神传承的载体，更是璀璨民族文化的外在展现。通过观察少数民族服饰，我们可以初步领略到一个民族的民族气节与心理特征。这些服饰各具特色、美不胜收，是极为珍贵的民族文化遗产。云南省是中国民族类别较多的省份之一，其中不乏云南独有的民族。为了推广这些独特的少数民族服饰文化，我们可以借助数字化的手段，以信息时代大众易于接触的方式对少数民族服饰文化进行宣传与推广，从而让更多的人了解并认识这一丰富多彩的文化遗产。

少数民族服饰传承与发扬是一个长远的问题，需要在社会上进一步推广和宣传。许多少数民族服饰的设计理念，既具有古典文化和当代社会典型的审美特点，也充分彰显了民族特点。在将相关的少数民族服饰内容融合到当地服饰的案例中，研究者需要从创新的角度来保留少数民族服饰的特点，比如，获取少数民族服饰的色彩特征。

随着互联网技术的迅猛发展和相关基础理论与应用的推广，少数民族服饰色彩文化的数字化传播已成为传统少数民族服饰文化传承的一个重要革新方向。互联网的发展不仅彻底改变了传统少数民族服饰文化传承的技术手段和基础载体，还凭借其开放性、分布性及强大的计算能力，打破了地域和时间的限制。借助互联网技术，少数民族服饰色彩特征文化的传承过程得以在一定程度上简化，从而显著节约了传承服饰文化所需的时间、人力、物力和财力。更重要的是，这一技术增强了少数民族服饰文化传承的客观性和提高了效率，使得这一宝贵的文化遗产能够更广泛、更深入地得以传承和发展。

五、少数民族服饰数字化的内涵与意义

结合现代科技与信息技术手段来保护和传承少数民族服饰文化，是少数民族服饰数字化的重要措施之一。利用数字化技术对少数民族服饰资源进行存储与传承，可以有效地促进用户对少数民族服饰文化的了解或者研究，有利于促进教育及产业中少数民族服饰资源的利用与转化。[①]在我们的日常生活和工作中，数字化技术发挥着越来越大的作用，智慧城市、无人机、机器人等高新技术的发展无一不在彰显一个事实：数字化技术正在改变世界。这也为少数民族服饰的保护与传承提供了全新的传播途径，以及前所未有的高科技支持。少数民族服饰数字化为少数民族文化研究与学习提供了支撑；为少数民族服饰生产、使用提供了准则和依据；为少数民族服饰文化的周边产品提供了展示平台。除了前往具有传统地方特色的博物馆实地考察之外，要想获取少数民族服饰图像资源，还可以在互联网平台（如谷歌、百度及必应）上进行检索，这有利于"互联网+"背景下少数民族服饰资源的保护和传承。

传统少数民族服饰属于物质文化范畴，而其服饰的制作工艺，诸如印染、纺织等则属于非物质文化范畴。传统的非物质文化遗产保护方式往往缺乏互通

---

① 王真. 少数民族服饰教育资源库构建研究[D]. 云南师范大学，2016：24.

性，难以保证保护的质量，同时也缺乏合理的保存手段。在这种情况下，少数民族服饰文化可能会因为个人记忆的偏差或遗忘而出现文化失真现象。随着信息时代的到来，文化交流变得日益频繁，在各种文化的相互影响和冲击中，弱势文化更容易受到冲击和影响。为了更有效地保护少数民族服饰文化，我们可以借助现代数字技术和信息技术进行采集、处理与制作。然而，一些少数民族居住于经济欠发达地区，其民族服饰的现代化和数字化进程尚未完成，这导致在互联网上能够检索到的相关服饰图像资源数量有限且质量参差不齐。借助信息技术手段对少数民族服饰进行数字化记载与保存，既有利于对少数民族服饰文化多样性的研究[①]，也有利于促进新媒体平台上少数民族服饰的展示与传播。

当下，少数民族服饰的保护工作主要依赖博物馆的静态展示或图书资料的介绍等传统手段，这些方式存在经费高昂、展示手段不直接、视角单一、内容有限、交互性不足、传播速度慢、覆盖范围狭窄及受众群体有限等诸多局限。相较于博物馆原件保护等传统模式，数字化技术不仅是有效的保护工具，还成了现代媒体展示、传播及重新诠释少数民族服饰文化的全新途径。随着数字化技术和信息技术的飞速发展，传统少数民族服饰文化保护面临的时空限制问题大大缓解。虚拟数字技术能够复原历史文化场景，并以互联网为平台，将这些珍贵的服饰文化以生动、直观的方式呈现给广大民众。这种数字化的展示方式不仅丰富了文化传播的形式，还极大地拓宽了受众范围，使得少数民族服饰文化得以更广泛、更深入地传播与传承。

目前，大多数基于内容的图像检索算法着重对图像的整体信息进行特征提取。但不同于普通的服饰，少数民族服饰有着更为丰富的颜色、款式，其包含了丰富的语义信息。对于少数民族服饰图像检索任务，如果直接使用卷积神经网络提取服饰的深度特征，而没有考虑图像中服饰部件信息，将这些算法直接迁移到少数民族服饰图像检索任务中，并不能取得令人满意的效果。也有研究者将全局纹理及颜色直方图等统计特征应用于图像检索任务中，但是面对语义丰富的少数民族服饰，其特征提取效果并不理想。因此，如何在以图搜图的基础上，将少数民族服饰的部件信息融合到图像检索中获得更为精确的图像，成

---

① 田霞、商书元. 我国民族服饰数字化保护探析[J]. 纺织报告，2020(8)：14-15，18.

为需要解决的一个重要问题。

中国少数民族服饰有着悠久的历史，不仅承载着各民族的历史文化，更体现了他们对生活的热爱与美好的向往，为我国传统文化发展做出了巨大贡献。但在经济全球化的影响下，部分少数民族服饰失去了原本的色彩与魅力，甚至濒临消失，这对于我国传统文明而言是一大损失。因此，利用数字化手段保护少数民族服饰刻不容缓。相关部门应利用数字化保护技术对少数民族服饰进行记录和保存，真实有效地保留和再现少数民族的传统文化，使其更具有活力。此外，技术手段打破了少数民族服饰文化保护的地域限制，能够最大限度地还原少数民族的发展历史和传统文化，并以大众所能接受的方式展示出来，让少数民族服饰文化"活"在当下的同时走向未来。[①]对于保护少数民族服饰资源面临的困境，相关部门应着眼于现实并逐步攻克，不断精进技术，提升数字化的质量与效率，从而顺势借助技术发展的"东风"，推动更高效、更优质的创新与变革，以更加便捷的方式对优秀的少数民族服饰文化进行传承和发扬。

---

① 孔祥琪. 文化遗产保护背景下基诺族服饰数字化研究[D]. 云南艺术学院，2020：42.

第二章

少数民族服饰数字化技术及应用

开展少数民族服饰数字化工作，必须具备可数字化的基础。随着互联网的快速发展，数字化技术也在不断更迭。目前，数字化技术大概包含通信相关的技术、网络相关的技术、云计算相关的技术、智能化技术、自动化技术、安全技术等。这些数字化相关技术的背后均有各自的基础。本书中的数字化是指通过深度学习、计算机视觉等方面的智能化技术完成少数民族服饰数字化工作，从而实现对少数民族文化遗产的保护与传承。

第一节　少数民族服饰数字化基础

在数字化浪潮的推动下，文化遗产的数字化已经成为文化传承与创新的重要途径。少数民族服饰蕴含着深厚的历史底蕴、独特的价值观念和丰富的审美传统，通过少数民族服饰数字化，能够更有效地记录、保护并传承这些服饰，同时赋予它们新的生命力。

一、少数民族服饰的图像存储

少数民族服饰及其图案在少数民族文化中尤其重要。少数民族服饰具有鲜明的特点，具体表现为色彩鲜艳、对比度高、图案样式繁多。我们可以把少数民族常用的服饰图案归为以下几种：规范的几何形状；动植物拟态图案；图腾崇拜图案；象征自然界的图案。[①]其图案的形状具有鲜明的代表性和可用性。

---

① 刘莎莎. 云南少数民族服饰图案特点在现代服饰设计中的有效运用[J]. 中国民族博览，2017（3）：148-149.

从图案与款式来看，每个民族都发展出了独具特色的民族服饰，各自有鲜明的造型特点。在少数民族服饰数字化过程中，图像记录扮演着至关重要的角色。少数民族服饰的图像来源不一、数据参差不齐，本书涉及的少数民族服饰图像数据均是相关科研人员到民族地区进行实地拍摄和现场采集所得。我们通过此方式共收集了 9000 多条少数民族服饰图像数据。少数民族服饰彩色图像样例如图 2-1 所示。

二、少数民族服饰的色彩特征

（一）通用颜色空间

光子这一物质本身并不具备人类视觉所能直接识别的色彩特性，我们所看到的颜色，实际上是光波不同频率的外在体现。人类的眼睛与大脑协同工作，对不同波长的光线进行感知和处理，转化为我们所能认知的颜色。为了更贴近人类的色彩感知方式，我们将颜色分解为三个核心组成部分，它们在人类视觉系统中各具特色且不可或缺：色调，它定义了颜色的基本类型，如红、蓝、绿等；饱和度，它反映了颜色的纯度或鲜艳程度；亮度，它决定了颜色的明暗层次。这三个要素共同构成了颜色的基础框架，让我们能够精确地描述和区分万千色彩。其中，色调与饱和度又统称为色度，不仅表示了颜色的种类，还表示了颜色的鲜艳程度。[1]随着互联网的发展，人们需要对照片、视频等多媒体资源进行存储与处理，构建颜色模型及对颜色进行量化表示成为一项基础性的工作。颜色空间利用多维度数值的方式，从多个预设的维度对颜色进行量化表示。主流的颜色空间有以下几大类别：图像处理与存储领域常用的 RGB 颜色空间；与人眼视觉感知系统认知相关的 HIS、HSV 颜色空间[2]；视频传输领域常用的 YUV 颜色空间[3]；彩色印刷领域常用的 CMYK 颜色空间[4]；计算机颜色校正常用的 CIE Lab 颜色空间。

① 林开颜，吴军辉，徐立鸿. 彩色图像分割方法综述[J]. 中国图象图形学报，2005（1）：1-10.

② 张国权，李战明，李向伟等. HSV 空间中彩色图像分割研究[J]. 计算机工程与应用，2010（26）：179-181.

③ 庞晓敏，闵子建，阚江明. 基于 HSI 和 LAB 颜色空间的彩色图像分割[J]. 广西大学学报（自然科学版），2011（6）：976-980.

④ 韦文闻. 基于深度学习的灰度图像彩色化方法研究[D]. 重庆邮电大学，2020：27.

图2-1　少数民族服饰彩色图像（样例）

1）RGB 颜色空间。色彩是人类大脑对事物的一种主观感觉。为了对这种"感性"进行"理性"描述，学者创建了 RGB 模型的概念，即通过三个数的组合（色值）来表示某一种特定的颜色，从而实现对人类所感受到的颜色进行科学、理性的表达。例如，RGB（255，0，0）代表纯红色，RGB（0，255，0）代表纯绿色，RGB（0，0，255）代表纯蓝色，而 RGB（255，255，0）代表纯黄色（光学中，红色和绿色混合会呈现黄色）。整体颜色都能够利用红、绿、蓝这三类基本颜色按照一定的比例组合产生。RGB 颜色空间的每个通道都对应 256 个等级，对于每一个等级，都会有一个基本色与之对应，三个通道可以表示多种颜色。虽然 RGB 颜色空间可以表示大部分颜色，但是它并没有将色调、饱和度、亮度三个属性独立表示出来。然而，在进行着色任务时，需要满足处理前后目标图像亮度保持一致的原则，所以在着色任务中，不常使用 RGB 颜色空间进行处理。这种颜色空间主要被用于彩色监视器进行彩色图像的显示。

2）HSI、HSV 颜色空间。HSI 颜色空间是一种基于人类视觉颜色三要素的颜色模型，从色调、饱和度、亮度三个维度来描述颜色。[①]HSI 颜色空间可以用双圆锥模型来表示，能够直观地把亮度、色调、饱和度这三种色彩信息表现出来。HSV 颜色空间可以采用圆锥模型进行表示。这两种颜色空间的 S 通道与 H 通道具有相同的含义，两种颜色空间的不同在于，V 表示亮度，I 表示强度。

3）YUV 颜色空间。YUV 颜色空间也是由三个通道组成，Y 通道指的是颜色的亮度，也就是灰阶值；U 通道与 V 通道表示色度，用于描述影像的色彩及饱和度。此颜色空间表达能够将图像的亮度信息与色度信息有效拆分，在当时的时代背景下，可同时兼容黑白电视与彩色电视的电视广播信号的传输。YUV 颜色空间利用了人类视觉对明暗亮度的敏感性要比对色度的敏感性高的特性，比 RGB 颜色空间更具有优势。[②]虽然 YUV 颜色空间主要被应用于彩色电视系统，但是该颜色空间将亮度与色度分离开的方式适合于灰度图像着色任

---

① 张国权，李战明，李向伟等. HSV 空间中彩色图像分割研究[J]. 计算机工程与应用，2010（26）：179-181.

② 王岭雪，史世明，金伟其等. 基于 YUV 空间的双通道视频图像色彩传递及实时系统[J]. 北京理工大学学报，2007（3）：189-191.

务，彩色化过程中可以维持图像亮度通道 Y 不变，只需要对 U、V 两个色度通道执行相关操作即可。

4）CMYK 颜色空间。CMYK 颜色空间常用于印刷行业，是由四个通道组成的颜色空间标准，C 通道表示的是青色，M 通道表示的是品红色，Y 通道表示的是黄色，K 通道表示的是黑色。与 RGB 颜色空间有所不同，从原理上来讲，显示器是通过本身发光的方式合成各种颜色，而印刷品是无法发光的，都是吸收与反射光，从而显示不同颜色的呈现效果，因此 CMYK 颜色空间采用的四种基色为 RGB 颜色空间的互补色，其中 K 通道将黑色独立出来，目的是提升印刷品的灰度值丰富程度。RGB 颜色空间与 CMYK 颜色空间呈现颜色的方式大相径庭，CMYK 颜色空间没有将色调、饱和度、亮度三个属性独立表现出来，在数字图像处理中，尤其是需要调整色调或饱和度的任务中，CMYK 颜色空间不如 HSV 颜色空间或 HSI 颜色空间方便。①

5）CIE Lab 颜色空间（简称为 Lab 颜色空间）。Lab 颜色空间是在 20 世纪 30 年代制定的一种测定颜色的国际标准，并于 20 世纪 70 年代得到改进。Lab 颜色空间修正并改进了 RGB 颜色空间和 CMYK 颜色空间的一些缺点，是一种与设备无关的颜色系统，也是一种基于生理特征的颜色系统。Lab 颜色空间主要由三个基本的要素组成，主要要素是亮度（L），还有 a 和 b 两个颜色通道。因此，这种颜色混合后将产生具有明亮效果的色彩。② Lab 颜色空间能够量化人们的眼睛对色彩的感知，在任何设备上显示颜色均可以保持色彩的一致性。Lab 颜色空间将亮度信息通道与色度信息通道进行了分离，所以常用于灰度图像着色任务，彩色化过程中可以维持图像亮度通道 L 不变，只需要对 a、b 两个颜色通道执行相关操作即可。

（二）少数民族服饰色彩的象征

少数民族服饰不仅在款式和形状上各具特色，其色彩也具有鲜明的代表性。每个民族的服饰都有独特的颜色特征，这些丰富的色彩与各具特色的图案

① Chia A Y S, Zhuo S J, Gupta R K, et al. Semantic colorization with internet images[J]. ACM Transactions on Graphics（TOG），2011（6）：1-8.

② 庞晓敏，闵子建，阚江明. 基于 HSI 和 LAB 颜色空间的彩色图像分割[J]. 广西大学学报（自然科学版），2011（6）：976-980.

相结合，共同构成了珍贵而独特的民族服饰文化。以云南少数民族服饰为例，不同的色彩符号表达了人们对美好生活的向往、对丰收的渴望等不同的期盼。对少数民族服饰的色彩特点进行分析，有利于完成少数民族服饰图像的数字化存储，从而更好地实现少数民族服饰的保护与传承。由此，我们通过对云南省内少数民族服饰采集色彩特点的方法，分析少数民族服饰色彩出现概率的特点，得到下列 25 个少数民族服饰的色彩特征。

1）瑶族。瑶族服饰以黑色、深蓝色为主，通常配以大面积的红色。瑶族的支系众多，且分布在不同的区域。云南省的瑶族主要有蓝靛瑶、过山瑶、平头瑶、红头瑶、白头瑶等。尽管各支系的服饰在款式和色彩搭配上存在差异，但总体上是以黑色或深蓝色为基调，并在其中点缀或穿插大红、玫红、桃红、橘红、橘黄、柠檬黄、荧光绿、湖蓝、深紫、白色等色彩，从而形成了五彩斑斓的特色。[①]其色彩搭配基本可以归纳为两种：单色与多色对比、暗色与亮色对比。单色与多色对比，如红头瑶的服饰，以黑色或靛蓝色为主色的上衣，下配绣满 5 种以上不同色彩图案的裤装，这种单色与多色的对比具有很强的视觉冲击力，同时又凸显出了该民族的特色。暗色与亮色对比，如蓝靛瑶妇女的服饰，全身黑色或靛蓝色，仅在领口门襟处和腰带头上嵌上红色的绒线流苏；板瑶则是在黑底的上衣装饰用红布做的披肩、镶边、腰带等，红与黑的对比简洁、时尚，视觉冲击力极强。[②]红色是瑶族服饰中较黑色次之的颜色，如云南金平苗族瑶族傣族自治县的红头瑶妇女的红色尖帽子、花头瑶妇女的红色流苏帽子、蓝靛瑶妇女胸前和腰侧的红色流苏等，都体现了红色在瑶族服饰色彩中的重要地位。[③]同时，红色又有着传统的喜庆吉祥的寓意，每到特殊节日，红色在瑶族的盛装中必不可少。瑶族服饰的基本色调，体现了这个民族性格本身的活跃。这些颜色和瑶族本性正好相互协调，从而体现出了一种独特的民族色彩文化。

2）哈尼族。哈尼族服饰以黑色、青色、蓝色等暗色调为主，同时搭配红色、绿色等鲜艳色彩作为装饰。哈尼族崇尚"服青饰红"，即以蓝、黑为底

---

① 张洁. 瑶族服饰元素在现代服装设计中的应用与研究[D]. 东华大学，2007：34.
② 胡泊. 云南瑶族服饰的传统图形元素在现代平面设计中的应用[D]. 云南艺术学院，2011：21.
③ 胡泊. 云南瑶族服饰的传统图形元素在现代平面设计中的应用[D]. 云南艺术学院，2011：21.

色，用红、黄、蓝、绿、紫、灰、白等颜色进行装饰。这种色彩搭配不仅体现了哈尼族对自然的敬畏和对祖先的缅怀，还反映了他们对美的独特追求。哈尼族男子一般上穿对襟衣，下着长裤，用黑布或白布包头。哈尼族女子的服饰主要为用棉布制作的衣裙和长短裤。哈尼族无论男女老幼都喜欢穿青色衣服，有的地方甚至每洗一次衣服，都要用蓝靛将衣服再染一次。男子头饰、服装装饰均简单，头缠包头，身穿布衣而已，最多用银币作扣，作为装饰。妇女则不同，其发式有单辫、双辫、垂辫、盘辫之分，装饰物因年龄、婚嫁、节庆的不同而不同。哈尼族儿童，不分男女，一般在自制的小布帽上钉有猪牙、海贝、银泡、银钱、虎豹牙等饰物。年轻女子编辫下垂，头缠包头，包头上饰以红线或成排的银泡，衣襟、衣边、袖口、裤脚边镶绣彩色花边。年轻妇女一般编独辫和双辫盘于头顶，覆盖包头巾，服装上的银饰渐少，前襟、衣边、袖口、裤脚边仍镶绣彩色花边。老年妇女一般辫发盘顶，衣着朴素，几近全黑。节庆之时，哈尼族男女老幼均着新衣，姑娘们花枝招展，装饰胜于往日，走起路来叮当作响，十分引人注目。

3）傣族。傣族服饰以青色、黑色、白色等颜色为主。根据傣族的分布情况及其服饰款式、色彩的特点，可以将傣族分为三类：水傣、旱傣、花腰傣。居住在西双版纳傣族自治州（简称西双版纳）的傣族主要是水傣。[①]西双版纳的傣族服饰追求清新淡雅、自然质朴的风格，常以黑、白、黄等纯色为主，表达了一种质朴浑厚、简朴素净的自然之美。水傣多居住在河流地区，这些地区日晒强，素雅浅淡的服饰色彩能起到放射光线、减少吸热的作用，因此水傣妇女一般穿着短衣、长裙。她们的上衣多是浅色调的，多为白色、嫩黄色、水红色、天蓝色、浅绿色、肉色。筒裙色彩为墨绿、正红、大紫，装饰有细花、大花等。傣族人民这种自然的色彩观适应了色彩美学中均衡美的标准。[②]栖身于德宏傣族景颇族自治州大部分地区的傣族主要是旱傣。[49]旱傣的服饰一般宽大肥硕，袖口处多为红、绿两色，下身搭配齐膝的黑色短裙。居住于新平彝族傣族自治县、元江哈尼族彝族傣族自治县等地的傣族主要是花腰傣。花腰傣的服饰以自染土布的黑色或靛蓝色为主色调，在上衣的袖子、衣襟、下摆等处绣有

① 谭举，张晓敏. 云南傣族服饰特点及文化内涵研究[J]. 艺术品鉴，2021（30）：57-58.
② 陈洁. 云南傣族服饰及其图案艺术研究[D]. 昆明理工大学，2007：23.

一定面积的彩色纹样装饰。明快的红、绿、蓝、黄等高纯度色彩与安定的黑色和靛蓝色形成了鲜明对比。傣族服饰在色彩的使用面积、冷暖对比等方面，既形成了强烈的视觉冲击，又达到了和谐统一的效果，体现了实用与审美的结合。色彩从图腾中抽象出来并应用于服饰上，形成了独特的色彩语言，具有祛邪祈佑的象征意义。傣族的图腾包括蛇、孔雀、象等，因此服饰色彩多用青色、黑色、白色和五彩斑斓的鲜艳色彩。白傣崇尚白色，头饰和衣装多为白色，象征其图腾如白象、白牛、白虎、白塔等，以白为吉祥。黑傣则崇尚青黑色，男女服饰多为黑色或蓝色。德宏傣族景颇族自治州等地的旱傣也尚黑，老年妇女的包头、上衣、筒裙都是青黑色，老年男子的帽、衣、裤子也为青黑色，已婚妇女着黑包头、黑筒裙，未婚女子着黑围裙、黑裤子，代表其图腾蛇。红河哈尼族彝族自治州、元江哈尼族彝族傣族自治县一带的部分傣族人也以黑色作为服饰的主要色调，比如，元江哈尼族彝族傣族自治县的傣族妇女着青或蓝色长衣，搭配蓝长裤、青布包头。傣雅妇女着青蓝或绿色内褂、青蓝短衣，以及青色土布围裙、青布绑腿、青布包头，表示其图腾为蛇、孔雀。[①]傣族的服饰色彩多运用鲜艳亮丽的饱和色，具有强烈的视觉冲击力和美感，明亮、鲜艳、热烈、奔放，显示出鲜明的色彩对比效果。

4）藏族。藏族服饰以白色、红色、黄色、蓝色、绿色等为主。藏族群众认为，红、黄、蓝、绿、白五种颜色提取于菩萨的服饰色彩，有浓厚的宗教意蕴。[②]白色是藏族服饰中比较多见的颜色，藏族无论男女都常穿着白色上衣、白麻布衫、白羊皮袄等。藏族人民认为白色是善的化身，象征着吉利和祥瑞，代表着温和、纯洁、善良。[③]藏族对红色有极其特别的偏爱，在他们心中，红色是至高无上的象征，代表着勇敢善战的英雄们的鲜血。它能唤起人们内心深处的战斗激情，令人精神振奋，同时在战场上，敌人见到我方那醒目的红色，往往会心生畏惧，仓皇逃窜。当地的宫殿及寺庙主要呈现出红色色调及白色色调。藏族妇女的服饰与头饰中，同样点缀着神圣而醒目的红色元素。藏族将黄色看作大地的本色，象征着光明和希望，有富贵和丰收的意思，还具有浓厚的

---

① 果霖，宋文娟，张天会等. 傣族服饰色彩语言的符号价值[J]. 郑州轻工业学院学报（社会科学版），2013（5）：110-112.

② 胡月航. 藏族服饰元素在现代女装设计中的运用[J]. 艺术探索，2011（1）：117-119.

③ 李慧玲. 藏族服饰色彩心理分析[J]. 化纤与纺织技术，2021（10）：83-84.

宗教色彩，代表佛祖的弘法恩典和旨意。藏蓝或藏青是藏族地区比较常见的色彩，蓝色是湖泊和蓝天的色彩，象征着高远和神秘。在藏族人心中，绿色是草原的颜色，象征着生机与活力，相较于其他色彩，绿色更加接近藏族人的生产生活。迪庆藏族自治州是云南省内藏族聚居的主要区域，其独特的地理环境和生存条件，使得该地区的藏族传统服饰形成了别具一格的特色。总体来讲，迪庆藏族自治州藏族男子一般身着右襟高领镶边茧绸短衫和藏缎袍，下身穿缅裆裤，冬天穿羔皮或藏袍，腰系各色绸带或用彩色毛线编织的五色腰带。女子一般上身穿右襟藏绸短衫，衣襟镶锦缎边，外罩大襟坎肩，下穿宽而长的曳地百褶裙，腰系色彩鲜艳的丝绸腰带。[①]"藏地八色"中以白、蓝、红、黄、绿最为多见和最受藏族人民尊崇，象征着五种本源。其中，白色代表云絮，具有清纯和洁净的寓意；蓝色代表天空，具有静穆和深远的寓意；红色代表火焰，具有勇敢、热情的寓意；黄色代表土地，具有生机、活力的寓意；绿色代表江水，具有富有生命力的寓意。这五种颜色浓缩了藏族人民独特的审美情趣和审美理念，充分表达了藏族人对自然、生活的热爱。

5）彝族。彝族服饰以青色和黑色作为底色，并采用白、红、黄及蓝色进行装饰。云南彝族支系繁多，按照服饰色系主要分为三种色调类型，包括古朴型，以蓝、黑为主色调，装饰喜红，保留了传统服饰的结构与色彩；艳丽型，以黑色为基色，大胆运用红、黄、白等鲜艳彩条穿插其中，在传统彝族服饰色彩的基础上进行了改进，生动活泼，富于变化；素雅型，其主色调为浅色系，色块之间色调协调，与传统色系有较大的差异，给人留下了慧然于心的快感，文静而端庄。总体而言，黑、红、蓝、黄、白是彝族人极为喜爱的色调。[②]彝族以黑为美，黑色是彝族服饰中的基础色彩。在彝族传统服饰中，男子全身皆黑色，女子则以黑、青、蓝等深色布料作为服装的基调，再镶以各色装饰。用黑布料作为基调，以蓝、黑、青为贵、为荣、为美，因为黑色布料具有吸热性强、保暖性好、耐脏耐穿等自然特性，同时反映了彝族的自我尊严。彝族自称黑彝，命山为黑山，命水为黑水，命石为黑石，穿着也为黑色，凡此种种，均

---

① 徐晓彤，白靖毅. 试析云南藏族服饰文化的现代变迁——以迪庆藏族自治州为例[J]. 北京舞蹈学院学报，2014（3）：116-119.

② 王婷，吕钊. 云南彝族服装的结构和美术色彩的特征[J]. 染整技术，2018（12）：92-95.

体现了彝族以黑为贵、为荣、为美的传统审美艺术心理。同黑色一样，蓝色在彝族服饰中多被作为基色，颜色偏向于青黑色，称为阴丹蓝。黑蓝结合，为喜色，多用于喜事；蓝白相配，为丧服。作为装饰时，一般用湖蓝色，配以朴素、恬淡的花纹。以年龄为界限，中老年人更偏向于青、蓝布，上不做花，装饰上仅用青衣蓝边或蓝衣青边，素雅、端庄。[①]红色也深受彝族人的喜爱，红色常被作为服饰上的装饰色。对于彝族而言，红色是火，是生命的象征，能够带给人幸福安康。红色大地养育了世世代代的彝族儿女，是彝族人民对幸福、光明的向往。彝族人崇尚黄色，源于先民对太阳的崇拜。在他们心中，象征太阳的黄色是富足、丰收的代表，会给人们带来富裕的生活。[②]因此，黄色常被用在刺绣图案中，与鲜艳的红色相得益彰。彝族服饰色彩的强烈对比性，体现了这个民族本身具有的朴素而浓厚的民族文化特征。

6）白族。白族服饰以白色、黑色、青色等为主。白族民间有一句俗话："小艳，大秀，老来素。"白族人受到自然环境的感召，一般场合并不追求华丽的服饰。一般来说，白族服饰的色彩大致可以分为两类：艳丽型和素雅型。儿童和少女的服饰通常较为艳丽，多采用白色、鹅黄、湖蓝、嫩绿、浅粉等明亮的色彩，并搭配大红色或黑色的领褂。同时，袖口、领口等部位常装饰有鲜艳的彩色绣花图案。这种搭配浓艳而不失庄重，展现出活泼的童心与青春气息。相比之下，中老年女性的服饰则较为素雅，通常以深蓝色或黑色为主色调，并搭配其他素色，营造出淡雅朴素的效果。蓝、黑两色属于冷色调，给人一种宁静、淡泊的视觉感受。搭配黑色绣花围裙，更凸显出了白族女性的勤劳与踏实。[③]大理白族自治州（简称大理）一带的白族妇女多穿黑色丝绒或灯芯绒的小褂，雪白的衬衫，蓝色或白色的宽裤子；腰间系有绣花飘带，上面多用黑软线绣上蝴蝶、蜜蜂等图案，并喜好在褂子右边挂上银制的三须或九须；脚上穿着绣花的白布鞋，头上戴的帽子绣着美丽的花，垂着长长的流苏，被喻为"风花雪月"帽，映射着大理四大著名风景，即上关花、下关风、苍山雪、洱海月。怒江一带的白族妇女一般穿对襟上衣，前短后长且套有彩色袖筒，系一

---

① 龙倮贵. 试析云南彝族服饰类型及其审美特色[J]. 民族艺术研究，1996（6）：52-56.
② 宋朋超，赵勇军. 云南楚雄彝族服饰图案色彩初探[J]. 东方藏品，2018（2）：175.
③ 孟妍，徐人平. 大理白族服饰图案的功能解读[J]. 南宁职业技术学院学报，2009（4）：8-11.

条素色或绣花围腰，佩戴银饰，足穿绣花鞋。白族的服饰文化特征，主要体现为强烈的色彩对比，常以白、青为底，用对比较为强烈的纯净线作素绣，认为白色是纯洁、庄严、光明的象征。青色则体现了淳朴的感情。同时，"白"也代表大理苍山上的"白雪"；"青"代表蓝蓝的洱海有着宽阔的胸怀。青和白的搭配寓意深刻，即做人要胸怀宽广、清清白白、光明磊落，彰显出了清新淡雅的民族文化气质。大红大绿的色调是一种较为强烈的冷暖色对比，配色率直、大胆，极富个性，表现出了白族人民质朴、爽快的性格。①

7）普米族。普米族服饰以白色、黑色、红色、蓝色等颜色为主。普米族崇尚的是白色，原因如下：一说是与普米族先民白额虎图腾有关；一说是与先民崇拜白海螺有关。②普米族服饰中大量使用了白色，如白色羊毛披风、白色百褶裙、红色身白色袖的上衣。他们认为白色是天光之色、神圣之色。兰坪白族普米族自治县的普米族老人喜欢使用黑色作为服饰的主色调。黑色和白色都属于无色系，黑色是无色系中最暗的颜色，具有神秘、庄重、坚毅等内涵。普米族老年妇女常穿着黑色坎肩，并用纯度较低的蓝色作为装饰，整体显得沉稳、质朴。③宁蒗彝族自治县普米族的年轻人喜欢穿红色、粉色、绿色、黄色、天蓝色、白色等明亮颜色的衣服；老年人则喜欢穿暗红、深绿、深蓝、灰色等颜色的衣服。④总的来说，普米族服饰通过小面积高纯度颜色的搭配，调和了大面积的无色系色彩。其配色方式以补色配色和强对比配色为主，使整体色彩富有生气，形成强烈的视觉冲击。这些多样化的颜色空间及其不同的搭配组合，让普米族以白色为主基调的民族文化更具活力和生机。

8）阿昌族。阿昌族服饰以黑色、深蓝色、白色等颜色为主。阿昌族的传统服饰常以黑色、深蓝色、白色为底色，但是小面积衣物和配饰上常用鲜艳的桃红色、翠绿色、橙黄色、宝蓝色等高饱和度颜色，配色明快、大胆，色彩对比强烈，给人一种喜悦、强烈的视觉感受，表现出其独特的民族性格。⑤阿昌族崇尚黑色，以黑为美，以黑色为吉祥、护佑之色。阿昌族男女常在头上搭配

---

① 杨玉莲. 浅析白族服饰[J]. 大理文化，2005（4）：57-59.

② 高月会. 兰坪普米族服饰文化的传统与嬗变[D]. 云南大学，2021：9.

③ 高月会. 兰坪普米族服饰文化的传统与嬗变[D]. 云南大学，2021：9.

④ 吴玮洁. 云南普米族服饰研究[D]. 北京理工大学，2015：26.

⑤ 罗茜. 云南阿昌族传统服饰视觉符号解析及创新设计[D]. 云南大学，2021：17.

黑色的头巾，他们身上穿着的衣服的主要颜色也为黑色。未婚少女多着黄、白、红等色彩鲜艳的布料缝制的对襟上衣，黑色、蓝色长裤，外罩长裙；已婚中年女性一般着淡黄色或蓝色等布料缝制的对襟上衣，下着裙子和长裤，外系围裙；老年妇女一般着深色的大襟上衣、黑色长摆裙，肩披围巾。[①]在深色衣物上，各种鲜艳的花朵装饰、闪亮的银饰被衬托得更加夺目。阿昌族喜爱银圈，女子胸前一般挂多个银圈，在开口的位置系上彩色毛线球，下挂多个小毛线球，用金银颜色的塑料流苏点缀。包头也是以黑色居多，蓝色、白色次之。包头上插艳丽的鲜花或假花，彩色毛线球装饰在顶端，其下佩戴有许多金银饰品，圆形帽花置于额角位置，整体上珠围翠绕，十分炫目。其服饰搭配中通过装饰物的色彩调和，能够使深色衣物本身沉闷的气质和形态更加活跃，与整个衣身产生强烈的视觉对比效果，也体现了这一民族文化的特征。

9）满族。满族服饰以白色、蓝紫色为主，红、粉、淡黄、黑色等颜色也是常用色。满族妇女的服饰一般为宽松肥大型，服长掩足，并镶有不同纹样的大花边。在布料选择上，新婚女子多选用朱红、大红色，中年妇女多选用藕荷色，未婚少女喜欢粉、绿、月白等颜色，长辈尊者多用深紫色。清初，男士袍服多为天青色，后来流行玫瑰紫色，谓之"福色"。一般男士衣物多用蓝、灰色的棉麻布料制作而成。袍服外皆套褂，俗称马褂，多为对襟、圆领、平袖、两旁开衩，褂长仅及于脐。男士穿袍服时，袍外系扎腰带。腰带上系有解食刀、烟荷包、眼镜盒袋等，显得格外端庄、文雅。满族尚白，从最早的以白桦树皮做服饰延续下来。满族先祖居住在冰天雪地的北方地区，对于他们来说，白色是上天赐予的神圣之色，因此满族人对白色情有独钟。女装多以白色的滚边作为装饰，而服饰的图案颜色则是五彩斑斓，常用色有红色、淡黄、黑色和粉色等。满族民众流行一句关于服装审美的谚语，即"男要俏一身皂，女要俏一身孝"，充分体现了满族尚白的传统习俗。满族人民认为白色是纯洁、高贵的象征，也代表着吉祥如意。因此，满族人民在服饰上还是始终如一地沿用白色作为核心颜色，多用白色来进行服装的领口、衣襟、袖口等边的装饰。[②]满族服饰最明显的特点之一，就是通过用色方式让服饰边缘色彩与服饰的布料形

---

① 杨明榜，张聪兰. 论大小阿昌妇女服饰[J]. 保山师专学报，2003（4）：50-52.

② 王辉. 满族服饰图案在现代服饰设计中的运用研究[D]. 江西科技师范大学，2017：35.

成鲜明对比，形成强烈的明度反差，由于服饰轮廓色彩的强化，从而形成了满族民族服饰的典型特色。在满族服饰的边地分明色彩中，可分为边深地浅和边浅地深两种类型。边深地浅的服饰地料颜色浅淡，边缘的颜色深暗，而地料色深边缘浅淡的服饰，一般来说，边缘多采用黑色，然后再在黑色上用浅颜色的线刺绣花纹来装饰。在反差鲜明的颜色中，形成块与面、点与线的跳跃性色彩。纵观满族服饰色彩，可以发现，其凸显了服饰上的色彩和谐之美，又将民族特色和民族风情淋漓尽致地体现出来。[①]

10）苗族。苗族服饰以黑色、红色、藏青色、白色、黄色等颜色为主。苗族因居住地不一，故服装也不相同，主要差别表现在颜色、式样、花饰镶边等部位。根据云南苗族的分布情况及其服饰款式、色彩的特点，可以大致将其分为白苗、大花苗、青苗、红苗等。白苗上衣多用青色、黑色布料，对襟无扣，袖细长，袖部图案多以涡旋纹、锯齿纹和菱形纹为主；下装为白色多褶裙，图案式样及色彩与上衣基本一致。黑苗的服饰衣料多为青黑色棉布，上装为无领对襟衣，两袖细长，两襟短，仅齐腰，腰带与方形黑色围腰相连；下装多为黑、红色相间的百褶裙。大花苗的服饰多用白麻布制成，上装为长及腰部的开襟大坎肩，外缀大方形披肩；下装为百褶裙，服饰的整体图案较为简洁。青苗的上衣多为低领右衽式，袖细长，衣袖、衣身均绣满了以菱形纹和各种折枝花纹为主的图案，少有空缺；下装为百褶裙，从裙头至裙边，依次交叉以蜡染、挑花装饰，形成若干分段。青苗的服饰式样实际是云南白苗、花苗服饰融合的结果。红苗属于较小的苗族支系，其服饰的主要特点为上衣右衽紧腰长袖，衣摆呈燕尾形；下装为长及脚面的裙，裙边为黑色。[②]苗族妇女的配件花纹布置非常严谨，常见的有蓝黑、青底起花，图案纹样的颜色以红、绿、蓝、紫、白为主，黄为点缀，在配色方面，用色适中，对比鲜明，具有素而不简、彩而不繁的特殊效果。[③]古代苗族好五色，即青、红、黄、黑、白，天地万物都可以用这五色表现。其中，红色代表南方、火焰、太阳、光明，象征胜利、富贵和吉祥。苗族最喜欢红色，认为红色最美、最神圣，是最具生命力的颜色。云南

---

① 王雪娇. 满族服饰刺绣的色彩与图案研究[D]. 沈阳大学，2014：53.

② 尤阳. 云南苗族服饰图案暨图形元素形式构成研究[D]. 云南艺术学院，2010：23.

③ 朱莹莹，林燕宁. 云南苗族服饰文化的应用与研究[J]. 明日风尚，2016(5)：149.

苗族传统服饰在以红、黑的强烈对比为基调的同时，注重突出红、白、黑三色的大块色彩，蓝、黄、绿则处理成细小的星点，很不起眼，有的则在红、黑二色的基础上，重点施以青绿或蓝绿色，视觉上是青底大红；也有金红、紫红、橙红或红底大绿，或有蓝绿、紫绿、青绿对比造成的艳丽明快的强烈块面；又有对比色黄、白、蓝加以调和，颇富节奏感，充满生命活力，给人一种五光十色、闪烁不定的感觉。[①]

11）水族。水族服饰以蓝色、白色、青色等颜色为主。水族是一个崇尚朴素、简洁生活方式的民族，他们不喜欢色彩鲜艳的服装，在服饰的颜色上不喜欢红色和黄色，特别不喜欢大红、大黄的热调色彩，而是喜欢蓝、白、青三种冷调色彩。他们认为这三种颜色浅淡素雅、清新脱俗，能体现真正的美。[②]水族服饰的色彩与他们的生活环境和生活习惯息息相关。一般水族人聚居的地方都是依山傍水，与大自然合二为一。因此，水族服装面料色彩主要有青、蓝、黑、青绿、青紫等，其中青蓝色用得最多。上衣多为青、蓝、黑色，下装一般为青黑色。头帕多为黑、白两色。鞋子一般以青色作为底色，图案纹样主要是红、黄、绿等较为艳丽的颜色。[③]水族女服多以水家布缝制，无领大襟半长衫或长衫，长衫过膝，一般不绣花边。节日和婚嫁盛装与平时的服饰截然不同，通常肩部、袖口、裤子膝弯处皆镶有刺绣花带，包头巾上也有色彩缤纷的图案。水族年轻男子一般穿大襟无领蓝布衫，戴瓜皮小帽，老年人着长衫，头缠里布包头，脚裹绑腿。水族传统服饰图案丰富多样，色彩对比强烈，在冷色、中性色面料中突出刺绣色彩的明亮，又在同一个明度上得到了统一，简朴端庄又不失活泼。水族这种独特的服饰审美，也体现了水族人民谦恭含蓄、宽厚待人的传统美德和情感内向的伦理道德规范。

12）拉祜族。拉祜族服饰以黑色、红色、白色等颜色为主。拉祜族服饰以黑色为底色，同时具有绚丽多彩的装饰。拉祜族崇尚黑色，服装大都以黑布衬底，用彩线等缀上各种花边图案，再嵌上洁白的银泡，使整个色彩既深沉而又对比鲜明，给人以无限的美感。除了黑色以外，拉祜族服饰图案以红色为主色

① 李丹. 云南苗族服饰图案艺术研究[D]. 昆明理工大学，2006：20.
② 吴勋，徐娇，曹庆楼. 揭开水族服饰文化的神秘面纱[J]. 农村经济与科技，2019（18）：235-238.
③ 冯程程. 三都水族服饰视觉符号探微[J]. 美与时代（上），2015（1）：87-88.

调，以黄、绿、蓝、白等为辅助色彩。拉祜族人以自己的审美心理，巧妙运用色彩，创造出了与拉祜族服装协调统一、色彩对比强烈的装饰图案。拉祜族男子一般身穿浅色右衽交领长袍和长裤，系腰带，脚穿布鞋，头戴包头，长袍两侧有较高的开衩，领口、衣襟等处用深色布条镶边，包头用白、红、黑等各色布条交织缠成。妇女穿的一般是黑布长衫，长至膝下，两侧开衩且开衩较高，衣领和衩口镶有几何图纹布块，沿衣领嵌三角形的银泡装饰，象征着温馨秀美、风调雨顺、丰衣足食；下身穿宽大的长裤；头裹长头巾，一端垂到腰际。黑色衣服缀以色彩丰富的纹样，显得格外富丽庄重。拉祜族的服饰色彩是稳重型与热烈型兼顾，既能展示拉祜族服饰的娴静优雅，又能展现其艳丽之美。

13）德昂族。德昂族服饰以蓝色、黑色、红色等颜色为主。受自然环境、历史文化的影响，他们的服饰具有独特的艺术魅力和审美价值。德昂族认为茶叶是万物的祖先，太阳、月亮和天空中的星星都是由茶精灵组成的。茶叶色黑，因此他们以黑为美。[1]德昂族服饰多以黑色为主色调，部分为蓝色，显得凝重深沉、庄严朴实。德昂族的服装新颖别致，青年男女喜欢戴黑、白两种颜色的包头，对比鲜明，耳上戴着大耳坠，脖子挂着银亮的项圈。男子服饰呈上衣下裤的着装方式，多穿蓝、黑色大襟上衣和宽而短的裤子，裹黑、白布制作的头巾，头巾的两端饰以彩色绒球。女子服饰为上衣下裙的方式，多穿藏青色或黑色的对襟短上衣和筒裙，用黑布包头。在上衣襟边镶两道红布条，将四五对大方块银排作为纽扣，钉有规则排列的银泡，并用各色丝线于下摆绣有花鸟虫鱼作为装饰图案。筒裙上有手工编织而成的彩色水波横条纹，并用竹篾编织成的腰箍和五色绒球等作为装饰。裙子的式样新颖大方，花色艳丽。德昂族的传统服饰反映了他们对生命的理解，富有浓郁的生活气息和特有的文化内涵。

14）纳西族。纳西族服饰以红、白等颜色为主。云南的纳西族服饰色彩主要分为两种类型。一是丽江纳西族传统服饰色系，以黑、白、红、蓝为主，以粉、绿、黄、橙为辅色。从明度看，主色明度偏低，以较暗的基本色为基调，辅以高明度的对撞色块或装饰纹样等，使服饰明暗相得益彰。丽江纳西族服饰

---

① 姚秋萍，饶简元. 民族服饰创新设计研究——以德昂族服饰为例[J]. 文化创新比较研究，2020（11）：40-41.

的色彩整体表现为沉稳的低饱和度，同时点缀高纯度的对比色、互补色。例如，在以黑、白为主色调的羊皮披肩上，利用红色配蓝色和橙色配绿色，巧妙地分配高饱和度色彩的用色面积、分布位置，使其靓丽但不轻浮。深色系之间互相调和，虽有差异，但趋向一致，其中蕴含的语义符号为沉稳、低调、神秘，这也是纳西族服饰文化蕴含的文化特征。二是以九江迁徙过来的纳西族为代表的色系。由于其之前的居住地与白族聚居地接壤，在文化交流的影响下，服饰带有"尚白"的特征，颜色为白、蓝、黑、绿、黄等，白色的提亮，服饰整体更加亮丽。[①]总体来看，纳西族的妇女上身穿长褂子，色彩上以素雅为基调，以天蓝、米黄、浅灰、藏青、深红、黑色为主色调。外罩皮坎肩或布坎肩多为深色，下穿长裤，系百褶围腰。围腰则以深色镶边天蓝，或以白色麻布配镶边浅蓝。这种对比搭配，给人以鲜明、醒目之感，体现出一种素雅美。脚上配以五彩扎脚带、绣花船形鞋，背饰上缀以五彩圆盘七星，使素雅为主的底色上又点缀了一抹稍微鲜艳的色彩，增添了一些活泼轻快的成分，整体上形成了浓淡相宜、凝重与轻快并存的独特风格。这也体现了纳西族妇女纯净中带有热烈、凝重中带有轻快、雄壮中带有秀美的审美特征。

15）基诺族。基诺族服饰以蓝、黑、白等颜色为主。在基诺族服饰上，黑、白、红、黄、蓝、绿、紫等自然界各种事物的颜色经过巧妙穿插，相互映衬，非常协调，艳而不俗，再点缀上不同的装饰品和银泡，让人感觉到高度简练的图案也同样充满活泼，表达出一种简朴、洁净和浑厚的天然之美及人与自然的和谐统一。基诺族男子传统服饰以白色为底色，上衣着装一般为基本款式，无领无扣。上衣的前面比较简单，后背正中缝制一块长方形的红色面料，其上绣有美丽的太阳花，以及传说为诸葛孔明创造出来的八卦图案，象征着永恒的爱情。下身多是白色或者蓝色较为宽松的、或长或短的裤装。未婚男子戴帽，"成人礼"后换帽为包头，多为黑色。整个服饰以浅色调为主，表现明快秀美，给人以明快素雅、和谐悦目的审美感受。女子服装以黑色、蓝色为主要底色，用彩色线条加以装饰。[②]多是无领长袖、开襟款式、麻布面料的短上衣，以布条代替纽扣，上衣长度仅至脐间，凸显了基诺族女子婀娜的身姿，呈

---

① 孙婷. 丽江纳西族服饰文化研究[D]. 天津师范大学，2022：37.

② 武文静. 云南基诺族服饰图案在现代平面设计中的运用探索[D]. 云南艺术学院，2012：23.

现出完美的身材比例。基诺族女子穿着短上衣，上半部分用深色的自织布，其下以红色、黄色、蓝色、黑色、白色等不同颜色的布料相互穿插拼接或镶嵌而成，打破了上衣的沉闷感，表现出别样的活泼。在上衣背部的正中和两肩位置多有绣花，或是镶嵌一条花边，双肩左右有时候会以绣花点缀。[①]头戴披风式三角形尖顶帽饰，通常是由一条饰有黄色、淡红色、黑色竖条花纹的土布对折后缝住一边制作而成。未婚女子梳髻于脑后方披下头发，帽子两角自然下垂于肩后，帽顶呈尖形。已婚女子则将发髻梳于前额正中，饰以竹制发卡，帽尖自然前倾，呈尖平状，似鸡冠花。基诺族女子服饰图案整体的颜色给人一种古朴大方、凝重典雅的感觉，用鲜艳的黄色和红色加以点缀，不显沉闷。

16）蒙古族。蒙古族服饰以红、粉、蓝、棕等颜色为主。蒙古族一般不分男女，皆穿具有民族特色的长袍，蒙古语称之为"特尔力克"，春秋穿夹袍，夏季穿单袍，冬季穿棉袍或皮袍。蒙古族袍袖口狭窄，上长下短，盖于手背处稍长，对着手心一处稍短，成斜线，称"马蹄袖"，冬天可以起到手套的作用，夏天可以防蚊虫。男袍一般都比较宽大，尽显奔放豪迈，颜色多为蓝色、棕色。女袍则多为紧身的，以展示出身材的苗条和健美，颜色多为红色、粉色、绿色、天蓝色。妇女穿的蒙古袍，下摆宽，衣着虽各地区有一定差别，但也都穿袍服，喜欢色彩对比比较强烈、明快的颜色，如红、黄、蓝、白、绿等。为了适应劳动生产，蒙古族的妇女一般穿长裤、短上衣。一套上衣由三件衣褂组成，俗称"三叠水"。第一件为贴身穿的高领衬衣，颜色多为白、杏黄、浅蓝、玫红等。穿在中间的第二件为无领大襟衫，颜色多为大红、天蓝、绿等。第三件则是衣长只及腰部的对襟式前开口褂子，色彩鲜艳。裤子通常为蓝色、黑色、深米色等。蒙古族认为，红色象征生活快乐、家庭和美；黄色象征金子般的友谊、丰收、吉祥、理想、希望；蓝色是像天空一样的色彩，它象征永恒的宁静、和平、真诚善良；白色则象征人们之间的关系纯洁、高尚；绿色象征一望无际的大草原给人们带来一片生机勃勃的景象。[②]腰带是蒙古族服饰的重要组成部分，用长三四米的绸缎或棉布制成。在一些地区，已婚的妇女

① 井菲，陈娟，薛小晓. 云南基诺族传统服饰在现代服饰设计中的运用[J]. 艺术科技，2019(6)：67.
② 倪中江. 云南蒙古族民族文化变迁研述[D]. 云南师范大学，2007：31.

穿蒙古袍不系腰带。蒙古族钟爱的靴子分皮靴和布靴两种，蒙古靴做工精细，靴帮等部位都有精美的图案。

17）壮族。壮族服饰以蓝色、黑色等颜色为主。云南壮族服饰基本色调以蓝、黑、紫为主。壮族男子多穿破胸对襟的唐装，以当地土布制作，不穿长裤，上衣短领对襟，缝一排（6—8 对）布结纽扣，胸前缝小兜 1 对，腹部有两个大兜，下摆往里折成宽边，并于下沿左右两侧开对称裂口。穿宽大裤，短及膝下，有的缠绑腿，扎头巾。冬天穿鞋戴帽（或包黑头巾），夏天免冠跣足。节日或走亲戚时，穿云头布底鞋或双钩头鸭嘴鞋，劳动时穿草鞋。壮族妇女的服饰端庄得体、朴素大方。她们一般的服饰是一身蓝黑，裤脚稍宽，头上包着彩色印花或提花毛巾，腰间系着精致的围裙。她们的上衣一般为藏青或深蓝色短领右衽（有的在袖口、襟底绣有彩色花边），分为对襟和偏襟两种，有无领和有领之别。在边远地区，壮族妇女还穿着齐胸对襟衣，无领，绣五色花纹，镶上阑干，下穿宽肥的黑裤（也有的于裤脚沿口镶两道异色彩条），腰扎围裙，裤脚膝盖处镶上蓝、红、绿色的丝织和棉织阑干。壮族妇女普遍喜好戴耳环、手镯和项圈。服装花色和佩戴的小饰物，各地略有不同。上衣的长短有两个流派，大多数地区是短及腰的，少数地区是上衣长及膝。壮族服饰的独特色彩，传达出其沉稳、内敛的民族个性和特征。

18）独龙族。独龙族服饰以黑色、白色、彩色等颜色为主。独龙族的传统是习惯用一块独龙毯围在身上。独龙毯以棉麻为原料，用五彩线手工织成，质地柔软，古朴典雅，是独龙族特有的民族工艺品。从左肩腋下斜拉至胸前，袒露左肩右臂，左肩一角用草绳或竹针拴结，腰间佩戴弩弓、箭包和砍刀。女子多在腰间系戴染色的油藤圈作为装饰。独龙族女子大多戴竹质耳管和大铜环，受藏族的影响，她们也戴藏式的银质镶珊瑚或绿松石的大耳坠。男女大多不戴帽。[①]现在独龙族普遍穿上了布料衣装，但仍在衣外披覆条纹线毯。

19）回族。回族服饰以白色、黑色、绿色等颜色为主。回族认为白色是最圣洁、洁净的颜色。回族妇女常戴盖头，盖头也有讲究，老年妇女戴白色的，显得洁白、大方；中年妇女戴黑色的，显得庄重典雅；未婚女子戴绿色的，显得清新秀丽。不少已婚妇女平时也戴白色或黑色的圆帽，分两种：一种是用白

---

① 刘刚，项一挺. 独龙族服饰文化研究[J]. 中国民族博览，2015（8）：197-206.

漂布制成的；另一种是用白线或黑色丝线织成的，往往还织有秀美的几何图案。回族老年男子爱穿白色衬衫，外套黑坎肩（又称"马夹"）。回族老年妇女冬季戴黑色或褐色头巾，夏季则戴白纱巾，并有扎裤腿的习惯。年轻妇女冬季戴红、绿色或蓝色头巾，夏季戴红、绿、黄等色的薄纱巾。

20）怒族。怒族服饰以红色、黑色、白色等颜色为主。怒族的男女服饰多为麻布质地，妇女一般穿敞襟宽胸、衣长到踝的麻布袍，在衣服前后摆的接口处缀一块红色的镶边布。年轻的怒族姑娘上身穿着有领的白色或浅色衬衣，外加一件深色或红色坎肩，下身着长裤，叠穿装饰有竖条纹的彩色围裙，腰侧系着一掌宽的色彩艳丽的竖条纹腰带，颜色比围裙更艳丽，最易吸引人们的眼球。无论老幼，怒族男子的服装都很朴素、沉稳。[①]他们一般用包布裹头，穿敞襟宽胸、衣长及膝的麻布袍，腰间系一根布带或绳子，腰以上的前襟往上收，便于装东西。怒族男女都注意装饰，妇女用珊瑚、玛瑙、料珠、贝壳、银币等穿成漂亮的头饰和胸饰，戴在头上和胸前。耳上戴珊瑚一类的耳环，喜欢用青布或花头巾包头。男子蓄长发，用青色布包头，裹麻布绑腿，喜欢腰佩砍刀，肩挎弩弓和箭包。[②]

21）傈僳族。傈僳族服饰以黑色、白色等颜色为主。傈僳族的服饰可谓五彩缤纷、百花争艳。傈僳族男女老幼都喜欢穿民族服装，各地的服饰风格多样、绚丽多彩。不同地区的傈僳族妇女因服饰颜色的差异而被称为黑傈僳、白傈僳、花傈僳等。白傈僳妇女普遍穿右衽上衣、白麻布长裙，戴白色料珠，黑傈僳妇女普遍穿右衽上衣，麻布长裙。已婚女性一般戴大铜环，长可垂肩，头上以珊瑚、珍珠为饰，年轻的姑娘喜欢用缀有小白贝的红线系辫。花傈僳服饰较为艳丽美观，喜欢穿镶彩边的对襟坎肩，搭配缀有彩色贝壳的及地长裙，头缠花布头巾，耳坠大铜环或银环，行走时长裙摇曳摆动，显得婀娜富丽。傈僳族男子服饰最早模拟喜鹊的颜色与样式，称"喜鹊服"。上衣是麻布短衫，下穿及膝黑裤，缠黑布包头，看起来干净利落，给人平添不少英气。傈僳族男女服饰一般都是麻布长衫或短衫，裤长及膝，膝下套"吊筒"。

22）佤族。佤族服饰以黑色、红色等颜色为主。佤族崇尚黑色和红色，以

---

① 张金荷. 色彩斑斓的怒江服饰[J]. 今日民族，2020（6）：35-36.

② 丁汀. 怒族民俗风情[J]. 乡镇论坛，1995（8）：43.

黑为质、以红为饰，间有黄色、蓝色、白色的彩线为辅色。佤族敬仰黑色，是因为黑色象征着健康、庄严和肃穆，他们认为皮肤黑的人诚实、勤劳、智慧。佤族还崇尚红色，认为红色是希望和勇敢的象征。大小头人、功勋卓著的英雄、德高望重的老人等必须头戴红色包头，表示崇高、庄严。在佤族传统服饰中，黑色和红色是最主要的色调，布料大多为自制土布加以染色，图案的设计别具一格、色彩斑斓。佤族妇女多缠黑色包头，耳上戴有圆筒形或圈状的银质耳环，有的戴着粗短的木制耳塞。她们的上衣一般为无领对襟短衣，裙子一般为黑色或彩色条纹裙，小腿裹护腿布，腰间系用野藤篾自制的腰箍圈。佤族男子上衣多为无领长袖，裤子短而肥大，裤腰卷起来可以包东西。男子一般没有更多的装饰，个别地方有戴项圈、右手戴手镯的。[1]

23）景颇族。景颇族服饰以黑色、白色、红色等颜色为主。景颇族的服饰颜色以黑、白、红三色为主色调，黄、绿、蓝、棕、紫等颜色作为搭配色，色彩鲜艳，对比强烈。景颇族男子服饰的装束特点是头戴白色包头巾，在包头的一端缀有花边图案和彩色的小绒球（为红、黄、紫等色），上衣以白色为主，一般为对襟圆领短衣，裤子一般为黑色，裤腿短而宽，裤口用红、白两色线镶花边。装饰品中最有特色的是长刀、铜炮枪及筒帕。景颇族妇女一般上穿黑色紧身对襟衣，短及腰部，无领，袖管细长，短衣前后缀满了装饰的银泡、银片，上身装饰的色彩黑白相间，色调和谐庄重，华美精致；下着用黑、红两色羊毛自织的筒裙（红色约占该筒裙面积的85%），有的筒裙大面积为红色，筒裙上镶有用黄色线条组成的各种图案。腰部系一条红色腰带，小腿裹着与筒裙质地和色泽相同的护腿，一般都是红色底，上织彩色花纹，以大小方块纹为主，有些还会在下部边缘缀上彩色小绒球作为装饰。头戴用红色羊毛自织的包头，上面绣有不同的装饰图案，另外，一些人还会在腰、颈、腕、足佩戴用红、黑色漆过的藤圈。[2]

24）布依族。布依族服饰以青色、蓝色、白色为基本色调，红、绿、黄、紫等作为基本色调的服饰只在特殊场合才穿，或作童装，并不普遍。蓝、青、

---

① 李学明. 佤族服饰简介[J]. 今日民族，2010（4）：22-23.

② 罗天溥. 景颇族服饰色彩形成探考[J]. 民族艺术研究，2003（1）：53-60.

白之外的色彩多用作女装装饰色。[①]男装各地基本相同，青壮年男子一般头戴青布或花格布头帕，身穿对襟或大襟短上衣，一般为内白，外青或蓝，裤为大裤脚长裤。妇女服饰样式颇多，大襟短衣，领口、盘肩、衣袖和衣脚边沿皆用织锦和蜡染各色几何图案镶制；下穿百褶长裙，用白底蓝色蜡染花布缝成，佩戴各种银质首饰。衣服的长短和裤脚的大小，各地区并不相同。自制的织锦和蜡染是布依族服饰的主要特色。布依族妇女讲究头饰，婚前头盘发辫，戴绣花头巾；婚后须改用竹笋壳作"骨架"的专门饰样，名曰"更考"，意为成家人。布依族服饰的基本色为冷色调，装饰色多为暖色调。布依族妇女根据本民族的审美观把反差很大的两种色调和谐地组合到一起，整体色彩层次丰富，能使人获得独特的审美感受。[②]

25）布朗族。布朗族服饰以青色、黑色等颜色为主。布朗族穿着简朴，男女皆喜欢穿青色和黑色衣服。布朗族妇女上穿紧身短衣，头顶挽髻，用头巾缠头，喜欢戴大耳环、银手镯等饰品，未婚女子一般喜欢戴野花或自编的彩花。花草鞋是布朗族服饰中的一个亮点，一般由麻绳编织而成，从鞋尖到鞋跟均用七色绒线团来装饰。男子一般穿黑色或青色宽大长裤和对襟无领上衣缠头巾。

（三）少数民族服饰色彩的表示

基于统计学的少数民族服饰颜色空间模型，并非仅仅是少数民族服饰图像颜色集合的简单计算表达方式。针对不同空间中的少数民族服饰颜色，其强调和侧重的色彩表现各异，这使少数民族服饰灰度图像着色方法存在差异。少数民族服饰的颜色空间深受民族所处地域的生活环境、宗教信仰、风俗习惯等多方面因素的影响，因此，对少数民族服饰颜色空间的研究工作颇具挑战性。

少数民族服饰具有丰富多彩的特征，它们的颜色空间具有非常艳丽的特点。这使得在为少数民族服饰灰度图像自动着色时，不能采用常用颜色空间，而是要重新对颜色空间进行专业化处理，从而提取少数民族服饰专有的颜色空间。如果采用常用颜色空间，会使关于少数民族服饰灰度图像自动着色研究的难度加大。

---

① 周国茂. 布依族服饰[J]. 艺文论丛，1996（4）：42-59.

② 张建敏. 布依族服饰、蜡染中的鱼图腾崇拜与审美特征[J]. 贵州大学学报（艺术版），2010（1）：96-99.

以佤族为例，佤族服饰以红色和黑色为主色调。但是，他们也会用少量的蓝色、白色及黄色进行服饰的点缀。在进行少数民族服饰灰度图像自动着色时，如果采用常用颜色空间，可能会导致颜色分布不符合佤族服饰的实际色彩特征。因此，基于统计学的方法，对大量少数民族服饰的常用颜色进行统计分析，构建专有的颜色空间，确实可以有效提升着色的准确性和专有性。

在对少数民族服饰灰度图像自动着色进行研究的过程中，本书首先基于少数民族服饰色彩本身的整理和采集基础，对常用颜色空间进行压缩，从而提取出不同少数民族服饰的色彩概率，对通过统计得到的少数民族服饰具有的色彩数据进行采集整理及合并，从而得到不同民族服饰的颜色空间。

三、少数民族服饰图像资源数字化流程

利用数字化的相关技术突破以往的时间和空间限制，将传统少数民族服饰与信息技术充分融合，能在更大程度上激发研究者对传统少数民族服饰进行深入研究的兴趣，进而促进其发展与传播。[①]根据学者关于"文化遗产数字化"的定义，可以将少数民族服饰资源数字化定义为：运用数字采集、数字存储、数字处理、数字展示、数字传播等数字化技术，将少数民族服饰相关资源转换、再现、复原成可共享、可再生的数字形态，并以新的视角加以解读，以新的方式加以保存，以新的需求加以利用。通过该定义可知，少数民族服饰图像资源数字化的过程可分为采集、存储、处理、展示与传播五个方面。

（一）数字化图像采集

图像采集是少数民族服饰图像资源数字化的第一环，也是最关键的一环。数字化图像是重要的数字化编码状态，在记录与传播少数民族服饰的物质形态及其文化内涵方面具有较大的优势。传统少数民族服饰图像的视觉呈现形式，可以给予人们直观的感受，我们可以通过图像对少数民族服饰的显著特征进行解析。因此，图像采集是数字化采集的重点和难点，获得可利用的、高质量的图像资源是数字化采集的关键环节。[②]在过去很长一段时间，我国对传统服饰

---

① 魏迎凯. 基于数字化技术的传统服饰呈现与保护研究[J]. 皮革制作与环保科技，2022(22)：34-35，38.

② 谭欣. 传统民族服饰数字化采集标准研究[D]. 北京邮电大学，2019：54.

大都是通过实物来进行保存的，但随着时间的推移，服装很可能出现老化、损坏的情况。因此，可以利用数字化技术对当前的少数民族服饰图像进行采集，确保能够实现数据化的转变，在很大程度上能够完善少数民族服饰的保存方式。

传统的少数民族服饰图像采集，主要通过两种方式进行：一是搜索现有图像；二是对服饰进行实物拍照。第一种采集方式是以网络搜索为主，效率高、成本低，但是这种服饰图像采集方式存在一定的弊端。首先，通过网络搜索到的服饰图像可能与真实的少数民族服饰存在差异，其数据真实性无法得到保证；其次，通过该方式搜索到的服饰图像质量无法得到保证，数据的有效性有待验证。因此，本书中使用的少数民族服饰图像均是通过实拍采集的。

（二）数字化资源存储

数字化资源存储是指基于现代化电子存储设备（如硬盘、网盘等）的数字化存储功能建立数据库，按照某一特定的顺序或关联关系，对数字化采集的图、文、声、像等数据进行有效存储，在需要的时候能够方便提取利用。良好的存储结构对数据的管理、查询和后期使用具有重要意义。针对少数民族服饰图像资源的数字化存储，应按照相关的分类标准建立少数民族服饰图像资源库，从而对数据进行分类存储。此外，也应对采集的原始数据进行备份，作为备份的数据需要单独存放，存储格式一般为 RAW。对于已经处理好的数据，则应该根据不同的类型划分，并且按照层次标准逐级建立目录，进行分级、分类存储。

对于少数民族服饰图像数据的存储，具体来说，首先应按照民族进行划分。一般少数民族有不同的支系（或分不同地区），不同支系或地区的服饰是存在差别的，因此第二级划分标准为支系或地区。每一支系（或地区）的服饰又可分为服装、饰品、图腾/元素三个类别，这是服饰存储的第三级分类。第三级的每一个分类之下都包含了多件（套）与之对应的服装、饰品、图腾/元素，因此第四级分类为单件（套）的服装、饰品、图腾/元素。对于第四级，可以采用该服装、饰品或图腾/元素的具体名称来进行命名。每一件（套）的服饰都包含了不同形式的数据，因此本研究的数据存储结构的第五级分类将根据数据的形式进行划分，分别为图像数据、文本数据、视频数据、音频数据及其他形式的数据。此外，在第五级分类之下，还可以根据某些具体特征进一步进行分类，例如，图像数据类别之下又可分为全景图像和局部图像等。

（三）数字化后期处理

在进行数字化图像采集时，由于环境或设备的影响，所采集的少数民族服饰图像数据种类和形式较多，数据与数据之间存在一些差别。在少数民族服饰图像数据入库和使用之前，需要对数据进行适当的处理，使这些数据便于存储和使用。但是，本研究中不能对所有数据进行无差别的统一化处理，而是根据采集到的数据及后期需要的数据形式进行区别化处理。

数字化图像处理是通过计算机对图像进行去除噪声、增强、复原、分割、提取特征等处理的方法和技术。这样处理后，可以达到两个目的：第一，可以提高服饰图像的视觉质量，以增加视觉美感。同时，可以对图像的色彩、亮度进行调整，增强、抑制某些成分，对图像进行几何变换（裁剪、拉伸等），以改善图像的质量。例如，将拍摄较暗的图像提高亮度，对不需要背景的服饰图像进行抠图，裁剪掉无用的图像区域等。第二，可以对服饰图像数据进行变换、编码和压缩，主要是对图像进行格式转换、图像编码、分辨率压缩，便于图像的存储、传输和利用。例如，为了减少存储空间对图像进行压缩，为了方便网络传输对图像进行编码，为了适用某些软件的需要对图像的格式进行转换等。

（四）数字化展示

数字化展示是以设计知识体系为主体，以数字化理论为指导，利用信息时代的计算机、网络等信息技术辅助工具，在展示设计领域从事各种展示活动。数字化展示设计包含的要素有设计者、展示资料、展示设备。设计者是对整个展示过程（包括展示目的、展示内容、展示方式等）进行选择与控制的人员，展示过程的设计关系到展示效果。设计者可以是一个人，也可以是多个人。展示资料是为了达到展示目的而选择的内容，包含相关的图像、文字、视频、动画等。展示设备并不是传统的展台、展架等放置物品的设备，而是由计算机软、硬件组成的数字化技术支持设备。

数字化展示具有很好的综合性和艺术性，将技术与艺术高度融合，能使大众更全面、深入地了解少数民族服饰的文化内涵。数字化展示不仅是时代的需要，也是少数民族服饰发展的必然趋势。数字化展示的方式，是对少数民族服饰工艺美的完美诠释，最大程度地弥补了服饰实体展示的不足与缺陷，融合新型表达方式，使服饰的展示形式更加丰富多彩。

（五）数字化传播

数字化传播又叫网络传播，是指以计算机为主体、以多媒体为辅助，能通过多种网络传播方式，处理包括捕捉、操作、编辑、储存、交换、放映、打印等在内的多种信息的传播活动。它是将多种数据，如文字、图像、音乐、视频、动画、语言等信息组合在计算机上，并以此进行互动。数字化传播打破了非物质文化遗产以传承人作为传播主体的限制及传播的时空壁垒，改变了固态的传统传播方式，形成了基于电视、报纸、广播等传统媒介与网络视频、增强现实（augmented reality，AR）、虚拟现实（virtual reality，VR）等新数字技术相结合的立体传播、动态传播和"指尖"传播通道。少数民族服饰需要利用数字化的方式进行传播，开展各种文化传播和获得品牌性推广。相关部门可以根据少数民族服饰的特色元素，并结合当地传统文化进行再设计，生成符合大众审美理念的文创产品。一方面，可以促使少数民族服饰走出地方、走出国界，提高少数民族服饰的影响力；另一方面，可以给坚持本土化、具有民族情怀的设计师提供设计灵感，使少数民族服饰通过新媒体渠道进入国际相关领域和服饰市场。

第二节　少数民族服饰图像数字化相关基本技术

一、少数民族服饰边缘轮廓提取

边缘是指两个具有不同性质的区域之间的狭小分界区域。在数字图像中，边缘被认为反映了离散像素之间的变化情况。在计算机视觉领域，图像的边缘区域蕴含了绝大部分的兴趣点，反映了图像的浅层语义和视觉信息。研究发现，人的视觉对物体的形状和边缘信息最为敏感，其产生的刺激最强。也就是说，只有看到物体的轮廓，我们才能进一步思考并判断其所属的物品类别。[①]边缘是对图像整体信息的有效抽取，去除了冗余信息。边缘检测是图像处理中的关键一步，对后续高层次的应用有着牵一发而动全身的影响。[②]

导致图像像素值变化的因素有很多，如灰度值的不平滑、颜色分量的突变及纹理走势的改变，都可能构成边缘信息。边缘通常出现在目标区域与背景区域的交界处、不同目标的接触区域、光照变化引起差异的区域，以及因纹理扭曲导致变化的区域等。这些多种自然因素的存在，使得图像的边缘在像素图上具有多义性，难以用统一的形式进行区分。例如，对阈值的选择不能简单地"一刀切"，因为不同图像及图像内不同区域的选取标准各不相同。同时，在早期的灰度图像中，像素值是一维数值，寻找其变化点相对容易；而在彩色图像中，像素值是三维数值，每一维数值的变化对整体变化的贡献并不相同，这大大增加了边缘检测的难度。更为重要的是，普遍存在的噪声是边缘检测的一大挑战，人们不得不在去噪和检测精度之间做出权衡。

边缘检测这个术语的常见定义为：一种根据图像强度变化的物理过程来表征图像强度变化的方法。[③]图像的强度变化趋势可用多种方法检测出来，目前有微分法、基于数学形态学的检测法，以及基于小波理论、模糊理论、神经网络、遗传算法等的多种边缘检测方法。[④]评价边缘检测算法的定性标准是：①能够正确地检测出人眼认为有效的边缘；②被检测到的边缘像素位置应具有较高的精度；③检测响应不应随像素数量的增加而呈指数级增长；④能够适应不同尺度的边缘；⑤具有一定的抗噪性；⑥检测结果对边缘走向具有鲁棒性。[⑤]

微分法利用了最简单的导数原理，即连续函数的突出点出现在一阶导数的极值或二阶导数的零点。一阶导数认为，在连续无奇点的像素邻域中，局部极值点属于边缘像素点，而二阶导数只是换用了方便计算的零点。数字图像在数学上表示为离散函数，解决如何利用这些离散分布的像素值来构造二维离散形

---

① 范立南，韩晓微，张广渊. 图像处理与模式识别[M]. 北京：科学出版社，2007：78-82.

② 董鸿燕. 边缘检测的若干技术研究[D]. 国防科学技术大学，2008：24.

③ Torre V, Poggio T A. On edge detection[J]. IEEE Transactions on Pattern Analysis & Machine Intelligence, 1986(2)：147-163.

④ 王敏杰，杨唐文，韩建达等. 图像边缘检测技术综述[C]. 2011 年中国智能自动化学术会议论文集（第一分册），2011：818-823.

⑤ 段瑞玲，李庆祥，李玉和等. 图像边缘检测方法研究综述[J]. 光学技术，2005(3)：415-419.

式的计算格式这一问题，是非常重要的。[①]在二元函数即二维平面上，某个点的方向可用一个矢量来表示，其组合的方向就是该点处局部平面的变化趋势，本质是以平面在局部对曲面进行极限逼近。一般而言，二维平面中的梯度定义如下：

$$\nabla f(x,y) = \left\{ \frac{\partial f}{\partial x}, \frac{\partial f}{\partial y} \right\} \tag{2.1}$$

其中，梯度 $\nabla f(x,y)$ 是函数 f 在这一点的梯度符号，是一个对 x 和 y 方向的偏导数计算得到的矢量，设 $g_x = \frac{\partial f}{\partial x}$，$g_y = \frac{\partial f}{\partial y}$，则

$$\text{mag} = \sqrt{g_x{}^2 + g_y{}^2} \tag{2.2}$$

$$\varphi = \arctan\left(\frac{g_y}{g_x} \right) \tag{2.3}$$

式中，mag 代表梯度的模，表示边缘变化的剧烈程度，式（2.3）中的 φ 代表梯度的方向，梯度的方向垂直于边缘方向。计算偏导数，要求函数在该点是连续的。但是，数字图像是使用矩阵的方式存储于计算机中，是离散化的分布函数。离散梯度法是用广义有限差分的方式来计算函数在离散点上的梯度。与基于规则网格的经典有限差分法相比较，离散梯度法是可以在不规则网格或任意离散点上以差分的方式近似计算微分的。[②]在离散情况下，用差分近似替代微分，从而可以求得离散图像函数的各点梯度。离散函数 $f(x,y)$ 的梯度可离散化表示为

$$\begin{bmatrix} g_x \\ g_y \end{bmatrix} = \begin{bmatrix} f(x+1,y) - f(x-1,y) \\ f(x,y+1) - f(x,y-1) \end{bmatrix} \tag{2.4}$$

式（2.4）为离散化的一阶微分形式。由式（2.4）可知，一阶微分的梯度检测使用两侧像素值的差值来代表变化的强度，而二阶离散化微分可表示为

---

① 杨朝霞，逯峰，李岳生. 图像梯度与散度计算及在边缘提取中的应用[J]. 中山大学学报（自然科学版），2002（6）：6-9.

② 钱璟，黄冠江，张莹雪. 离散梯度法在基于图像的计算生物力学中的应用[J]. 力学与实践，2018（3）：300-307.

$$\begin{bmatrix} g^2{}_x \\ g^2{}_y \end{bmatrix} = \begin{bmatrix} f(x+1,y) + f(x-1,y) - 2f(x,y) \\ f(x,y+1) + f(x,y-1) - 2f(x,y) \end{bmatrix} \qquad (2.5)$$

由式（2.5）可知，二阶微分会产生过零点，可以通过零点这个非常显眼的数字标签获得图像的边缘点。由于算法简单，所以其应用深度不够，但一分为二来看，简单也是一种优势，经过一些改进之后，其仍然有相当大的应用潜力。

边缘检测的完整过程包含如下：①滤波以去除噪声，这样也减小了边缘处的变化强度，常用的去噪方法有高斯滤波、中值滤波等；②为突出图像中梯度较大的区域，常采用直接计算梯度的方式；③通过设置阈值来过滤边缘点，从而检测出真正的边缘区域，改进后的方法有自适应阈值等；④精确定位边缘的位置或方向。

二、少数民族服饰花纹图案边缘提取

每个民族的传统服饰中的花纹图案都有本民族的特色。我们可以发现，每个民族服饰的颜色及花纹种类非常丰富。在对图像进行分割之前，为了保证少数民族服饰图像中的花纹图案特色得到最大程度的保留，需要对服饰图像中的花纹图案色彩分布情况进行仔细分析。我们可以发现，相对而言，每一种花纹图案对应的位置分布都是比较集中且统一的，所以可以运用图像分割技术将服饰中的花纹图案从服饰图像中裁剪出来。根据每个花纹的具体位置和颜色分布情况，对花纹图案进行分割，部分花纹图案分割的结果如图 2-2 所示。

图 2-2 是佤族和彝族服饰中的部分花纹图案。我们可以看到，服饰中的花纹图案分布的位置较为集中，且每一种花纹图案的颜色分布也较为单一。这主要是因为传统的少数民族服饰中的花纹图案都是通过手工制作的，各个民族都有自己的民族特色，并且每个民族的服饰主色调较为统一。对其中的花纹图案进行图像分割，得到了像素值为 64×128 的少数民族服饰花纹图案。

彩色图像的灰度处理就是相关像素的颜色计算。在少数民族服饰花纹图案的处理中，我们对相关彩色花纹图案进行灰度化处理。灰度化处理是图像预处理的重要步骤之一，为后续的花纹图案特征提取等操作提供了基础，从而能有效减小图像处理过程中的计算量。

图 2-2　少数民族服饰花纹图案分割结果

在彩色图像灰度处理中，通常会用到的算法有平均值法和加权平均法[①]等。其主要的原理都是对彩色图像的 RGB 值进行相应的加权平均操作。在少数民族服饰花纹图案的灰度处理中，我们对加权平均算法进行优化，提高图像灰度处理的运算效率。图像灰度处理加权平均算法的公式为

$$\text{Gray} = \sum_{i=0}^{n} \frac{\left(R_i \times 0.299 + G_i \times 0.587 + B_i \times 0.114 \right)}{n} \qquad (2.6)$$

式中，R_i、G_i、B_i 表示 RGB 三通道的数值，Gray 表示灰度加权平均值。在计算机运算中，有加减、乘除、定点、浮点、移位等运算。由于采集的少数民族服饰花纹图案资源的数量庞大，在进行灰度处理的时需要不断地进行像素的运算操作，对计算机的计算性能有较高的要求。我们通过研究发现，对彩色图像灰度处理加权平均算法进行优化，经过浮点变定点、乘除变加减、移位等运算的变换，可以提高图像灰度处理计算效率。经过改进之后，少数民族服饰花纹图案灰度处理代码示例如图 2-3 所示。

① 王璞. 彩色图像灰度化算法改进研究[D]. 西北大学，2019：39.

```
for i in range(0, height):
    for j in range(0, width):
        (b,g,r) = img[i, j]
        b = int(b)
        g = int(g)
        r = int(r)
        gray = (r+(g<<1)+b)>>2
```

图 2-3　少数民族服饰花纹图案灰度处理代码示例

少数民族服饰花纹图案灰度处理的计算公式如下：

$$\text{Gray} = \sum_{i=0}^{n} \left(R_i + (G_i \ll 1) + B_i \right) \gg 2 \qquad (2.7)$$

图像灰度处理的具体算法流程如下：

算法 2-1　图像灰度处理算法

Input：	输入图像数据；
Output：	灰度处理完的图像数据；
1	For（从左到右遍历图像）
2	For（从上到下遍历图像）
3	对(b,g,r)的值进行取整，
	b=int(b);
	g=int(g);
	r=int(r);
4	将像素点[i, j]的 b,g,r 值进行移位运算
	gray=(r+(g<<1)+b)>>2；
5	EndFor
6	EndFor

在算法 2-1 中，在计算时，先对每个像素 i 中的 RGB 值取整，将浮点数值变成定点数值。然后，将原来加权平均法中的系数分别放大，再进行约分，将放大的倍数改成像素 G 通道值向左移一位和整体值向右移两位的运算。通过算法优化可以大大地提高图像灰度处理的运算效率，减小图像处理的运算量。经过对图像灰度处理加权平均算法进行优化，可以将优化的算法运用到少数民族服饰花纹图案的灰度处理中，结果和对比如图 2-4 和图 2-5 所示。

图 2-4　未经过灰度处理的彩色图像

图 2-5　经过灰度处理的灰度图像

由图 2-5 可以看到，少数民族服饰彩色图像经过灰度处理得到了效果较好的灰度图像，与采用常规灰度处理算法取得的效果没有什么差异。经过算法优化，处理一幅彩色图像的灰度转换效率得到了显著提升。这不仅为后续大量少数民族服饰花纹图案的灰度处理节约了运算量，还降低了时间成本。

将少数民族服饰花纹图案中的像素经过四则运算得到结果，这一结果可以是一个具体的值或者向量、矩阵，也可以是一个多维的元组。方向梯度直方图（histogram of oriented gradient，HOG）是图像处理中一种经典的特征提取算法。HOG 的特征是直接将图像中像素点的方向和梯度大小作为该图像的特征。通过将图像局部的方向梯度直方图特征进行串联，可以得到整幅图像的HOG 特征。图像 HOG 特征计算的步骤如图 2-6 所示。

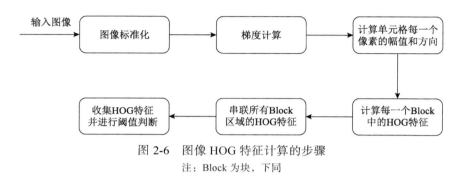

图 2-6　图像 HOG 特征计算的步骤

注：Block 为块，下同

HOG 特征计算的步骤，具体如下。

第一步，图像标准化。主要包括图像分割、图像灰度预处理等，具体公式为

$$I(x, y) = I(x, y)^{\gamma} \tag{2.8}$$

其中，$I(x,y)$ 表示图像中每一个像素的位置。在提取 HOG 特征之前，需要对图像进行标准化。在标准化的图像中，首先要明确模块的划分。如图 2-7 所示，可以将少数民族服饰花纹图案数据集中所有的图像划分为几个模块，分别是蓝色的 Win（窗体模块）、红色的 Block 和绿色的 Cell。其中，Win 是 HOG 计算的最顶层模块。在一般的图像特征提取中，Win 窗体模块的像素小于数据集中图像的像素。本书在计算少数民族服饰花纹图案特征的过程中，将其大小定义为 64×128 像素，即图像的大小。在计算中，Block 的像素值需要小于 Win 的像素值，且 Block 的大小一定能被 Win 的大小整除。为了方便特征提取的计算，我们将 Block 的大小定义为 16×16 像素。从图 2-7 可以看出，Block 沿着箭头的方向遍历 Win。每遍历一次，Block 都沿着箭头的方向依次从左到右、从上到下移动 8 个像素值，即 Block 移动的步长为 8，每张图像可以分为 105 个 Block。每一个 Block 又可以分成 4 个 Cell，如图 2-7 右边所示。每个 Cell 的大小为 8×8 像素，所以一幅 64×128 像素的图像可以划分出 420 个 Cell。

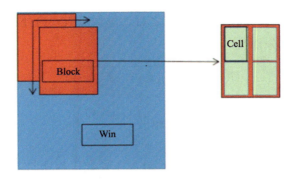

图 2-7　HOG 特征计算模块的划分

注：Cell 为单元格，下同

第二步，梯度计算。在明确了 HOG 特征提取中的模块划分之后，则需要进行梯度计算。图像的梯度计算包括梯度幅值计算和梯度方向计算。梯度的幅值大小与梯度的大小有关系，梯度的幅值越大，对应该方向的权值越大，这个方向的纵坐标取值越大。[①]幅值的计算包括水平方向的梯度幅值和垂直方向的梯度幅值。幅值计算完毕后，需要根据幅值来计算每个像素位置的梯度方向值。水平和垂直方向的梯度计算算子如图 2-8 所示。

垂直方向　　　　水平方向

图 2-8　HOG 特征计算的算子

根据两个方向的梯度算子，需要在图像 (x, y) 位置，计算像素点 (x, y) 处的梯度。$I(x, y)$ 表示像素点 (x, y) 处的像素值，水平方向梯度幅值的计算即相邻像素之差 $G_x(x, y)$，垂直方向梯度幅值的计算即上下像素之差 $G_y(x, y)$，计算公式分别为

$$G_x(x, y) = I(x+1, y) - I(x, y) \tag{2.9}$$

$$G_y(x, y) = I(x, y+1) - I(x, y) \tag{2.10}$$

① 田娟娟. 视频中行人检测与跟踪方法研究[D]. 西安理工大学，2018：31.

经过水平和垂直方向的算子计算之后，像素点 $I(x,y)$ 处的梯度幅值 $G(x,y)$ 和梯度方向 $\alpha(x,y)$ 分别为

$$G(x,y) = \sqrt{G_x(x,y)^2 + G_y(x,y)^2} \qquad （2.11）$$

$$a(x,y) = \tan^{-1}\left(\frac{G_y(x,y)}{G_x(x,y)}\right) \qquad （2.12）$$

第三步，将图像划分为 420 个 Cell。在少数民族服饰花纹图案特征提取中，本书将每张图像分成了 420 个 Cell，然后给每个 Cell 构建 HOG。HOG 包括方向和幅值。HOG 的方向通常可以划分为 9 个直方图通道方向，依次把这 9 个方向定义为 Bin0—Bin8，这 9 个 Bin 的值可以把梯度方向划分为 9 个方向块。Bin0—Bin8 对应的方向角度如表 2-1 所示。

表 2-1 Bin 角度投影

Bin 值	角度 1	角度 2
Bin0	0°—20°	181°—200°
Bin1	21°—40°	201°—220°
Bin2	41°—60°	221°—240°
Bin3	61°—80°	241°—260°
Bin4	81°—100°	261°—280°
Bin5	101°—120°	281°—300°
Bin6	121°—140°	301°—320°
Bin7	141°—160°	321°—340°
Bin8	161°—180°	341°—360°

第四步，区域串联。将细胞单元 Cell 组合成大的 Block 区域，420 个 Cell 单元可以合并成 105 个 Block 区域。然后，在每一个 Block 区域内归一化 HOG，每 4 个 Cell 可以组合成一个 Block 区域，并且每个 Cell 中有 9 个 Bin 的特征。最后，对所有 Cell 中 Bin 的特征进行区域串联，便可以得到每一个 Block 的特征。

第五步，收集 HOG 特征并进行阈值判断。在经过前面的 HOG 特征提取之后，即可对 HOG 特征进行收集，然后利用机器学习的相关算法进行阈值判断。

三、少数民族服饰花纹图案检测与匹配

前文介绍了计算少数民族服饰花纹图案 HOG 特征的基本流程。但是，在最后的计算中会存在一个问题，即当计算某一个像素的梯度方向时，需要将其角度投影到某一个 Bin 的位置中。在一般的 HOG 算法中投影的 Bin 角度，都是根据计算的 $\alpha(x, y)$ 值进行投影，但是这个值并不一定是固定在某一个 Bin 的中间取值。例如，计算的 $\alpha(x, y)$ 值为 25°，则梯度方向投影到 Bin1 或者 Bin1 和 Bin2 上。这样通过将投影的角度进行 Bin 值直接投影或者加 1 投影的方式，可以减小特征提取的计算量，但是提取幅值的准确率却有所下降。所以，对梯度角度投影进行优化，可以得到以下幅值计算公式：

$$G(x, y)_1 = G(x, y) \times P_{a(x, y)} \tag{2.13}$$

$$G(x, y)_2 = G(x, y) \times \left(1 - P_{a(x, y)}\right) \tag{2.14}$$

在式（2.13）和式（2.14）中，$G(x, y)$ 表示在像素点 $I(x, y)$ 处的幅值，$P_{\alpha(x, y)}$ 表示在 Bin 加 1 处角度所占的概率。经过上面的优化，对原来的幅值进行分解，得到了 $G(x, y)_1$ 和 $G(x, y)_2$ 两个幅值，然后对所有幅值进行权重累加和 Cell 的复用。每一个 Block 都划分为 4 个 Cell，可以记为 Cell0、Cell1、Cell2、Cell3。一般的 HOG 计算只是对每一个 Cell 中的 Bin 值进行权重累加，而本书在少数民族服饰花纹图案特征提取中，先将 Cell0 中的 Bin 值进行权重累加，可以记为 Cellx0，然后将 Cell0 和 Cell1 中的 Bin 值进行权重累加，记为 Cellx2，将 Cell2 和 Cell3 中的 Bin 值进行权重累加，记为 Cellx3，最后再计算 Cell0、Cell1、Cell2、Cell3 四个 Cell 中所有的 Bin 值，记为 Cellx4。这样经过 Cell 复用之后，再将每一个 Block 进行串联，得到 HOG 特征的描述，从而达到特征提取优化的效果。

四、基于 HOG+SVM 的图像检测

前面介绍了图像的 HOG 特征提取算法改进，这一部分介绍如何用改进后的 HOG 特征提取算法提取少数民族服饰花纹图案的 HOG 特征，然后使用支持向量机（support vector machine，SVM）算法训练花纹图案，实现对少数民

族服饰花纹图案的检测。从图 2-9 可以看到，少数民族服饰花纹图案的检测，可以分为三个步骤。

图 2-9　HOG+SVM 花纹图案检测流程

第一步，准备样本。前面对少数民族服饰花纹图案进行了预处理，然后将处理过的少数民族服饰花纹图案分为正样本和负样本。正样本中包含了需要检测的目标花纹图案，负样本中则不能出现需要检测的目标花纹图案。正样本花纹图案示例如图 2-10 所示。

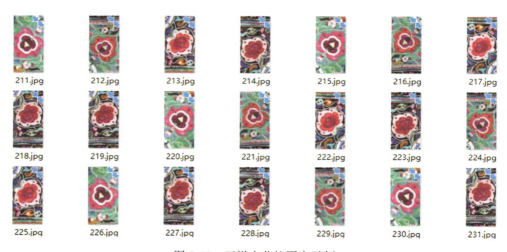

图 2-10　正样本花纹图案示例

为了让正样本中的数据尽可能地保持多样性，预处理 1000 张正样本图像，并且将正样本中的图像数据按照 1—1000 编号，放入 POS 文件夹中，进行人工标注。同时，准备了 2000 张负样本图像，并按照 1—2000 进行编号。正负样本的比例为 1∶2，正负样本的图像像素都为 64×128，格式统一为 jpg。

第二步，样本训练。在进行 HOG+SVM 训练的过程中，需要遵循相应的训练流程，如图 2-11 所示。

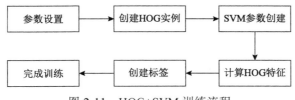

图 2-11 HOG+SVM 训练流程

在参数设置中，主要是设置提取 HOG 特征用到的参数，包括正负样本参数的个数。在这里，Win 模块的大小设置为 64×128，Block 的大小设置为 16×16，Block 的步长和 Cell 的大小都设置为 8×8，Bin 的个数设置为 9。在完成参数设置之后，将参数传入创建的 HOG 实例，以完成 HOG 实例的初始化。然后，完成 SVM 对象的创建，计算花纹图案的 HOG 特征。SVM 是监督学习，需要有样本和标签，所以需要对输入计算 HOG 特征的图像创建标签，然后进行学习训练。具体的算法流程如算法 2-2 所示。

<hr/>

算法 2-2 HOG+SVM 训练算法

Input：	输入训练参数；
Output：	训练之后的参数；
1	设置正负样本个数、窗体大小、步长等参数；
	PosNumber=1000；
2	NegNumber=2000；
	win=(64,128)；
	block=(16,16)；
	Bin=9；
3	blockStride=(8,8)；
	cell=(8,8)；
4	创建 MyHOG 实例；
5	Myhog=cv2.Create_MyHOG(win,block,blockStride,cell,Bin)；
6	创建 SVM 实例；
	svm=cv2.ml.SVM_create()；
7	计算 HOG 特征并对图像进行标签；
8	featureNumber=int((((128-16)/8+1)×((64-16)/8+1)×4×9)；
9	定义标签数组 labelArray；

<hr/>

10	For i in range(0,正样本个数)：
11	读取正样本中的花纹图案；
12	计算正图像的 Histor； Histor=Myhog.compute(image,(8,8))
13	For j in range(0,特征数组)：
14	将 Histor 中的值放入特征数组； featureArray[i,j]=Histor[j]
15	将标签数组的值赋值为 1； labelArray[i,0]=1
16	For i in range(0,负样本个数)：
17	读取负样本书件中的图像数据；
18	image=cv2.imread(fileName)
19	计算负样本图像的 Histor； Histor=Myhog.compute(image,(8,8))
20	For j in range(0,特征数组)：
21	将 Histor 中的值放入特征数组；
22	将标签数组的值赋值为−1； labelArray[i+PosNumber,0]= −1

23	设置 SVM 分类器和内核；
	 svm.setKernel();
	 svm.setC(0.01);

24	进行 SVM 训练；
25	Result=svm.train(featureArray,cv2.ml.ROW_SAMPLE,labelArray)

第三步，图像检测。在完成了 HOG+SVM 样本训练之后，需要对输入的少数民族服饰花纹图案进行检测。具体的算法流程如算法 2-3 所示。

算法 2-3　花纹图案检测算法

Input：	输入待检测花纹图案；
Output：	检测结果；
1	读取待检测花纹图案的特征；
2	For i in range(0,3780)：

3	myDetect[i]=ResultArray[0,i]
4	对读取的图像进行检测；
5	myHog=cv2.Create_MyHOG( )
6	myHog.setSVMDetector(myDetect)
7	找出检测到的区域并绘制出具体位置；
8	赋值检测位置左上角 x 的值；
	赋值检测位置左上角 y 的值；
9	赋值检测区域的宽度 w 的值；
	赋值检测区域的高度 h 的值；
10	绘制检测区域；
	cv2.rectangle(imageSrc, (x, y), ($x+w,y+h$),(0,0,255),2)

在完成了算法 2-3 中相应的步骤之后，便可以完成基于 HOG+SVM 算法的少数民族服饰花纹图案的检测。

第三节 少数民族服饰图像数字化技术应用

一、少数民族服饰图像风格迁移

色彩迁移算法是一种用于传送色彩的通用算法。为了提高少数民族服饰图像研究的专业性，在少数民族服饰颜色空间具有的独特性理论的基础上，引入少数民族服饰颜色统计的相关理论，建立少数民族服饰颜色空间。基于邻域相似色彩迁移算法，从少数民族服饰颜色空间中提取色板，最终将此取色板中的颜色迁移到少数民族服饰灰度图像中。

一般而言，基于邻域相似色彩迁移算法的少数民族服饰灰度图像着色思路如下。

第一步，将每一幅少数民族灰度图像中涉及的色彩整理成彩色颜色空间。通过先前的相关整理工作，相关研究中已经构建了相对完善的少数民族服饰颜色空间。

第二步，在基于邻域相似色彩迁移算法的少数民族服饰灰度图像中，采取手动采样的方式，从选取的少数民族服饰彩色参考图像中选择一小部分像素作为色彩迁移的样本。

　　第三步，通过顺序遍历的方式，扫描少数民族服饰灰度图像、彩色参考图像。

　　第四步，通过使用少数民族服饰灰度图像中像素亮度的加权平均值和少数民族服饰灰度图像中的邻域统计信息，确定色彩迁移算法中的最佳匹配方案。

　　第五步，通过基于邻域相似色彩迁移算法中的最佳匹配方案，选择少数民族服饰灰度图像自动着色彩色参考图像中最匹配的色彩样本。

　　第六步，将彩色参考图像目标调色板区域中的彩色像素用作少数民族服饰灰度图像源像素，从而为色彩从彩色参考图像迁移到少数民族服饰灰度图像做准备。

　　第七步，使用少数民族服饰彩色空间调色板进行少数民族服饰灰度图像源调色板和彩色参考图像调色板之间的颜色迁移。

　　第八步，将匹配的彩色参考图像像素值迁移到少数民族服饰灰度图像，最终形成少数民族服饰目标彩色图像。

　　基于邻域相似色彩迁移算法的少数民族服饰灰度图像自动着色研究算法思路，如图2-12所示。

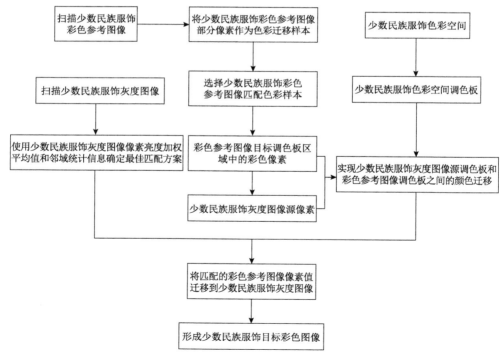

图 2-12　基于邻域相似色彩迁移算法的少数民族服饰灰度图像自动着色研究算法思路

基于邻域相似色彩迁移算法，使合成的少数民族服饰彩色图像同时具有原少数民族服饰灰度图像的内容及少数民族服饰彩色参考图像的颜色。该算法采取少数民族服饰目标图像分块，利用点邻域相似性进行邻域搜索匹配，再进行全局搜索匹配，以此来寻找最佳匹配点。

基于邻域相似色彩迁移算法的少数民族服饰灰度图像自动着色步骤，如图2-13 所示。

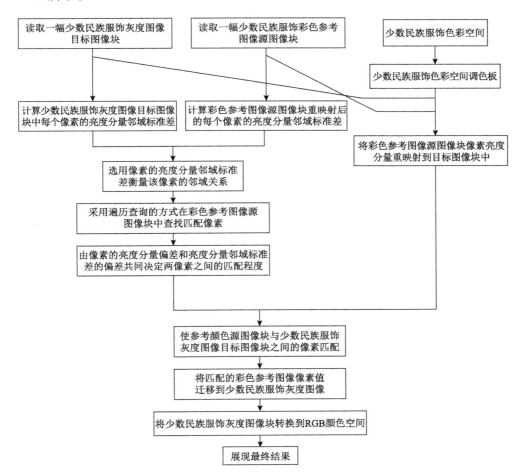

图 2-13　基于邻域相似色彩迁移算法的少数民族服饰灰度图像自动着色步骤

二、少数民族服饰图像识别

近年来，图像分类任务一直是图像处理领域研究的热门方向。图像识别技术作为计算机视觉领域的一个分支，目前已经有了很好的应用。[1]卷积神经网络的出现，引领图像分类识别进入了一个全新的研究领域，促使部分学者开始构建基于卷积神经网络的图像识别与分类模型。与此同时，传统的模式识别与机器学习算法逐渐被卷积神经网络所超越，卷积神经网络在算法效率和准确性方面有极为出色的表现。卷积神经网络主要是从卷积神经网络层数的增加、训练样本数量的增加和相关训练学习算法的改进三个方面，实现更好的图像识别效果。[2]目前，基于卷积神经网络实现图像分类识别的模型有AlexNet[3]、VGG[4]、GoogLeNet[5]、ResNet[6]等。在 AlexNet 中，首次利用显卡进行网络加速训练，并提出了随机失活神经元 Dropout 操作以减少过拟合。AlexNet 使用 ReLU 激活函数而不是传统的 Sigmoid 和 Tanh 函数，提出局部响应归一化等思想。VGG 网络模型通过堆叠多个 3×3 的卷积核，替代原来的大尺度卷积核，减少了训练的参数。GoogLeNet 引入了 Inception 结构融合不同尺度的特征信息，使用 1×1 的卷积核进行降维及映射处理，并添加两个辅助分类器帮助训练，丢弃了全连接层，使用平均池化层，大大减少了模型的参数。ResNet 使用超深的网络结构（突破 1000 层），提出使用残差模块，丢弃了 Dropout，使用批归一化加速训练。

卷积神经网络要模拟人脑的运算，达到像人眼一样对所看到的图像等进行准确的分类识别，主要是通过增加卷积神经网络的层数、加大卷积神经网络训练的样本量和改进网络结构中的训练算法等方式实现的。本书中会提到基于VGG 的少数民族服饰图像分类识别模型，主要是从网络层数、卷积核大小和网络模型参数三个方面进行改进。首先，保证少数民族服饰图像的训练样本量。由于实验室的少数民族服饰图像资源丰富，我们通过对少数民族服饰图像

[1] 罗兰英. 基于图像识别技术的民族服饰联通学习系统构建[D]. 云南师范大学，2017：76.

[2] 高运星. 基于卷积神经网络的医学图像超分辨率重构算法研究[D]. 济南大学，2018：63.

[3] Krizhevsky A, Sutskever I, Hinton G E. ImageNet classification with deep convolutional neural networks[J]. Communications of the ACM, 2017（6）：84-90.

[4] Xie X M, Han X, Liao Q, et al. Visualization and pruning of SSD with the base network VGG16[C]. Proceedings of the 2017 International Conference on Deep Learning Technologies, 2017: 90-94.

[5] Zhang J, Li Y, Zeng Z X. Improved image retrieval algorithm of GoogLeNet neural network[C]. International Conference on Harmony Search Algorithm, 2019: 25-34.

[6] He K M, Zhang X Y, Ren S Q, et al. Deep residual learning for image recognition[C]. IEEE Conference on Computer Vision & Pattern Recognition, 2016: 770-778.

中的花纹图案进行分割并提取保存其中的图案，使得少数民族服饰图像库的数据更加多样，可以适用于少数民族服饰花纹图案检测的训练，训练集和测试集的数据都有一定的保证。其次，通过增加训练样本的数量获得最优效果。在模型搭建过程中，神经网络的层数与传统的 VGG 神经网络结构有所不同，对卷积核的大小和层数进行改进，使得网络模型能够更好地应用在少数民族服饰图像数据集中。在少数民族服饰图像分类识别网络模型参数调整中，则是在具体实验中设置不同网络模型参数而达到最优的效果。根据相关参数的迭代优化，搭建识别效率更好的少数民族服饰图像识别神经网络。

三、少数民族服饰图像检索

图像检索可以分成两类：基于文本的图像检索（text based image retrieval，TBIR）和基于内容的图像检索（content based image retrieval，CBIR）。[1]在当前的图像检索领域，CBIR 是主流技术之一[2]，近年来被成功应用于服饰[3]、医学图像[4]、遥感[5]等领域。

随着卷积神经网络的出现，使用卷积神经网络提取服饰图像特征进行服饰图像检索成为一种新的思路。Liu 等构建了一个数量庞大、服饰种类繁多的 DeepFashion 数据集。[6]该数据集收集了从不同拍摄角度、不同服饰背景及各类电商平台得到的服饰图像。其收集的每张图像都包含丰富的标注信息，如款式、边界框、特征点等，可以用来解决服饰图像的分类与预测、服饰检索及关键点检测等问题。为了解决当前面向时装领域的语义分割及时装图像检索准确率低的问题，黄冬艳等提出利用传统的 HOG 特征与相关分类器进行联合分

---

① 方欣，姚宇. 基于内容的 Gist-Hash 超声图像检索算法[J]. 计算机应用，2017（S2）：74-76，81.

② Adegbola O A, Adeyemo I A, Semire F A, et al. A principal component analysis-based feature dimensionality reduction scheme for content-based image retrieval system[J]. TELKOMNIKAC（Telecommunication Computing Electronics and Control），2020（4）：1892.

③ 周文波. 基于深度学习的服饰图像识别定位及检索的研究[D]. 广东工业大学，2020：72.

④ 刘桂慧. 基于内容的医学图像检索综述[J]. 信息与电脑（理论版），2020（15）：51-53.

⑤ 马彩虹，关琳琳，陈甫等. 基于内容的遥感图像变化信息检索概念模型设计[J]. 遥感技术与应用，2020（3）：685-693.

⑥ Liu Z W, Luo P, Qiu S, et al. Deepfashion: Powering robust clothes recognition and retrieval with rich annotations[C]. 2016 IEEE Conference on Computer Vision and Pattern Recognition（CVPR），2016: 1096-1104.

割，然后提取分割区域的颜色和 Bundled 特征进行图像检索。[①]侯媛媛等使用卷积神经网络训练后进行特征提取，并融合服饰图像中由低到高的多尺度特征，最终使用 K-means 聚类方法对提取的特征进行匹配检索。[②] Gajić 等提出使用 Triplet Loss 训练卷积神经网络，使之能够更加有效地提取不同种类的时装图像特征。[③] Kuang 等通过改进基于相似金字塔的图形推理网络（graph reasoning network，GRNet）学习时装图像的全局与局部特征，进行时装图像检索。[④]然而，以上方式都是针对时装图像进行检索的，目前针对少数民族服饰检索的文献还相对较少。赵伟丽提出了基于多特征融合的少数民族服饰检索方法，具体方式是首先对服饰图像进行区域划分，然后提取各区域的颜色及形状特征，将其特征进行融合后，采用相似性度量公式进行服饰图像检索。[⑤]针对少数民族服饰色彩鲜艳、纹理多样的特点，张茜等通过在全卷积网络结构中加入一个新的侧分支网络及条件随机场结构，对少数民族服饰图像进行语义分割。分割完成之后，采用多任务哈希算法对语义分割后的服饰部件进行二进制码映射，以此来进行相似度排序，完成图像检索任务。[⑥]

四、少数民族服饰图像自动着色

现在对少数民族服饰草图的研究还处于起步阶段，而且并没有公开的少数民族服饰草图数据集。因此，我们构建了一个少数民族服饰草图数据集，为本书研究的着色任务提供数据支持。

当前，关于少数民族服饰资源的整理，还没有一个统一的标准。在完成少数民族服饰数据采集任务过程中，根据任务的特点采集符合自身需求的服饰数

① 黄冬艳，刘骊，付晓东等. 联合分割和特征匹配的服装图像检索[J]. 计算机辅助设计与图形学学报，2017（6）：1075-1084.

② 侯媛媛，何儒汉，李敏等. 结合卷积神经网络多层特征融合和 K-Means 聚类的服装图像检索方法[J]. 计算机科学，2019（S1）：215-221.

③ Gajić B, Baldrich R. Cross-domain fashion image retrieval[EB/OL]. https://openaccess.thecvf.com/content_cvpr_2018_workshops/papers/w36/Gajic_Cross-Domain_Fashion_Image_CVPR_2018_paper.pdf, 2018.

④ Kuang Z H, Gao Y M, Li G B, et al. Fashion retrieval via graph reasoning networks on a similarity pyramid[C]. 2019 IEEE/CVF International Conference on Computer Vision（ICCV），2019: 3066-3075.

⑤ 赵伟丽. 基于多特征融合的少数民族服饰图像检索[J]. 山东工业技术，2017（1）：293-294.

⑥ 张茜，刘骊，付晓东等. 结合标签优化和语义分割的服装图像检索[J]. 计算机辅助设计与图形学学报，2020（9）：1450-1465.

据，可能会导致采集的少数民族服饰图像共享度不高，仅适用于某一项任务，一旦脱离这一任务，对于其他任务来说就没有太大的研究价值。另外，由于是自己采集的，那么在采集过程中会受到背景、曝光度等的影响，图像的质量会存在一定的问题。特别是在当前的少数民族服饰中，有很多是传承下来的，在传承的过程中，服饰会出现褶皱、颜色杂乱等问题，这都会对生成图像产生影响，这就需要在构建数据集的过程中认真挑选、裁剪。例如，有一些少数民族服饰图像是由人穿着采集的，在处理的过程中需要去掉人体的信息，只保留图像信息，这样有利于放大服饰部分的细节，保证后续草图生成的质量。

　　本书构建的少数民族服饰草图资源来源于两个方面：一是使用基于循环一致性生成对抗网络（cycle-consistent generative adversarial network，CycleGAN）的少数民族服饰草图自动生成模型，得到 1935 张少数民族服饰草图。然后，在此基础上去掉一些轮廓不清晰和细节丢失过多的草图，最终得到 1650 张高分辨率的少数民族服饰草图。二是针对收集的少数民族服饰图像进行人为勾勒，得到 130 张少数民族服饰草图。经过整理归纳，本书一共得到了 1780 张少数民族服饰草图。部分少数民族服饰彩色图像和部分少数民族服饰草图如图 2-14 和图 2-15 所示。最终，将得到的少数民族服饰草图图像按照 4∶1 的比例分成训练集和测试集两个子集，其中训练集 1424 张，测试集 356 张。

图 2-14　少数民族服饰彩色图像（部分）

图 2-15　少数民族服饰草图（部分）

　　少数民族服饰草图自动着色有一个局限性，就是无法按照所需颜色进行确定性输出。为了解决这个问题，有研究者根据用户给定的颜色条件提出了对图像进行分类的方法。尽管这种方法在很多方面取得了令人满意的结果，但是它不可避免地需要颜色信息和精准提示。为了解决这一问题，我们使用基于条件生成对抗网络（conditional generative adversarial network，CGAN）的半监督着色方法，可以利用已有的图像作为参考来指导渲染图像的生成。由于在输入维度上缺乏几何对应关系，从预先训练的网络中提取直方图，并在训练过程中添加这些条件加以利用，对生成的图像进行约束。在训练时，通过在生成器中输入约束条件进行监督的方式，展示了它在各种类型数据集上的着色性能。

　　根据前文改进的草图生成方法，可以获得成对的少数民族服饰草图，然后结合人为勾勒草图构建了少数民族服饰草图数据集。CycleGAN 虽然也能达到相应的着色效果，但是实验证明在有成对数据集的情况下，CycleGAN 的着色效果并不是特别好。为了达到更好的着色效果，我们首先使用半监督网络 CGAN 来对少数民族服饰草图进行着色。CGAN 的训练过程与原始 GAN 基本上没有太大区别，只是因为要让模型输出的数据更好地受到输入标签 y 的约束，这就需要较长时间的训练迭代，以使模型更好地学习标签 y 与生成数字的对应关系，将标签 y 拼接到生成器和判别器的每层网络生成的特征图上。

CGAN 网络模型的着色效果如图 2-16 所示。

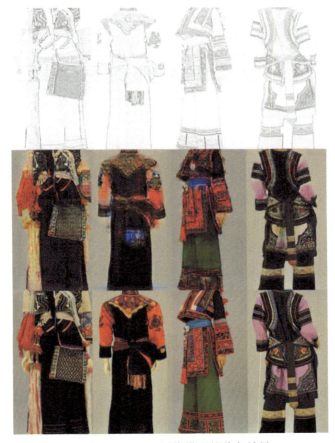

图 2-16　CGAN 网络模型的着色效果

　　通过草图着色，可以清晰地呈现少数民族服饰真实图像的颜色分布，着色图像和真实图像的颜色分布也比较接近。但是，比较复杂的图像渲染出的颜色，还是会出现杂色和细节部分失真的现象，而且渲染的颜色较为模糊。

第三章

少数民族服饰图像数据集构建

　　为了实现对少数民族服饰的记录、研究和传承，构建少数民族服饰数据集成为一项重要且具有挑战性的任务。这一工作不仅需要系统地收集和整理不同民族服饰的款式、纹样、色彩等信息，还需要借助现代数字化技术对其进行规范化处理，为少数民族服饰的研究、保护和传播提供坚实的数据支持。

第一节　少数民族服饰数据集构建

　　本节将探讨构建少数民族服饰数据集的步骤和方法。我们将深入研究如何以准确和高效的方式创建有价值的数据资源，以促进对文化多样性的理解。无论是用于教育、研究还是数字艺术等领域，这样的数据集都有着潜在的应用价值。

一、少数民族服饰数据集构建的意义

　　对少数民族服饰开展数字化研究，不仅需要数字化技术与理论的支撑，还需要以大量服饰图像资源作为基础。少数民族服饰数据集构建，是通过现代信息技术手段，对各少数民族服饰文化中重要的部分进行数字化存储与管理。我国是一个多民族国家，少数民族服饰文化丰富多彩，对这些珍贵的少数民族服饰文化资源进行更好的管理与传承，构建一个具有特色的少数民族服饰数据集，具有重要意义。

（一）有利于少数民族服饰文化的保护

纵观我国传统少数民族服饰，既有源远流长的历史积淀，又展现出生机盎然的传承新姿，内容丰富，风格独特。少数民族服饰文化主要通过个人记忆与传统手工艺的方式代代相传。这种传承方式的效果很大程度上依赖于传承者的认知与能力，因此在传承过程中难以确保能真实还原少数民族服饰文化的本质。这一局限性导致传统少数民族服饰文化逐渐显现出衰落的趋势。具体表现为具有本民族特色的少数民族服饰受到的关注日益减少，相关实物与资料大量流失，传统少数民族服饰文化遭受了严重冲击，其文化生存空间也在不断萎缩，甚至有些少数民族服饰文化正逐步走向消亡。[①]构建少数民族服饰数据集，可以将灿烂多彩的少数民族服饰文化用数字化手段记录下来，既可以更好地保存少数民族服饰文化遗产，也有利于积极探索传统少数民族服饰的特征，了解其深刻的文化内涵，从而更好地把握其生产、发展、变化的规律，达到弘扬传统文化的目的。

（二）有利于少数民族服饰文化的传播

文化是民族的灵魂，也是一个民族持续发展的动力之源。少数民族服饰文化不仅要实现现代化，还要走向世界。在文化全球化的今天，文明不仅仅是以工具理性为特征的技术文明，也应是集诸民族文化之所长而逐渐熔铸的新文明类型。因此，在文化全球化进程中，各民族文化都具有独特的意义。信息技术和互联网的快速发展，为文化传播提供了极大的便利，任何实体文化信息都可以转化为数字信息进行传播。构建少数民族服饰数据集，可以为少数民族服饰文化的高效传播提供数据保障，也可以让全世界随时随地了解中国少数民族服饰文化。

无论是进行少数民族的学术研究，还是推进少数民族文化的产业化开发，均离不开丰富的资料支撑。传统上，少数民族服饰文化主要通过较为封闭的方式传播，其核心价值在于民族精神和文化的世代传承。然而，少数民族服饰的价值远不止于此。通过构建少数民族服饰数据集，我们能够广泛搜集和整理与

---

① 郭敏. 民族服饰数据库系统的建立与研究[J]. 蚌埠学院学报，2015（6）：37-40.

少数民族服饰文化相关的各类资源，并利用数字化管理手段使其更加易于访问和利用。这不仅为历史学、民族学、计算机视觉等多个领域的研究提供了丰富的素材，也为少数民族服饰文化的传播与再创造提供了可能，进而推动其产业化进程，衍生出丰富的文化价值与经济价值。

二、本书主要数据集概览

本书主要从图像处理技术的角度出发，探讨少数民族服饰的数字化及其应用。在数据集构建的初始阶段，我们主要依赖实景拍摄来收集数据，进而建立了包含高质量图像资源的少数民族服饰彩色图像数据集和灰度图像数据集。利用这些高质量的图像资源，我们采用边缘检测方法和手绘风格技术，构建了少数民族服饰草图数据集。同时，还通过语义分割的方法，创建了少数民族服饰语义数据集。关于各数据集构建的具体内容，将在后续章节逐一详述。

第二节　少数民族服饰图像数据集构建介绍

一、少数民族服饰彩色图像数据集构建

当前，民族服饰数字化研究尚处于起步阶段，少数民族服饰资源相对匮乏。尽管互联网上已有一些民族服饰图像，但这些图像在格式、像素、清晰度等方面参差不齐，使用时面临诸多挑战。鉴于此，本书自主构建了少数民族服饰图像数据集，并在数据集中统一了图像标准。此举不仅便于本书在少数民族服饰细粒度语义分析、草图着色、民族风格渲染等领域开展研究，同时也为后续致力于少数民族服饰文化研究的学者提供了宝贵的图像资源支持。

根据少数民族服饰数据集构建的要求，为了保证数据集中资源的规模和质量，需要对资源的采集进行基础分析、数字化存储分析、标准建设分析。为了完成本书涉及的少数民族服饰图像资源采集工作，本书拍摄团队多次赴少数民族聚居地、少数民族相关博物馆等进行实景采集。大部分图像由模特穿着本民族服饰进行拍摄，还有一部分图像是在少数民族博物馆拍摄的少数民族服饰和

服饰配饰。经过大量的准备工作，本书研究获得了多张优质的少数民族服饰彩色图像，基本符合本书相关任务的需求。

　　拍摄时，拍摄团队使用了专业的设备与道具，为不同少数民族准备了多套具有本民族特色的服饰和配饰，数据集中每张图像的质量均有保证。根据需求，拍摄团队还利用假人模特进行辅助拍摄，扩充少数民族服饰图像数据集。根据少数民族服饰图像的形状特征，将数据集中图像的长宽比例设定为 2∶1，分辨率高达 2048×1024。数据集中有少数民族服饰图像 340 套，每套服饰都包含正面、后面、侧面等多个角度，收集到 1200 余张图像。对于数据集中图像的命名，我们设置了一定的规则，属于同一套服饰的图像组，有相同的前缀编码，从不同角度设置不同序号，角度与序号相对应。

　　通过拍摄得到的少数民族服饰图像属于初始资源，而且仅由当地群众身穿传统少数民族服饰拍摄的图像资料组成。在这些图像资料中，存在服饰褶皱、环境背景及光照异常等缺陷，这就导致图像存在局部质量不均衡的问题。另外，一些少数民族服饰的颜色单一，比如，佤族服饰中有的上衣和裤子完全是黑色的，对于研究而言，这种图像资源的价值不高，所以还要对原始图像进行人工筛选。首先要从现有数字资源中挑选出有代表性且色彩丰富的少数民族服饰图像，然后进行局部的图像抽取。对于存在配饰太多导致服饰的大部分区域被遮挡的图像，需要手动截取服饰剩余部分。又如，在一些区域，人体信息会干扰服饰信息的获取，需要去掉人体的图像信息。另外，还有的服饰除了其中几个区域存在色彩的变化，其他大部分区域为单色。针对需要保留整套服装原貌的研究场景，通过截取那些多彩的细节部分，有效地放大并突出这些细节特征。这种做法为少数民族服饰相关的研究与应用处理提供了极大的便利。通过以上的图像筛选和细节截取，得到适合进行少数民族服饰研究的图像资源，部分彩色图像如图 3-1—图 3-3 所示。对于同一服饰而言，从多个角度进行拍摄，可以获得更丰富的服饰图像数据。

二、少数民族服饰灰度图像数据集构建

　　在已构建的少数民族服饰数据集的基础上，还可以通过实验室实地拍摄等方式获取相应的高清图像，进行少数民族服饰图像数据的扩充，从而构建出一

个更加丰富多彩的少数民族服饰图像数据集。有了少数民族服饰彩色图像数据集之后，就可以根据不同的任务需求构建相应的数据集。

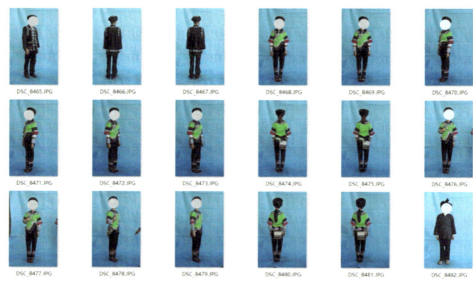

图 3-1　少数民族服饰彩图真人拍摄

图 3-2　少数民族服饰彩图假人模特拍摄

图 3-3　少数民族服饰细节拍摄

　　为了给后续少数民族服饰灰度图像自动着色算法的具体应用提供训练数据，需要选择合适的图像灰度化处理方式，生成对应的少数民族服饰灰度图像数据集。在制作少数民族服饰灰度图像数据集的过程中，应当依据灰度图像数据的临界值，预先考虑后续应用开发可能遭遇的挑战，有针对性地采集服饰图像的边缘数据。这样做旨在确保应用系统能够实现少数民族服饰灰度图像自动着色的功能，并体现出高度的可靠性。

（一）少数民族服饰灰度图像数据集构建方法

　　目前，普通的彩色图像灰度化在图像处理技术、模式识别等相关领域都有非常广泛的应用。彩色图像中每个像素的颜色由 R、G、B 三个分量决定，而每个分量有 256 个中值可取，这样一个像素点可以有 1600 多万（256×256×256）的颜色变化范围。灰度图像是 R、G、B 三个分量相同的一种特殊的彩色图像，其中一个像素点的变化范围为 256 种，所以在数字图像处理中，一般先将各种格式的图像转变成灰度图像，以减小后续的图像计算量。与彩色图像一样，灰度图像的描述也反映了整幅图像的整体和局部色度及亮度等级的分布特征。

　　少数民族服饰灰度图像处理的方法主要有单分量法、最大值法、平均值法及加权平均值法等。其中，只有加权平均值法充分考虑了少数民族服饰本身在人眼视觉中表现出来的特点。但是，计算机技术相关研究最主要的目的并不是体现出少数民族服饰的色彩特点，而是提取有关少数民族服饰图像的亮度信息。所以，在进行少数民族服饰灰度化的过程中，如何保存少数民族服饰图像亮度的有效信息，是需要解决的问题。

在对少数民族服饰彩色图像进行处理时，可以将其视为由 R、G、B 三个分量组成的三通道图像。在研究少数民族服饰灰度图像着色的过程中，需要将彩色图像的三通道数据转换为灰度图像的单通道数据。具体而言，通过将三通道数据的数值转换为相等的灰度值，彩色图像就会呈现出灰色状态，从而生成灰度图像。因此，少数民族服饰灰度图像的收集是通过灰度化处理方案，将彩色图像转换为灰度图像来实现的。

1. 单分量法

彩色图像三通道中三个分量的值可以分别作为灰度图像的灰度值。根据实际应用，需要选择其中一个灰度值作为灰度图像，灰度化公式如下。

$$f(x,y) = R(x,y) = G(x,y) = B(x,y) \qquad (3.1)$$

2. 最大值法

这种方法首先需要计算彩色图像各个像素位置的三个分量的最大值，然后将最大分量作为彩色图像灰度化的结果，公式如下。

$$f(x,y) = \max(R(x,y), G(x,y), B(x,y)) \qquad (3.2)$$

3. 平均值法

这种方法首先需要计算彩色图像三个通道分量的平均值，然后将其作为图像的灰度值，公式如下。

$$f(x,y) = \frac{R(x,y) + G(x,y) + B(x,y)}{3} \qquad (3.3)$$

4. 加权平均值法

上述三种彩色图像灰度化方法实现起来相对简单，都是对彩色图像三通道图像中的分量做同等处理，但是无法对少数民族服饰彩色图像三通道中 R、G、B 分量的重要性进行衡量。

对于少数民族服饰图像灰度化而言，加权平均值法是目前比较有实际效果的方法。因为采取这样的处理方式得到的少数民族服饰图像灰度化结果更为合理，也更符合少数民族服饰图像着色应用的需要。根据少数民族服饰彩色图像三个通道 R、G、B 分量的数值，可以为少数民族服饰彩色图像三通道中 R、

G、B 分量分配不同的权值，然后计算加权结果，并将加权后的均值作为少数民族服饰彩色图像灰度化的结果。也就是说，可以按式（3.4）对输入的少数民族服饰图像进行灰度化。

$$f(x,y) = 0.3R(x,y) + 0.59G(x,y) + 0.11B(x,y) \qquad （3.4）$$

其中，$f(x,y)$ 为少数民族服饰灰度图像所在位置 (x,y) 的像素值，$R(x,y)$、$G(x,y)$、$B(x,y)$ 分别代表少数民族服饰彩色图像中 R、G、B 三个分量的值。

在创建少数民族服饰灰度图像数据集的过程中，我们遇到了一些问题，诸如输入的少数民族服饰图像数据集超出了其颜色空间的接受范围，或者不符合既定的少数民族服饰颜色空间规范。针对可能出现的各类少数民族服饰图像数据集采集错误，本书提供了相应的错误处理方案，并经过对数据集采集方案的多次调试与优化，确保了少数民族服饰灰度图像数据的准确性。

（二）少数民族服饰灰度图像数据集图例

对少数民族服饰彩色图像进行灰度化后，便得到了相应的少数民族服饰灰度图像数据集，如图 3-4—图 3-6 所示。

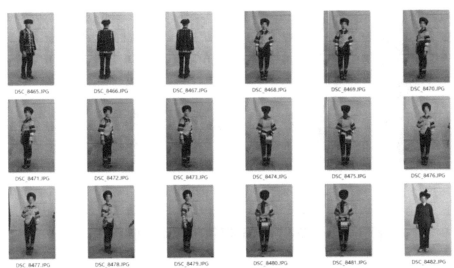

图 3-4 少数民族服饰真人拍摄灰度化图像

图 3-5　少数民族服饰假人模特拍摄灰度化图像

图 3-6　少数民族服饰细节拍摄灰度化图像

第三节　少数民族服饰草图数据集构建

一、基于边缘检测方法的少数民族服饰草图生成

现成的少数民族服饰草图数据资源获取渠道少，相关的资源也少，所以本

书基于自建的少数民族彩色图像数据集，利用边缘提取算法，再配合使用笔触素描、多线条勾勒、添加纹理等方法，生成对应的少数民族服饰草图数据集，整体的构建流程如图 3-7 所示。

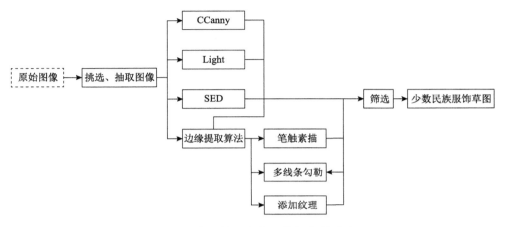

图 3-7　少数民族服饰草图数据集构建流程

对彩色图像资源进行数据清洗后，使用边缘检测算法得到对应的边缘图，然后人工挑选出符合实际颜色分界轮廓的边缘图。在挑选过程中，不需要一一对应，只要是边缘分界区分明显，能够在整体上表现原图像的轮廓图，都可以作为草图备用图像，这是由草图的模糊性决定的。

得到边缘图像后，使用笔触素描、多线条勾勒、添加纹理三种手绘风格草图的生成方法，对每一个边缘图进行手绘风格草图的转换。本部分只对三种手绘风格草图的效果进行简单展示，下一节会进行详细的介绍。同样，在进行手绘风格草图的生成时，也会涉及人工筛选的过程。前文已经阐明，不同的手绘风格草图生成算法的适用性是有限的。针对一些特殊边缘图得到的结果不尽如人意的情况，本书舍弃这部分质量不高的手绘草图。图 3-8 展示了部分利用不同草图生成算法得到的结果。可以看出，对于同一图像而言，采用不同草图生成算法输出的结果具有较大差异，体现了人工筛选这个步骤的必要性。同时，也可以看出，对于同一图像，采用不同算法得到的草图风格是不一样的，只要这些草图有原彩色图像的基本轮廓，即可保留下来，它们都可以作为草图数据集的内容。最终，每一幅彩色图像与草图的关系都是一对多的，基本上为一对七的数据关系（图 3-8）。少数民族服饰草图数据集的数据量是能够满足本书研究的草图着色任务需求的。

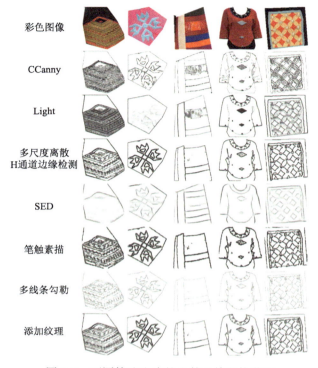

图 3-8　不同算法生成的少数民族服饰草图

通过以上方法，我们最终建立起少数民族服饰及其草图资源库。在建立过程中，使用的多种生成算法具有互补性，使得草图数量成倍增加，这有助于后续的模型训练。另外，经过多次人工筛选，保证了草图数据集的质量，避免受到其他噪声的干扰。部分少数民族服饰彩图和草图数据如图 3-9 和图 3-10 所示。

二、手绘风格的少数民族服饰草图生成

前文简要介绍了采用边缘检测算法生成的草图与手绘风格草图，并对二者进行了对比。手绘风格草图是在边缘检测算法生成的草图基础上进行进一步加工，旨在创造多样化的风格，从而丰富少数民族服饰草图数据集。接下来，对三种手绘风格草图进行详细介绍。

图 3-9　部分少数民族服饰彩图数据

图 3-10　部分少数民族服饰草图数据

　　对于少数民族服饰草图来说，边缘图像是由一系列最大概率点组合而成的，其中只包含黑、白两色，并且缺乏人类绘图时特有的风格。图 3-11 展示的是人类在手绘服饰草图时所用的两种风格。图 3-11（a）中，服饰边缘的线条显得纤细，在线条的连接处使用了多个线条进行勾勒，使得整体图像更加生动。图 3-11（b）中，服饰边缘线条周围被使用素描手法进行了艺术化勾勒，通过明暗对比，把对象立体、生动地重现在纸张上，其最大的特点就是在线条周围有大片区域的勾勒线条。

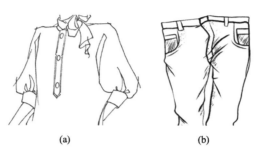

(a)   (b)

图 3-11　两种风格的手绘服饰草图

除了以上两种典型风格的手绘草图，现实中手绘草图受创作者的个人风格和审美的影响较大。本书主要选择三类常见的手绘草图风格对边缘图进行处理，分别是多线条勾勒、添加纹理及笔触素描。其中，多线条勾勒和笔触素描通过生成不同风格的手绘草图来提高训练数据的代表能力。下面分别对三类手绘草图风格进行介绍。

（一）多线条勾勒

使用多线条勾勒的方法对少数民族服饰边缘图像进行处理，目标是将边缘图像中的单个粗线条转变为多个细线条。边缘图像是二值图像，其边缘点用黑色表示，直观来看，并不符合人类手绘草图的规律。一般使用铅笔或炭笔等工具绘制草图，由于绘制过程中力度的不同，从而呈现出轻重不一致的线条，所以在进行多线条勾勒时，所用线条不能是同一种深度的黑色。同时，本书所获取的边缘图像具有较大的弹性，其边缘宽度较宽，且在边缘区域内，边缘点并未实现完全覆盖。这一特性为多线条的自动生成提供了基础条件。通过以上分析，本书采用以下步骤实现边缘图像的多线条勾勒处理。

第一步，设置画笔的大小，用像素表示。

第二步，设置简单二值边缘的差异阈值。

第三步，遍历整个图像，取垂直和水平两个方向进行边缘判断，此处判断范围为 2 个像素。将边缘点处按照判断方向上画笔大小区域内的像素值设置为 200。

第四步，若下两次邻近区域内检测不到边缘，则不做处理；若下两次邻近区域内能检测到边缘，则将设置值减小 10%。

多次执行第一步至第三步，即在图像中进行多次画笔画线的操作。

通过以上处理后，可以将边缘图像转变为多线条勾勒草图，具体结果如图 3-12 所示。图 3-12 上面一行是边缘图，下面一行是多线条勾勒图。

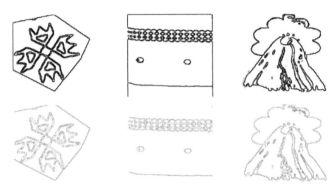

图 3-12　多线条勾勒草图结果

从图 3-12 可以看出，通过以上处理后，颜色深而浓密的线条变为多个浅细线条，并且线条之间有一定的空间，使得线条的深浅呈现出不一致。总体来说，呈现出边缘深、中间浅的特点。图 3-12 放大后的详细结果如图 3-13 所示。

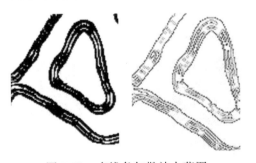

图 3-13　多线条勾勒放大草图

但是，将该方法用在不同类型边缘图中取得的效果并不一样。在图 3-14 中，采用多线条勾勒法之后，图像边缘变得模糊，使原本看上去具有明显线条感的图像变成点聚式图像（图 3-14 右）。据实验结果可知，多线条勾勒法适用于边缘线条本身具有层次性的边缘图像，这种情况在原图像的多纯色区域交界处比较常见，因此本书使用该方法处理此类边缘图像。

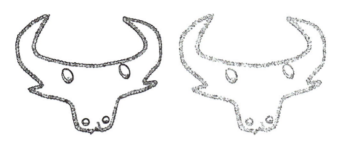

图 3-14　效果较差的多线条勾勒草图

（二）添加纹理

为边缘图像添加纹理，是目前常用的艺术风格图像生成方法。有研究者将算法应用于模拟木纹、石块、树叶等自然纹理，并将其融入生成结果中。本书采用线积分卷积（line integral convolution，LIC）算法来呈现边缘图像中边缘线条的纹理特征。LIC 算法的根本思想是将原图像的矢量场通过白噪声的方式显示出来。首先，需要获取一幅图像的二维矢量场，对于某一固定像素点，它只有当前带方向的矢量值。其次，基于每个像素点上矢量的方向构造一条流线。早期的方法使用数值微分画线算法计算流线，其本质就是用差分代替微分，递归来寻找下一个最值矢量方向点。最后，沿着当前点的矢量方向前进特定位移，得到新的坐标位置，记录下这个位置在噪声图中的像素值并累加。[①]对 LIC 算法的形象化描述，如图 3-15 所示。

图 3-15　LIC 算法的原理

---

① Cabral B, Leedom L C，Claims A I. Imaging vector fields using line integral convolution[C]. Proceedings of the 20th Annual Conference on Computer Graphics and Interactive Techniques, 1993: 263-270.

原图像中的矢量场就像有方向的风，而白噪声就像均匀铺在地面的沙子。LIC 可以形象化地表述为矢量场按照一定方向将噪声堆积，形成具有一定方向的纹理图像。本书使用 LIC 算法计算出边缘图的矢量场，由于草图的特点，只有边缘线条处存在方向数据，所以最终得到的纹理图像是对边缘线条的一种增强处理。如图 3-16 所示，经过 LIC 算法处理的边缘图像整体上显得模糊，在线条方向变化明显的部分，纹理的方向感更强，在线条方向变化平缓的区域，则纹理的方向感较弱，符合预期要求。

图 3-16　LIC 算法产生的边缘纹理

接下来，应将纹理图像与原边缘图像融合在一起，本书采用的是图像加权融合的方法。其中，纹理图像的权重参数为 0.55，边缘图像的权重参数为 0.45，融合后的结果如图 3-17 所示。添加纹理后的图像的线条周围区域有了深浅不同的发散像素，达到了预期效果。

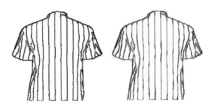

图 3-17　添加纹理后的效果图

（三）笔触素描

以上两种处理方式更多侧重于对线条本身的轻微调整，但对于手绘草图，还有一种比较重要的处理方式，即笔触素描。笔触是绘画时笔与画纸接触产生的痕迹，是绘画中的一种笔法，常用来描述油画和水粉画中运笔的效果，也称作肌理。它通过颜料的厚薄对比、调和剂的浓淡变化、落笔的轻重力度、运笔的快慢节奏及点染的气韵感觉，来展现对象的质感、量感、体积感和光影虚实的描绘能力。笔触与所描绘的物象表面贴切吻合，能够产生强烈的真实感。此外，笔触与线条在某种程度上具有相似的含义。不同的笔触能够传达出不同的情感特征，是画家性格、情趣和艺术禀赋的自然流露，体现了画家的艺术风格和个性特征。肌理则是指运用厚薄不同的笔触或其他方法在画面上形成的表层组织效果，也称为画面的物理效果。例如，为了突出表面质感，可以在颜料中掺和沙子、木屑等材料，使画面在特定光线下呈现出富有表现力的凹凸变化。同时，绘画底子的选择也至关重要，如画布的粗细及纹理的横斜构造等，都会影响画面的最终效果。恰当地选择不同质地的绘画底子，并合理运用材料的肌理效果，能够增强画面本身的美感。

运用当前的笔触素描算法直接处理边缘图得到的素描图不够自然真实，主要原因在于：①灰度图像的色阶太少，只有黑、白两色；②边缘线条处的像素点过于密集。为了更好地得到素描风格图像，本书首先对边缘线条进行膨胀操作；其次，随机去除边缘线中一半的像素点；再次，使用高斯模糊使得边缘线条的像素灰度值种类变多，看上去就是深浅不一，在像素密度上变得稀疏，更有利于素描图的生成；最后，使用现有的笔触素描生成工具生成素描图，结果如图 3-18 所示。其中，图 3-18（a）为未处理的边缘图，图 3-18（b）为对边缘线条进行预处理后的结果，图 3-18（c）为最终得到的笔触素描图像。

选择采用以上三种方法得到不同风格的手绘草图，其意义在于覆盖更多现存的手绘图像，扩充少数民族服饰草图库，并且由于不同风格的草图生成算法适用的对象不同，从而对少数民族服饰草图库起到了补充和提升质量的作用。

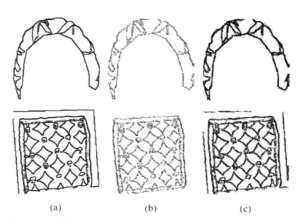

图 3-18　使用现有的笔触素描生成工具生成的素描图

第四节　少数民族服饰语义数据集构建

语义分割在计算机视觉领域扮演着重要的角色，通常是利用图像所有像素之间的相关性，对一幅图像的全部像素进行分类，从而构成图像的不同区域。对于少数民族服饰图像而言，图像中各个区域的语义信息对相关研究的开展有着重要的意义。因此，语义数据集的构建同样是少数民族服饰图像数字化技术推进及相关应用落地的重要条件。对于少数民族服饰语义数据集构建而言，需要充分考虑后续相关研究工作的需要，并从数量、质量、分辨率及拍摄视角度等多方面对少数民族服饰图像进行限定，以满足后续研究工作的相关需求。

少数民族服饰语义数据集的构建，首先要对少数民族服饰语义进行分析和总结，针对少数民族服饰相关特点确定语义的类别。对少数民族服饰图像进行语义构建，实际上就是对少数民族服饰进行细粒度的语义划分。其规定的细粒度语义类别必须具有一定的民族文化特点，以及完全覆盖民族服饰图像的全部区域。

在本书研究中，我们基于已构建的少数民族服饰彩色图像高清数据集，进一步开发了一个少数民族服饰语义数据集。该数据集包含超过 1200 幅超高分辨率的服饰图像，每张图片的分辨率统一为 1024×2048，宽高比例设置为 1∶2。为了确保数据的全面性和多样性，数据集中的每套服饰均从四个不同角度进行了拍摄，分别是正视、左右斜 45° 及后视。我们采用语义标注工具 LabelMe[1]按照本书设定的语义分类体系，进行少数民族服饰细粒度的语义标注。

一、少数民族服饰语义分析

本部分根据构建的少数民族服饰图像数据集，对构建少数民族服饰语义数据集的相关任务进行进一步介绍。少数民族服饰语义标签的设定，需要进行多方面的考量，不仅要考虑少数民族服饰图像数据集包含的原始图像情况，还要考虑语义标签本身等一系列问题。因此，需要对少数民族服饰图像数据集语义

---

① Russell B C, Torralba A, Murphy K P, et al. LabelMe: A database and web-based tool for image annotation[J]. International Journal of Computer Vision, 2008, 77(1): 157-173.

标签的设定进行分析和研究。

在浏览少数民族服饰图像数据集的所有图像后，经过详细的分析，我们将语义大致分为背景、袖子、上衣、腰带、裙子、裤子、护腿、配饰 8 个类别。这些类别的设置，充分考虑了少数民族服饰图像数据集的实际情况。接下来，我们以彝族、哈尼族、傣族、佤族 4 个民族的服饰为例，简要介绍它们各自在这 8 个语义类别中的表现。

（一）背景

对于一幅图像来说，前景信息与背景信息有所不同，少数民族服饰图像也不例外。对于少数民族服饰图像而言，服饰本身的部分可以称为目标区域。所谓目标区域，就是包含主要服饰部分的区域。对于整张图像来说，目标区域之外的部分就是非目标区域。一般而言，非目标区域对相关研究是没有帮助的，也就是无效的图像区域，包括边界区域、背景区域等。非目标区域的语义，可以直接设置为背景语义标签。

（二）袖子

彝族男子通常穿着黑色窄袖上衣，衣襟为右开衩，并镶有精致的花边。彝族妇女的服饰则以宽边大袖、衣襟左开衩为特点，通常在衣服的胸襟、背肩、袖口或是整件衣物上，运用红色、金色、紫色、绿色等多种颜色的丝线，以挑绣技法绣制出各式各样的花纹图案。此外，衣领上往往还镶嵌着璀璨的银泡，增添了几分华丽。已婚妇女的衣襟、袖口及领口，同样绣有精致多彩的花边。

哈尼族支系的袖子通常是通肩袖，由大袖和小袖两层组成。大袖较短，通常长不过肘；小袖则绣制精美，其活动部分可以拆卸。哈尼族白宏支系的服饰，衣袖通常长及手腕，袖口镶有花边，花边上绣着小朵的红色太阳花。西双版纳傣族妇女通常内穿浅绯色紧身小背心，竖向镶有彩色花边；外罩大襟或对襟的圆领窄袖短衫，袖管又长又细，仅够穿一只手臂。云南省临沧市沧源佤族自治县岩帅大寨的妇女通常上身穿着长袖衬衣，外罩斜襟、布纽扣的圆领小褂。在云南省临沧市沧源佤族自治县翁丁村，佤族妇女大多身穿圆领、布纽扣、斜扣的长袖衫。佤族男子传统服饰以黑色或湛青色为主，上衣款式包括圆领斜襟、布纽扣的长袖衫和立领对襟、布纽扣的长袖衫。

（三）上衣

彝族妇女的上衣在排襟、前襟、后项圈和袖口处，一般会有用彩线精心挑绣出的各种图案花纹。领口周围缀以金器、银器、珠宝和玉器。有的饰以盘扣，用彩色丝线缠绕，形状各异，颇具匠心。哈尼族一般喜欢用自己染织的藏青色土布裁衣。男子穿对襟上衣，以黑布或白布裹头，西双版纳地区妇女穿右襟上衣，沿大襟镶两行大银片，以黑布裹头。哈尼族妇女着无领右襟上衣，衣服的托肩、大襟、袖口、胸前和裤脚皆镶彩色花边。傣族妇女的服饰因地区而异。西双版纳地区的傣族妇女身着各色紧身内衣，外罩无领的窄袖短衫。德宏傣族景颇族自治州一带的傣族妇女，一部分穿大筒裙、短上衣，色彩艳丽，另一部分（如盈江等地）则穿白色或其他浅色的大襟短衫；傣族男子一般喜欢穿无领对襟或大襟小袖短衫，多用白布、红布或蓝布包头。佤族服饰因地区而异，基本上还保留着古老的山地民族特色，显示出了佤族人粗犷、豪放、坚强的性格。在云南省普洱市西盟佤族自治县，男子通常穿黑、青色的无领对襟短衣，女子穿贯头式紧身无袖短衣。

（四）腰带

彝族的花腰带色彩斑斓，主要以刺绣的花鸟图案为特色，通常由花腰姑娘佩戴，并作为礼物赠送给花腰男子。腰带之上是一个上窄下宽的梯形围腰头，通过银链悬挂在颈间。围腰头多以黑布或白布为基底，上面用红绿丝线绣制着折枝花及其他精美图案，显得尤为鲜艳夺目。围腰头之下即为围腰部分，多用黑布或蓝布缝制而成，下摆或镶边或点缀珠饰，最终将白色或蓝色的围腰带系在腰间。

哈尼族西摩洛支系的妇女的腰带特色鲜明，或为绣满月亮花与狗牙花的蓝布带，或为闪耀的银腰带。在云南墨江哈尼族自治县，部分哈尼族妇女在服饰色彩上有所创新，不再局限于传统的黑、蓝色调，而是选择系上色彩缤纷的花围腰。这些围腰设计精巧、长度适中，边缘镶嵌着绚丽的彩色花边。尤为有趣的是，围腰的颜色成了女子婚姻状况的直观标志：未婚少女偏爱白色或粉红色的围腰，而已婚女子则通常系着蓝色的围腰。系围腰的位置也颇有考究，一般未婚女子系得高，已婚女子系得低。傣族花腰色彩斑斓，银饰彩带琳琅满目，有绚丽斑斓的精美图案，挂满艳丽闪亮的樱穗、银泡、银铃，保留着傣族先祖对自然与灵魂的崇拜，体现了民族的文化信仰。

（五）裙子

除云南一些地区的彝族女性穿裙子外，其他地区的彝族女性通常穿长裤。彝族妇女多着百褶长裙，用宽布与窄布镶嵌横连而成。童裙以红、白色为主，或几色相间，青年的裙子以红、蓝、白色或红蓝白色相间为主，老年人的裙子以青、蓝色或青蓝色相间为主。童裙裙短，一般为两节，腰小摆大。成人裙为三节，上节为腰，中节为直筒状，下节呈细密格纹。长裙的特点在于，下节有层层皱褶，所以俗称"百褶裙"，以多褶为贵。

哈尼族碧约、卡多、多塔等支系的裙子一般长及脚踝，裙筒宽大，显得宽松大方；爱尼支系下身配百褶裙，长不过膝，精美的小腿套与短衣短裙搭配十分和谐。

傣族妇女讲究衣着，追求轻盈、秀丽、淡雅的装束，协调的服装色彩极为出色，下身一般着花色筒裙，长裙及地，裙上织有各种图纹，长裙打褶，多用银带系于腰际。

佤族妇女一般是下身穿裙子。她们的裙子独具特色，是用一条布围起来的。

（六）裤子

在对裙子进行介绍时已经提到，除云南一些地区的彝族女性穿裙子外，其他地区的彝族女性通常穿长裤，男子基本也是穿长裤。

哈尼族艾罗、多尼、罗比等支系男子的裤子一般长及小腿下方，大裤脚，穿着不分前后；腊咪、果觉、罗美等支系男子的裤子一般为大腰、大裤裆、直筒大裤脚。傣族男子的服饰都比较朴实大方，一般下着宽腰无兜长裤。佤族男子通常身着黑色或青色的大裆宽筒裤。

（七）护腿

彝族服饰绑腿上的图案没有特定的模式，在刺绣时，根据本人意愿与喜好，喜欢什么，就绣什么，花腰、绑腿的颜色有白色、绿色、蓝色等，风格款式各异，绑腿上除配有杨梅花、野樱花、桃花，还配有花鸟虫鱼等图案装饰。

哈尼族少女绑腿的底色为黑色，手工织成。可以根据个人爱好选择喜欢的颜色，绣上多种花样（多为横条），再在合适的位置缝上银泡和小铃铛。穿用时，在绑腿上部用一串小珠子系上用来固定绑腿。哈尼族少女的绑腿美观实用，走路时叮当叮当作响，充满乐趣。傣族服饰的绑腿布一般分为两种：一种是纯黑色棉布料的绑腿布，一般在日常生活中穿戴，或为年长妇女穿戴；另一种是在黑色棉布料上附加傣锦的绑腿布，颜色艳丽，一般是年轻妇女在隆重场合穿戴。

（八）配饰

彝族男子多蓄发于头顶，头上缠着青蓝色棉布或丝织头帕，头帕的头端多成一尖锥状，偏见于额前左方，彝语称为"兹提"，汉语名为"英雄结"。青年人多将英雄结扎得细长而挺拔，以示勇武，而老年人的英雄结往往是粗似螺髻，以表老成。男婴左耳穿孔，稍长即戴耳环。其领口周围一般缀以金器、银器、珠宝和玉器，有的饰以盘扣，用彩色丝线缠绕，形状各异，颇具匠心。

配饰是哈尼族服饰的重要组成部分，主要有挎包、项圈、手镯、耳环、银链、银梳、银币、银铃、银泡、银针筒、帽子、围腰、腰带等，不仅多种多样，质地也是各异。银泡缀饰是哈尼族服饰一个引人注目的焦点，除普遍使用的银饰品外，海贝、羽毛、料珠、毛线、缨穗、骨针等也可以用来作为装饰。在黑色的底布上镶钉银泡花纹图案，显得华丽而朴实。

傣族无论男女，都喜欢在肩背挎一个用织锦制成的挎包，也称作"筒帕"。挎包的色调鲜艳，有各种风格淳朴的花样和图案，具有浓厚的生活气息和民族特色。傣族妇女喜欢佩戴首饰，如戒指、手镯、耳坠、项链、腰带等，首饰多用金银、玉石制成，银腰带是必不可少的装饰物。银腰带越宽越美，上面装饰孔雀等各种由珠玉拼成的图案，不仅具有一种强烈的美感，又显示出浓郁的民族特色。

佤族服饰有地区差异，云南省普洱市西盟佤族自治县的男子一般用黑、青、白、红色的布包头，喜欢戴银镯，佩竹饰，出门肩挎长刀、挂包；女子佩戴银、竹、藤制饰物，喜欢用竹或藤做成圈状饰物，装饰在颈、腰、臂、腿等处。

二、少数民族服饰图像语义标注

无论是研究语义分割的任务还是本书后续利用额外语义信息对灰度图像进行着色的任务，语义标注都是构建少数民族服饰细粒度语义数据集的重要步骤，便于开展后续的工作。本书对构建的少数民族服饰彩色图像数据集中的所有图像进行了细粒度语义标注，并根据少数民族服饰的特点，将语义大致分为8 个类别，分别是背景、袖子、上衣、腰带、裙子、裤子、护腿、配饰，数据集中包含了大约4000 多个标签。

我们构建的数据集不仅可以应用在灰度图像的语义分割及彩色化任务之中，对于研究其他民族服饰图像也有帮助。前面已经按顺序介绍了如何构建少数民族服饰彩色图像数据集、少数民族服饰灰度图像数据集，本章着重介绍少数民族服饰图像细粒度语义数据集的构建。每一幅图像都有原始的彩色图像和相对应的灰度图像，同时包含细粒度语义信息，图 3-19 和图 3-20 展示了部分数据集信息，每幅图左侧的为原始彩色图，中间的为对应的灰度图，右侧的为语义分割图。

彩色图　　灰度图　　语义分割图　　彩色图　　灰度图　　语义分割图

图 3-19　少数民族服饰语义高清数据集 1

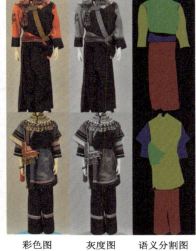

彩色图　　灰度图　　语义分割图　　彩色图　　灰度图　　语义分割图

图 3-20　少数民族服饰语义高清数据集 2

　　每一幅图像的语义标注都是通过专门的文件进行描述，描述方式是每个语义对应一个由多个点构成的区域，对这个区域对应的语义标注的点越多，语义就会越细致，对训练任务的作用就会越明显。对每张图像进行全语义的标注，没有被标注的部分默认作为背景语义。我们构建的少数民族服饰细粒度语义图像数据集的语义数量分布如图 3-21 所示。标注软件为基于开源的标注工具，语义标注完成后，导出 JSON 格式的文件进行存储，语义标注界面如图 3-22 所示。本书构建的数据集，每一幅图像的语义都很丰富，数据集图像语义标注

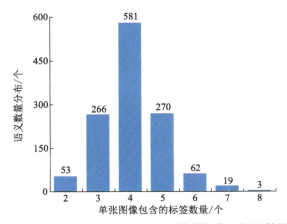

图 3-21　少数民族服饰细粒度语义图像数据集的语义数量分布

示例如图 3-23 所示。在图 3-23 中，每一图像示例的第一列为少数民族服饰原始图像，第二列为少数民族服饰原始图像与语义融合的可视化效果图，第三列为少数民族服饰语义单独的可视化效果图。

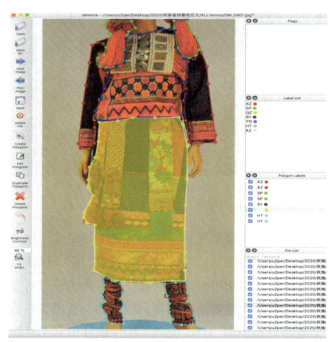

图 3-22　语义标注界面

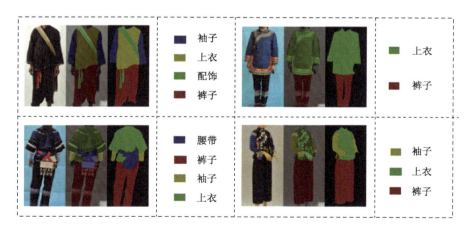

图 3-23　数据集图像语义标注示例

第五节 少数民族服饰图像数据实例展示

前文已经把本书需要用到的各种数据集构建出来了。其中，构建的原始彩色图像主要采集了 4 个少数民族的服饰信息，包括彝族、哈尼族、傣族、佤族。下面对 4 个民族的服饰特点进行简要的描述，以便大家对少数民族服饰文化有初步的了解。分别由真人和假人模特穿戴相应少数民族服饰进行拍摄，现场采集少数民族服饰彩色图像。下面对 4 个特定的少数民族服饰彩色图像数据集进行部分展示。

彝族服饰的季节性不强，色彩很丰富，颜色搭配多种多样，这些鲜艳的色彩表现出了彝族人民的热情和豪迈奔放的性格。彝族的支系比较多，所以各支系的服饰差异比较大，款式也是多种多样，地域色彩浓厚，并且服饰上会配有大量银制品及刺绣装饰。彝族服饰的花纹和花边既有山河图，也有动物图和植物图，花鸟鱼虫显示出了浓厚的民族地方色彩和生活气息，彰显了彝族人民对大自然的敬畏之情。彝族服饰真人拍摄部分彩色图像如图 3-24 所示，彝族服饰假人模特拍摄部分彩色图像如图 3-25 所示，彝族服饰细节拍摄部分彩色图像如图 3-26 所示。

图 3-24　彝族服饰真人拍摄部分彩色图像

图 3-25 彝族服饰假人模特拍摄部分彩色图像

图 3-26 彝族服饰细节拍摄部分彩色图像

　　哈尼族崇尚黑色，以黑色为美，黑色是哈尼族的保护色。哈尼族无论男女，其服饰均以黑色为基调，这是他们在历史迁徙中生存的选择。在漫长的民族迁徙中，身着黑衣黑裤的哈尼族人融入以黑色为主调的大山里，这帮助他们在迁徙中避免了许多族群灾难及个人灾难。因此，对于哈尼族来说，哈尼族服饰不仅是御寒的衣物，更是对祖先们在复杂艰难的生活环境中完成迁徙壮举的缅怀和赞美。对于以梯田农业为主的哈尼族人来说，黑色服饰不仅可以起到保暖御寒的作用，而且耐脏耐磨，为哈尼族人的生产生活提供了方便。如果只有黑色会显得过于单调，因此哈尼族的服饰渐渐地融入了其他色彩，如今的哈尼族服饰千姿百态、色彩斑斓。哈尼族服饰上配有款式各异的装饰物，如绣花围腰、彩色头穗、彩色料珠等，也有的绣有繁杂而又各有特定寓意的花鸟鱼虫图案，构思精巧、图形规则、绣工精细。无论是装饰物还是刺绣图案，都是对哈尼族人生活环境的写照和对祖先伟大业绩的追忆。哈尼族服饰真人全身拍摄部分彩色图像如图 3-27 所示，哈尼族服饰假人模特全身拍摄部分彩色图像如图 3-28 所示。

图 3-27　哈尼族服饰真人全身拍摄部分彩色图像

图 3-28　哈尼族服饰假人模特全身拍摄部分彩色图像

傣族生活的地方主要是热带和亚热带地区，因此其服饰也融入了热带和亚热带地区的旖旎风光元素，独具民族特色。傣族人生活的地区物产丰富、气候温热，这些地理特点造就了傣族服饰的淡雅美观，不仅讲究实用，而且装饰意味浓厚，体现出了对生活的热爱，彰显了崇尚中和之美的民族个性。傣族服饰常使用红色和绿色等。傣族服饰造型多样化，主要体现在妇女的服饰上，地域不同，服饰也会有变化，整体上给人一种艳丽活泼的感觉。傣族服饰设计简洁，风格典雅大方。傣族服饰的图案丰富多样，常见的有孔雀、大象、狮子、马、花、树等，其中以孔雀和大象图案为多，形象逼真，栩栩如生。每种动物都有一定的寓意，例如，孔雀图案表示吉祥如意；大象图案象征着五谷丰登、生活美好。这些图案充分体现了傣族人民的智慧、对美好生活的向往和追求，以及傣族人民信奉万物皆有灵性的思想观念。少数民族服饰彩色图像数据集中的傣族服饰彩色图像较少，傣族服饰假人模特全身拍摄部分彩色图像如图 3-29 所示。

图 3-29　傣族服饰假人模特全身拍摄部分彩色图像

佤族一般崇尚红色和黑色，服饰以黑色为基调，以红色为装饰，是佤族人以黑为美的民族文化心理在服饰上的外在表现，体现出了古老的山地民族特色。佤族服饰上会合理地搭配精美的图案和头箍、耳坠、手镯及腰带等装饰

物，服饰色彩对比鲜明，整体上看起来简洁大方，有着浓厚的地域特色。佤族
服饰样式也在不断地变化和创新，并受到外来文化的影响，在黑色的基础上追
求色彩样式的多样化。拍摄团队在云南省临沧市沧源佤族自治县翁丁村和岩帅
镇两地进行了实地拍摄。翁丁佤族服饰成人拍摄部分彩色图像如图 3-30 所
示，翁丁佤族服饰儿童拍摄部分彩色图像如图 3-31 所示，岩帅佤族服饰真人
拍摄彩色图像如图 3-32 和图 3-33 所示。

图 3-30　翁丁佤族服饰成人拍摄部分彩色图像

图 3-31　翁丁佤族服饰儿童拍摄部分彩色图像

图 3-32 岩帅佤族服饰真人拍摄彩色图像 1

图 3-33 岩帅佤族服饰真人拍摄彩色图像 2

第四章

少数民族服饰草图生成

少数民族服饰草图生成技术的研究与应用，不仅促进了文化遗产的传承，更为跨文化的合作与交流搭建了桥梁。

第一节 草图相关概念和技术

草图在设计领域具有重要作用，是创意、想法和概念的快速表达方式。在少数民族服饰草图生成的背景下，草图的概念和相关技术成为实现传统与现代融合的关键。本节介绍草图的基本概念，以及与少数民族服饰草图生成相关的关键技术。

一、草图生成

在计算机视觉领域，草图是一个非常宽泛的概念。草图以能够说明基本意图和概念为佳，通常不要求很精细。根据草图的构造方法，大致可以将草图划分为写意草图与写实草图两种。这两种草图在表现事物的细节丰富度与整体完整度两个方面具有较大的差异，比如，卡通图案就是一种草图的形式，通过线条与阴影来进行创作；普通人在纸张或数位板上勾勒出的图案算是一种草图；专业人士仔细临摹的素描图也可以作为草图。前两个例子可以被认为是写意类的草图，在整个草图中大量使用抽象、夸张的表现方式，其结构与线条表现和实际对应的事物具有比较大的差别，可以由一般的普通人以涂鸦的方式创作出来。写意草图中仅仅包含少量的概述信息，写实草图最大的特点是致力于表现事物本身真实的外在形貌，常常由领域专家通过一定的绘画技巧进行创作，包含更多的细节信息。

草图的产生通常有两种途径：一是由专业或非专业创作者手绘而成；二是由计算机算法依据原始图像自动生成，这一过程遵循特定的生成模式。本书重点探讨的是如何利用草图生成算法来创作写实风格的草图。具体而言，写实类草图的生成主要依赖于边缘检测算法。该算法首先提取出图像的轮廓，随后进行进一步的加工处理。接下来，将按照对图像轮廓的后续处理方式，介绍目前的一些主流方法。

（一）表示法

该方法能够自动从一幅彩色图像中提取轮廓，并生成带有约束条件的草图。它利用一系列更小的图像元素，如直线、弧线及 b 样条曲线等，来近似地拟合草图的轮廓。[①]该方法的主要目的在于对草图边缘进行压缩表示，使用少量参数就可以对草图进行重新构造。例如，使用式（4.1）所示的多项式来近似表示分段的图像轮廓，多项式的每一项对应一个权重系数 a_i 和变量 x 的不同次幂。采用这种表示方法生成的草图是完整的函数图像，在一定意义上改变了原来的线条走向，并且缺乏纹理感。

$$y = a_0 + a_1 x + a_2 x^2 + a_3 x^3 + a_4 x^4 \qquad （4.1）$$

（二）纹理法

该方法旨在将原图像的纹理信息融入轮廓图像中，以生成类似人类手绘素描效果的草图。[②]它基于这样一种认知：使用铅笔在纸上绘制时，由于笔触力度、铅笔笔芯的软硬、笔芯与纸张接触位置的不同及纸张粗糙度的差异，铅笔留下的痕迹深浅各异。LIC 作为一种既实用又效果显著的纹理生成方法，同时也是一种优质的矢量场可视化算法，被应用于此过程中。LIC 使用卷积的结果表

① 周凯黎. 基于图像轮廓检测的带约束草图自动生成[D]. 浙江工业大学，2014：25；谭昌柏，周来水，安鲁陵. 基于测量点的草图平面与草图轮廓生成算法研究[J]. 机械科学与技术，2003（6）：869-872；王永皎，何利力，张引等. 二维手绘草图的非均匀 α-B 插值样条曲线表示的方法研究[J]. 计算机应用研究，2006（2）：232-234.

② 赵艳丹，赵汉理，许佳奕等. 基于人脸特征和线积分卷积的肖像素描生成[J]. 计算机辅助设计与图形学学报，2014（10）：1711-1719；吴友. 基于图像的彩色铅笔画快速生成算法研究[D]. 长沙理工大学，2012：32.

示矢量的方向，将矢量场某一时刻及该时刻前后的几个时刻的图像相互叠加，最终的结果用来表示矢量场的方向信息。LIC 算法可以有效地表征二维矢量场，既能清楚、直观地反映每个点的速度、方向，又能反映整个矢量场的结构。它将一个二维的矢量场和一个大小相同的高斯白噪声作为输入，沿着方向场的正反方向对称积分产生流线，然后再对流线上的噪声进行卷积，通过卷积计算出来的纹理可以表示矢量场的方位信息。常用的卷积核的积分公式如式（4.2）所示。

$$h_i = \int_{s_i}^{s_i + \Delta s} k(w)\mathrm{d}w \qquad (4.2)$$

其中，$k(w)$为卷积核函数，积分范围为 s_i 至 Δs。通过 LIC 处理后的噪声纹理天然接近素描中使用铅笔多次勾勒的纹理，如图 4-1 所示，最后再与图像轮廓叠加，可以形成铅笔画图。

图 4-1　LIC 生成的素描纹理

（三）直接处理法

直接处理法即对轮廓像素点进行直接的数值处理，有将灰度值取反后再做锐化及平滑处理的，以此得到素描效果[1]；也有利用霍夫变换提取三维模型结构的[2]；还有使用自动生成算子机制的，算子有针对宽度、长度、方向的设置，能对不同局部运用差异特点的算子进行操作[3]。这些操作都是直接对边缘点信息进行增强或修改。

---

① 姚敏，赵振刚，高立慧等. 基于离散小波变换的图像素描生成算法[J]. 计算机与数字工程，2017（6）：1207-1210.

② 徐真，王吉华. 一种基于 hough 变换的草图设计方法[J]. 机械研究与应用，2017（2）：154-155，162.

③ 曾炜杰. 基于图像的铅笔画自动生成算法研究与实现[D]. 华南理工大学，2013：43.

（四）深度神经网络方法

在手绘草图生成领域，因其多元化导致采用人为设计的特征无法较好地表达出来，在技术上有一定的难度，不过无监督学习为解决这一难题带来了曙光，卷积神经网络[①]，以及它的改进网络——全卷积网络，逐渐被发掘和得到推广。深度学习被广泛应用于草图生成领域，比如，基于卷积神经网络的多个类别草图生成模型。[②]尽管这种方法仍需要人工参与，但直接采用简单的神经网络来训练图像到图像的转换任务会遇到训练集不匹配问题。这一问题可能会导致生成的图像清晰度不足、像素的代表性较差等。草图生成可以归类为图像翻译中的图像风格迁移任务，通过将原始图像作为输入，完成风格的转换和生成。GAN 是一种设计精妙的方法，其在图像生成领域具有诸多优势，例如，生成的图像更清晰、适用性强等。因此，GAN 也迅速成为手绘草图生成领域的热门技术。其原理是根据给定数据集，尽力匹配某种存在的数据分布规律。原图像和草图之间通过一个非常复杂的非线性变换来连接，整个过程是以端到端的方式实现的，这也是深度神经网络方法的优势所在，通过优异的表现来说服更多研究者进行深入研究。

二、图像边缘与梯度

图像边缘通常被视为图像中灰度值发生急剧变化的区域边界，它们承载着图像的大部分信息。边缘线在图像中占据至关重要的地位，因为边缘特征是图像的关键特征之一[③]，包含了图像内容物体的整体视觉形态和空间分布信息，直接描述了目标物体的拓扑结构，是图像高级语义识别和理解的基础。图像的边缘线通常对应着像素值变化剧烈的像素位置，像素值变化的剧烈程度可以近似

① LeCun Y, Bottou L, Bengio Y, et al. Gradient-based learning applied to document recognition[J]. Proceedings of the IEEE, 1998, 86（11）: 2278-2324; LeCun Y, Boser B, Denker J S, et al. Backpropagation applied to handwritten zip code recognition[J]. Neural Computation, 1989, 1（4）: 541-551.

② Chen Y J, Tu S K, Yi Y Q, et al. Sketch-pix2seq: A model to generate sketches of multiple categories[EB/OL]. https://arxiv.org/abs/1709.04121, 2017.

③ Fu J, Liu J, Wang Y H, et al. Stacked deconvolutional network for semantic segmentation[J]. IEEE Transactions on Image Processing, 2019; Arbeláez P, Maire M, Fowlkes C, et al. Contour detection and hierarchical image segmentation[J]. IEEE Transactions on Pattern Analysis and Machine Intelligence, 2011, 33（5）: 898-916.

看作边缘线的显著性。同时，它与图像中灰度的不连续变化密切相关。研究和分析图像中灰度的不连续性，就是要研究图像的边缘点。其中，一幅 $M \times N$ 的灰度图像表示为一个由二元函数组成的二维矩阵，如式（4.3）所示。其中，在彩色图像中，每一个像素点又包含 R、G、B 三个通道，其强度范围在 0—255。

$$\begin{bmatrix} f(0,0) & \cdots & f(0,N-1) \\ \cdots & \cdots & \cdots \\ f(M-1) & \cdots & f(M-1,N-1) \end{bmatrix} \qquad （4.3）$$

二维图像中存在 3 种常见形式的边缘：阶跃型、脉冲型和屋顶型[1]，表 4-1 对三种边缘形式进行了比较。

表 4-1　3 种边缘形式的比较

边缘形式	剖面像素值变化特点	边缘点的求解方法
阶跃型	稳定增大或稳定减小	一阶极值点/二阶零点
脉冲型	先快速增大，后快速减小	一阶零点/二阶极值点
屋顶型	先缓慢增大，小边缘范围内稳定，后缓慢减小	一阶零点/二阶极值点

图像边缘检测的实质就是提取图像中的目标对象与背景之间的交界线，但这会直接影响图像分割的质量。利用边缘特征可以进行图像分割、特征提取和图形清晰度评价等操作。准确的图像边缘检测是支撑图像识别、计算机视觉、视频监控等领域应用的重要基础。灰度图像的梯度可以有效表征图像灰度变化大小及方向，从而可以通过对其梯度幅值进行阈值化来提取边缘。灰度图像的梯度可以表示为式（4.4）。[2]

$$\nabla f(x,y) = \begin{bmatrix} G_x \\ G_y \end{bmatrix} = \begin{bmatrix} \dfrac{\partial f}{\partial x} \\ \dfrac{\partial f}{\partial y} \end{bmatrix} \qquad （4.4）$$

---

① 马宇飞. 基于梯度算子的图像边缘检测算法研究[D]. 西安电子科技大学，2012：31；张红霞，王灿，刘鑫等. 图像边缘检测算法研究新进展[J]. 计算机工程与应用，2018（14）：11-18.

② 曾俊. 图像边缘检测技术及其应用研究[D]. 华中科技大学，2011：52；刘宇涵，闫河，陈早早等. 强噪声下自适应 Canny 算子边缘检测[J]. 光学精密工程，2022（3）：350：362.

梯度的幅值和方向角如式（4.5）和式（4.6）所示。

$$\left|\nabla f(x, y)\right| = \sqrt{G_x^2 + G_y^2} \tag{4.5}$$

$$A(x, y) = \arctan\frac{G_y}{G_x} \tag{4.6}$$

目前，国内外学者针对图像边缘检测与提取开发了多种边缘检测算法，大致可以分为基于传统的方法和基于深度学习的方法。基于传统的方法的边缘检测算法本质上是利用基础或手工设计的特征训练分类器检测轮廓和边缘，如纹理、颜色、梯度和一些其他图像特征，而且多用于指定类型的二维图像。在微分运算的过程中，像素点直接参与运算，所以传统算法对噪声点敏感，特别是三阶及以上的高阶微分，容易导致边缘模糊和断裂。基于深度学习的方法是边缘检测任务发展的分水岭，解决了传统方法存在的诸多问题，如连续性不足、抗噪声能力不强等。基于深度学习的方法简单有效，不仅可以减小工作量，而且大量的实验表明基于深度学习的方法性能有较大的提升，进一步提高了边缘检测的效率。[①]

传统的边缘检测方法有基于一阶微分进行边缘检测的 Roberts 算子、Prewitt 算子[②]、Sobel 算子[③]等。基于一阶微分的算子的各卷积模板如图 4-2—图 4-4 所示。也有基于二阶微分进行边缘检测的 Laplacian 算子[④]、LoG 算子[⑤]、DoG 算子[⑥]、Canny 算子[⑦]等，其中 Laplacian 算子的卷积模板如图 4-5 所示。

① 肖扬，周军. 图像边缘检测综述[J]. 计算机工程与应用，2023，(5)：40-54.

② Prewitt J M S. Object enhancement and extraction[J]. Picture Processing and Psychopictorics, 1970 (1)：15-19.

③ Kittler J. On the accuracy of the Sobel edge detector[J]. Image and Vision Computing, 1983 (1)：37-42.

④ LeCun Y, Bottou L, Bengio Y, et al. Gradient-based learning applied to document recognition[J]. Proceedings of the IEEE, 1998 (11)：2278-2324.

⑤ Torre V, Poggio T A. On edge detection[J]. IEEE Transactions on Pattern Analysis and Machine Intelligence, 1986 (2)：147-163.

⑥ Lowe D G. Object recognition from local scale-invariant features[C]. Proceedings of the 7th IEEE International Conference on Computer Vision, 1999, 2：1150-1157.

⑦ Canny J. A computational approach to edge detection[J]. IEEE Transactions on Pattern Analysis and Machine Intelligence, 1986(6)：679-698.

图 4-2　Roberts 算子的卷积模板

图 4-3　Prewitt 算子的卷积模板

图 4-4　Sobel 算子的卷积模板

图 4-5　Laplacian 算子的卷积模板

　　我们对经典的一阶和二阶微分算子的算法进行了对比分析，表 4-2 列出了各算子在进行边缘检测时的优缺点。

表 4-2　经典算子的优缺点对比

分类	算子名称	优缺点
一阶边缘检测算子	Roberts 算子	优点：首次引入边缘算子，对一阶响应灵敏的低噪声图像检测效果较好，容易检测垂直方向边缘
		缺点：边缘容易粗糙，易漏检，容易受到噪声的影响，边缘定位精度不是很高
	Prewitt 算子	优点：引入多方向梯度，对灰度渐变图像的处理效果较好，可以检测四个方向的边缘，对噪声具有抑制和平滑作用
		缺点：计算量大，边缘定位精度不高
	Sobel 算子	优点：引入高斯平滑抑制噪声，对灰度渐变图像的处理效果较好，通常带有方向性且检测效率高，对噪声抑制的处理好
		缺点：边缘定位精度不高

续表

分类	算子名称	优缺点
二阶边缘检测算子	Laplacian算子	优点：首次利用二阶梯度提取灰度变化点，不需要人工确定阈值，对阶跃性边缘点的定位准确
		缺点：不能克服噪声的干扰，边缘的完整性不高
	LoG算子	优点：定位精度高
		缺点：检测边缘不连续，当边缘的宽度小于算子宽度时，会丢失边缘细节，容易出现伪边缘，对噪声非常敏感
	DoG算子	优点：简化 LoG 算子计算，提高了 LoG 计算梯度的效率；对噪声的抑制效果好，检测边缘连续，细节丰富，边缘定位精度较高
		缺点：可能会丢失一些不明显的边缘
	Canny算子	优点：边缘检测效果较好，能检测到弱边缘，将可能是边缘的像素点全部标识为边缘，且这些像素点接近实际的边缘，边缘定位精确度高
		缺点：会受到噪声的干扰，图像中的边缘只能标识一次，并且噪声可能会被识别为边缘

使用基于卷积神经网络进行边缘提取的方法不需要人工设计特征，所有特征均是神经网络自动提取，相比传统的方法，能进一步提高边缘检测的效率。N^4-Fields 算法[1]将卷积神经网络与最近邻搜索（nearest neighbor search，NNS）结合，在网络最高层的输出使用最近邻搜索，对特征向量进行分类，获得相似的轮廓。DeepEdge 算法[2]和 HFL[3]算法通过训练 KNet 和 VGG16 神经网络，并引入多尺度技术，结合图像的局部与全局信息，提高了模型提取边缘的能力。端到端的神经网络模型整体嵌套边缘检测（holistically-nested edge detection，HED）[4]，结合多尺度学习丰富的层次特征，以图像到图像的方式进行训练和预测。RCF（richer convolutional features）[5]算法将对象多尺度和多

① Ganin Y, Lempitsky V. N^4-Fields: Neural network nearest neighbor fields for image transforms[EB/OL]. https://arxiv.org/pdf/1406.6558, 2014.

② Bertasius G, Shi J B, Torresani L. DeepEdge: A multi-scale bifurcated deep network for top-down contour detection[C]. 2015 IEEE Conference on Computer Vision and Pattern Recognition, 2015: 4380-4389.

③ Bertasius G, Shi J B, Torresani L. High-for-low and low-for-high: Efficient boundary detection from deep object features and its applications to high-level vision[C]. 2015 IEEE International Conference on Computer Vision, 2015: 504-512.

④ Xie S N, Tu Z W. Holistically-nested edge detection[C]. 2015 IEEE International Conference on Computer Vision, 2015: 1395-1403.

⑤ Liu Y, Cheng M M, Hu X W, et al. Richer convolutional features for edge detection[C]. 2017 IEEE Conference on Computer Vision and Pattern Recognition, 2017: 5872-5881.

级信息作为输入，与 HED 算法相比，RCF 利用卷积层更丰富的特征进行训练；双向级联网络（Bi-directional cascade network，BDCN）结构[1]通过计算双向特征图损失实现双向连接，引入尺度增强模块（scale enhancement module，SEM），利用扩张卷积生成多尺度特征。BDCN 的分层计算损失的设计让网络能学习到对应尺度的特征。此外，SEM 还省去了图像金字塔中冗余的边缘检测步骤。深度学习模型凭借其卓越的特征提取与融合能力，通常能超越传统方法的表现。展望未来，深度学习有望在边缘检测任务中继续占据主导地位。[2]

三、图像边缘检测与轮廓提取方法

图像边缘检测和轮廓提取是一项非常棘手的工作。纹理本身就是一种很弱的边缘分布模式，处理不好的细节部分容易被过强的图像线条掩盖，边缘检测的主要作用是把检测目标和背景区分开来。常用的图像边缘提取方法主要有三大类[3]：①经典边缘提取方法。该方法是在局部图像中进行固定的数学运算，如微分法、拟合法等。②全局提取法。该方法基于能量最小化原理，使用严格的数学方法对边缘提取问题进行分析，以一维值函数为基础，从全局优化的角度对图像边缘进行提取和去除，如松弛法、神经网络分析法等。③近年来新发展出的图像边缘提取方法，以小波变换、数学形态学等方法为代表。尤其是小波变换方法充分利用图像的多尺度特征实现对图像边缘轮廓的提取，在大量的研究中被广泛使用。随着深度学习技术的进一步发展，如今常用的图像边缘提取算法有 HED、RCF、BDCN。

（一）HED

HED 是深度学习的边缘提取算法。该算法通过使用端到端的深度神经网络模型对图像进行边缘检测，结合多尺度学习丰富的层次特征，以图像到图像

---

① He J Z, Zhang S L, Yang M, et al. Bi-directional cascade network for perceptual edge detection[C]. Proceedings of the IEEE/CVF Conference on Computer Vision and Pattern Recognition, 2019: 3823-3832.

② 肖扬，周军. 图像边缘检测综述[J]. 计算机工程与应用，2023（5）：40-54.

③ 季虎，孙即祥，邵晓芳等. 图像边缘提取方法及展望[J]. 计算机工程与应用，2004（14）：70-73.

的方式训练和预测，并解决了 Canny 边缘检测器存在的问题。HED 使用 VGG16 作为主干提取图像特征，在每个卷积块经过池化之前，对结果执行上采样操作，将特征图的大小恢复成原始图像大小。采用 HED 对图像进行边缘检测，主要有以下特点：①在全卷积神经网络模型中，只有一个卷积+池化的过程对图像特征进行提取，没有复杂的上采样过程。②在训练与预测过程中，可以将整体图像直接作为输入。③先进行多尺度、多特征学习，然后使用可以训练的权重参数进行特征融合并输出。④使用了深度监督（deep supervision）损失函数。[1]该深度模型利用全卷积网络，通过在卷积层之后加入侧输出层的方式实现边缘预测，在添加的每一个侧输出层中施加深度监督，引导其输出边缘预测结果。

HED 是先对不同尺度的输出特征进行交叉熵计算[2]，然后把交叉熵计算的值相加，最终相加的值就是 HED 的输出。HED 将不同卷积网络结构提取到的特征进行融合，这样可以充分利用提取到的多尺度特征。[3]

（二）RCF

近年来，卷积神经网络在图像边缘轮廓提取这一领域取得了显著的进展。[4]但是现有的方法采用特定层次的深度卷积神经网络，由于图像的大小与纵横比的变化，图像的数据结构会变得较为复杂，导致无法检测到边缘特征，于是有研究者提出了一种基于 RCF 的精确边缘检测器。[5]RCF 网络是在 VGG 网络的基础上进行修改而得到的。[6]与原来的 VGG 网络相比，其主要有以下特点：①由于 RCF 网络的目的是对图像进行边缘检测，与 VGG 网络中用于图像分类的设计目的不同，基于此在 RCF 网络结构中删掉了 VGG 网络的全连接层。②为了提取边缘信息，需要重新计算像素值，所以 RCF 网络设计是

① 邓忠豪，陈晓东. 基于深度卷积神经网络的肺结节检测算法[J]. 计算机应用，2019（7）：2109-2115.

② 周非，李阳，范馨月. 图像分类卷积神经网络的反馈损失计算方法改进[J]. 小型微型计算机系统，2019（7）：1532-1537.

③ 罗香. 基于多尺度特征相位相关的 X 线图像拼接方法研究[D]. 中南大学，2009：57.

④ 朱继洪，裴继红，赵阳. 卷积神经网络（CNN）训练中卷积核初始化方法研究[J]. 信号处理，2019（4）：641-648.

⑤ 曹旭. 基于素描式交叉验证的轮廓提取算法[D]. 华南理工大学，2018：24.

⑥ 徐亮，张江，张晶等. 基于 VGG 网络的鲁棒目标跟踪算法[J]. 计算机工程与科学，2020（8）：1406-1413.

在 VGG 网络中的每个卷积层后面添加一个卷积核大小为 1×1 的卷积层。③在每一个池化层后边加入损失函数层，用于损失计算和参数更新。④在每一层中使用 Deconv 层用于上采样，最后将每一个阶段的输出进行叠加，并使用卷积核大小为 1×1 的卷积层进行多通道合并，使模型可以获取混合信息。

（三）BDCN

对于图像的边缘特征提取，尺度不一致是一个非常严重的问题，例如，人体边缘、手部轮廓等特征，不同的人的尺度是完全不一样的，手的弯曲度很小，其边缘特征就非常难学习到，但头部或者身体很宽、很大，对于网络来说很好学习。①因此，提取边缘多尺度特征就成了研究的重点。为了解决此问题，研究者提出了一种在网络中加入由自身学习得到的边缘标签来对网络的每层输出进行监督的方法，这种方法就是 BDCN。为了使每层的输出特征具有多样性，BDCN 通过使用 SEM 模块来获取不同尺度的特征，最后对获取的不同尺度特征进行融合并作为输出。在 BDCN 结构中，使用双向级联结构来确定每一层的输出，并在结构中使用特定的层来监督训练网络的每一层。②

在进行多尺度特征学习中，常用的是图像金字塔方法和深度神经网络方法。但是，这两种方法存在很多缺点，比如，在特征学习中会重复运算，参数量也比较大，这会导致推理时间过长。BDCN 方法希望每个层能够学习自身能捕捉到的尺度，所以在基于 VGG 的卷积部分设计了轻量型的网络结构做边缘检测，并取得了很好的效果。BDCN 中的每个层对应一个尺度的特征，解决了浅层因为感受野只能聚焦在局部图案而深层只能注意到目标级别的信息，以及对最后的层及中间的层使用相同的标签监督不合理的问题。③为了更好地实现边缘特征提取，有研究者提出了一种和空洞空间金字塔池化比较相似的模

---

① Liu Y, Cheng M M, Hu X W, et al. Richer convolutional features for edge detection[C]. 2017 IEEE Conference on Computer Vision and Pattern Recognition, 2017: 5872-5881.

② He J Z, Zhang S L, Yang M, et al. BDCN: Bi-directional cascade network for perceptual edge detection[J]. IEEE Transactions on Pattern Analysis and Machine Intelligence, 2020(1): 100-113.

③ Bertasius G, Shi J B, Torresani L. High-for-low and low-for-high: Efficient boundary detection from deep object features and its applications to high-level vision[C]. 2015 IEEE International Conference on Computer Vision, 2015: 504-512.

块，这种模块使用了新颖的双向损失监督方式，让每个中间层都能学习适合自身的尺度。

四、卷积神经网络

神经网络是计算机学家对人类神经系统网络的一种仿生尝试。一个典型的神经元结构如图 4-6 所示。

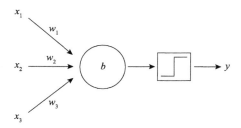

图 4-6　典型的神经元结构

在图 4-6 中，输入数据经过与权重和偏置的线性计算后，再进行激活，激活函数本质上是非线性的变换，能有效提升深度神经网络的非线性拟合能力，最后得到输出结果。其中，x_i 表示输入特征，w_i 表示权重值。这使得单个神经元具有极强的表现力，输出 y 在不同权值和偏置下的取值范围是极大的。其计算过程如式（4.7）所示。

$$y = f_a \left(\sum_i x_i \times w_i + b \right) \tag{4.7}$$

多个神经元通过特定顺序构成神经网络，其结构如图 4-7 所示。

图 4-7　多层神经网络结构

卷积神经网络是神经网络的子集，由特征提取的卷积层和特征处理的采样层组成，利用卷积核的邻域特性提取图像的空间特征。[①]一直以来，卷积核都被作为特征过滤器，常被用于过滤信号。卷积核中的运算数据改变，就会提取到图像中迥异的特征，卷积计算在提取图像的局部空间特征方面独树一帜。传统卷积核是人工设计的，旨在提取特定的特征，而卷积神经网络的卷积核参数则是通过大量标注数据的训练获得的，这些参数在网络收敛后构成了针对训练集最佳拟合的特征过滤器。卷积神经网络能够显著克服手工设计特征的局限性，极大地提升识别准确率。其显著特点包括以卷积计算替代简单的线性运算、采用池化层进行采样，并通过反向传播算法进行迭代训练。

图像上的卷积运算是离散二维卷积，其定义如式（4.8）所示，其中 m、n 是 F 的索引，i 和 j 是输入图像 G 和输出特征图 H 的索引。

$$H(i,j) = \sum_m \sum_n F(m,n)G(i-m,j-n) \tag{4.8}$$

具体到图像上，就是将卷积核和图像上的对应像素相乘后再求和，卷积核遍历上一个输入层并执行简单的加权运算，就可以计算出这一层的特征图。其中一个计算过程的示例如图 4-8 所示。

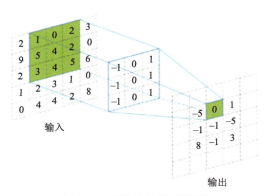

图 4-8　图像中的卷积计算

由此可知，图像卷积后输出的下一层特征图与上一层的尺寸是同量级的。通常人们需要的是一个低维度的输出信息，池化层就是实现这一功能的结构。

池化层被放置在连续的卷积层中间，进行大量的参数筛选工作，减小过拟合。同时，池化层又进行了一次特征提取，去除了图像中的冗余信息，把图像中最具代表性、最具有研究价值的信息提取出来，具体方法包括取平均值和取极大值等。

卷积神经网络中的迭代训练和参数更新使用的是反向传播算法和梯度下降原理。[①]其中，一个重要概念就是损失函数。损失函数是一个用来评价模型的预测值与真实值在分布空间中的距离的指标。所谓机器能够自动学习，本质上是通过损失函数来调整网络参数，让预测值在大样本意义上接近发生值。损失函数中的自变量为神经网络中的权值 w 和偏置 b。优化损失函数的目标是确定使函数值达到最小的权值和偏置的取值。在数学上，我们采用梯度下降法来寻找这一最优解。损失函数在定义的时候，就必须选择一个可微分、好微分的函数。要找到这个函数的鞍点，数学告诉人们最便捷的方式就是寻找梯度。梯度的方向就是函数值变化最快的方向，然后朝着梯度反方向取值，即可实现损失值以最快速度减小。将损失值从输出向前传播的过程就是反向传播，反向传播算法利用了链式求导法则，是一个偏导数从后向前线性叠加的过程。

五、GAN

基于无监督学习方法的 GAN 最早于 2014 年由 Goodfellow 等提出。[②]传统生成模型由于缺乏对生成图像惩罚机制的约束，会有各种各样的其他图像生成，效果并不理想。但是，与传统的生成网络有很大不同，GAN 在训练的时候，利用对抗的方式使得生成器和判断器反复训练，最后接近真实样本的数据就在博弈中生成了。

使用 GAN 进行图像处理任务，当输入一幅真实图像时，判别模型要输出分类标签真或假，在此过程中真实图像和输出的分类标签之间的对应关系被模型不断地学习。GAN 结构的具体技术流程如下：首先，将随机噪声 z 输入生

① Hinton G E, Salakhutdinov R R. Reducing the dimensionality of data with neural networks[J]. Science, 2006 (5786): 504-507.

② Goodfellow I J, Pouget-Abadie J, Mirza M, et al. Generative adversarial networks[J]. Communications of the ACM, 2020 (11): 139-144.

成器 G 中，通过生成器的训练生成假样本 $G(z)$，并且 $G(z)$ 要非常像真实图像；其次，将生成器生成的 $G(z)$ 与真实图像 x 同时输入判别器 D 中，此时判别器要对输入的 $G(z)$ 与 x 进行精确的判别，并进行结果预测；最后，将判别结果真或假反馈给生成器。GAN 网络结构如图 4-9 所示。

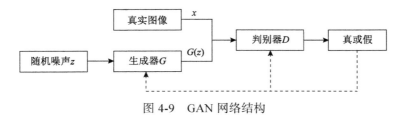

图 4-9　GAN 网络结构

生成器 G 和判别器 D 在 GAN 交替进行训练。首先，固定生成器 G，将训练集数据贴上真标签 1，与此同时，将生成器 G 生成的 $G(z)$ 贴上假标签 0；其次，将它们同时送入判别器 D 中，不断训练判别器。在计算损失时，使判别器对真实数据输入的判别接近 1，对生成器生成的 $G(z)$ 的判别接近 0。在此过程中，只对判别器的参数进行更新，而对生成器的参数不更新。然后，通过固定判别器来优化生成器，在生成器中输入随机噪声 z，最后将生成器生成的 $G(z)$ 贴上真标签 1 送入判别器。GAN 的优化目标函数如式（4.9）所示。

$$
\min_{G} \max_{D} V(D,G) = E_{x \sim P_{\text{data}}(x)}[\log D(x)] \\
+ E_{z \sim P_z(z)}[\log(1 - D(G(z)))] \tag{4.9}
$$

从式（4.9）可以看出，要让判别器最大化目标函数，如果判别器 D 做出正确的预测，则生成器 G 更新其参数，以生成更好的假样本来欺骗判别器 D；如果判别器 D 的预测不正确，则它将尝试从错误中吸取教训，并不断改正错误。

在生成器和判别器不断训练的过程中，判别器的奖励是正确预测的数量，而生成器的奖励是判别器做出错误判断的数量，这个过程一直持续到建立平衡。此时，判别器的预测概率为 0.5，判别器已经区分不出哪个是真实图像，哪个是生成图像，只能通过随机猜测的方法给出判断。两个模型交替训练，这样生成器网络不断更新，使得生成图像可以更有效地对判别器进行欺骗。与此同时，在博弈的过程中，判别器网络也会不断更新优化，使得可以更准确地判别图像的真假。

从无监督的 GAN 模型改进到有监督的模型，就是所谓的 CGAN。其本质是在 GAN 的生成器和鉴别器中额外添加一个标签当作输入的网络。使用 GAN 时，由于对数据的生成过程没有约束，不能控制目标数据的生成，无法按照人的意愿去生成数据。特别是对于图像来说，使用 GAN 生成的图像是随机的，不能人为地控制生成的图像具体属于哪个类别。为了解决上述问题，人们就想到在 GAN 模型中加入一些条件对目标图像进行约束，通过这些约束条件可以在训练过程中指导数据生成。CGAN 网络的目标函数定义如式（4.10）所示。

$$
\begin{aligned}
\min_{G} \max_{D} V(D,G) = E_{x \sim P_{\text{data}}(x)}[\log D(x)] \\
+ E_{z \sim P_z(z)}[\log(1 - D(G(z)))]
\end{aligned}
\tag{4.10}
$$

CGAN 采用了 LSGAN（least squares generative adversarial networks）损失函数稳定训练过程，避免长时训练时发生模式崩溃。具体做法如下：去掉判别器最后一层的 Sigmoid 激活函数[1]，然后使用最小二乘损失代替原来的交叉熵损失。[2]CGAN 网络结构如图 4-10 所示。

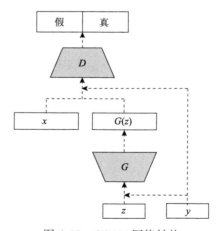

图 4-10　CGAN 网络结构

① 黄毅，段修生，孙世宇等. 基于改进 sigmoid 激活函数的深度神经网络训练算法研究[J]. 计算机测量与控制，2017（2）：126-129.

② 李炬，黄文培. 基于生成对抗网络的图像修复技术研究[J]. 计算机应用与软件，2019（12）：220-224，250.

U-Net 网络模型被用来作为 CGAN 的生成器（图 4-11）。由于和英文字母 U 的外形极为相似，该网络模型被命名为 U-Net。[①]U-Net 网络模型的原理如下：首先，通过编码提取特征信息；其次，通过解码将图像的分辨率提高。在编码—解码过程中，要对图像进行特征提取[②]，由于最后一层的特征图很小，大量细节信息会丢失。因此，在 U-Net 网络结构中，将第 i 层和第 $n-i$ 层的特征通道连接在一起，在网络的第 i 层和第 $n-i$ 层之间依靠跳跃结构添加跳线。其中，n 指的是网络的总层数。跳跃结构将最后一层包含的全局信息和浅层包含的局部信息结合起来，可以在得到全局信息的同时保留更多的细节信息，这些细节信息对后续工作有所帮助。

U-Net

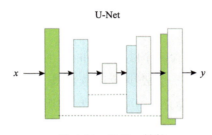

图 4-11　U-Net 结构

判别器模型在判别图像真假时通过块（PatchGAN）的方式来进行，它在对输入判别器中的图像进行判别时，将图像分为大小为 $N×N$ 的块，在块的规模上进行预测，之后将其预测的均值作为最终的预测结果。[③]因为在目标函数中加入了 L1 正则项，用来约束生成图像与真实图像之间的差异，所以生成的图像变得比原来更加清晰。该网络以黑白的少数民族服饰草图作为生成器模型的输入，在生成器模型的解码器部分以丢弃的方式加入噪声，以生成的彩色图像作为生成器模型的输出。接下来的训练主要以生成的彩色图像和判别器模型进行真假对抗来进行[④]，彩色图像与少数民族服饰草图对应的映射关系得到不

① 杨真真，许鹏飞，孙雪等. 基于改进 U-Net 网络的图像分割模型及训练方法[P]. 江苏省：CN111860528A，2020-10-30.

② 李晨斌，詹国华，李志华. 基于改进 Encoder-Decoder 模型的新闻摘要生成方法[J]. 计算机应用，2019(S2)：20-23.

③ 李诚，张羽，黄初华. 改进的生成对抗网络图像超分辨率重建[J]. 计算机工程与应用，2020(4)：191-196.

④ 曹旭. 基于素描式交叉验证的轮廓提取算法[D]. 华南理工大学，2018：43.

断更新与优化，最终得到鲁棒性较好的网络模型[①]。

将条件变量 y 引入判别器 D 的建模中，其中 y 可以是来自不同模态的数据，可以是标签，甚至可以是一幅图像。条件变量 y 在生成器生成数据时具有指导作用，因此网络可以从 x 到 y 的映射关系中不断学习，生成确定性的输出。

CycleGAN 是在 GAN 网络的基础上改进的，本质上是两个镜像对称的 GAN 网络组合在一起构成了一个环形结构。在 CycleGAN 架构中，深度学习模型学习源域 X 和目标域 Y 之间的映射关系，包括像素和颜色分布等，然后把 X 域中的图像转换为 Y 域中的图像。CycleGAN 是为图像到图像而部署的 GAN 架构翻译，最大的一个优势就是不要求数据之间有什么较好的关联性，即使是毫不相干的两幅图像也可以进行训练。使用 CycleGAN，主要是为了解决成对数据带来的限制问题。

整个 CycleGAN 网络包含两个映射 G 和 F，映射 G 通过生成器 G_A2B 输入少数民族服饰真实图像，生成少数民族服饰草图，映射 F 通过生成器 G_B2A 输入少数民族服饰草图，生成少数民族服饰真实图像，最后判别生成图像的真假。CycleGAN 的两个生成器和两个判别器同时被两个 GAN 网络共享。一个单向的 GAN 有两个损失，一个是生成器的重建损失，如式（4.11）所示，其中 a 是 A 中抽取的样本。

$$L(G_{AB}, G_{BA}, A, B) = E_{a \sim A}[\| G_{BA}(G_{AB}(a)) - a \|_1] \tag{4.11}$$

另一个是判别器的判别损失，如式（4.12）所示。

$$L_{\mathrm{GAN}}([G]_{AB}, G_B, A, B) = E_{b \sim B}[\log D_B(b)] \\ + E_{a \sim A}[\log(1 - D(G_{AB}(a)))] \tag{4.12}$$

CycleGAN 网络模型容量的提升，是通过在生成器中加入 ResNet 模型来实现的。GAN 网络进行特征的提取，是通过编码—解码的方式实现的。然而，对于神经网络来说，随着网络层数的增加，每一层提取到的特征信息也会越多。理想状态下，如果网络想取得不错的结果，需要增加更多的网络层数。然而，实际上，伴随着网络层数的不断增加，神经网络模型会出现"倒退"的现象。我们可以通过在编码—解码结构中引入 ResNet 网络来弥补神经网络

---

① 万皓. 相依网络在不同相依方式下级联故障的鲁棒性研究[D]. 华东交通大学，2017: 20.

的不足[①]，通过恒等映射实现。多个残差块（ResNet Block）组成了 ResNet 网络模型，残差块的结构如图 4-12 所示。

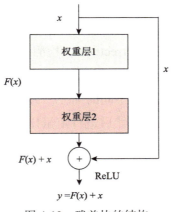

图 4-12　残差块的结构

输入信息在进行卷积的过程中，一直提取特征，经过线性变化之后变成 $F(x)$。随着网络的不断加深，为了保证在提取特征的过程中不会因为网络的增加发生梯度消失等问题导致信息丢失，在输出的时候，可以把输入 x 添加进去，与学习到的特征 $F(x)$ 一起作为下一层计算的输入，所以最终的输出为 $y=F(x)+x$，那么残差为 $F(x)=y-x$，当残差为 0 时，输出的结果 $y=x$。总之，采用残差的方式，至少能保证网络的整体性不会下降。

六、草图生成评价指标

在计算机视觉领域，生成图像的评价方法主要有主观评价和客观评价两种。主观评价的标准是基于第三方测试人员判定生成图像真假的直接感受来进行评价。在客观评价中，量化模型生成图像的质量依赖一些特定的指标。本书选择结构相似性指数（structural similarity index measure，SSIM）这一指标来衡量草图的生成效果。

衡量两幅图像相似度的指标是 SSIM，该指标的计算过程如式（4.13）所示。

①　杨公所. 一种基于精简 ResNet 残差网络的车牌识别方法[P]. 山东省：CN110688880A，2020-01-14.

$$\text{SSIM}_i(x, y) = \frac{(2m_{i,x}.m_{i,y} + C_1)(2s_{i,xy} + C_2)}{(m_{i,x}^2 + m_{i,y}^2 + C_1)(s_{i,x}^2 + s_{i,y}^2 + C_2)} \qquad （4.13）$$

开始计算的时候，都是从图像上取一个 $N×N$ 的窗口，然后不断滑动窗口进行计算，最后取平均值作为全局的 SSIM。[①]

DC/EC 是 DC（detection correctness，检测正确率）与 EC（error count，检测错误率）的比值。E_{ct} 表示生成草图的边缘像素点，E_{gt} 表示真实草图的边缘像素点。由于草图中存在亮度不同的部分，为了达到更好的对比效果，先将草图转变为二值化的黑白图像，然后进行定量比较。DC 是用正确边缘像素数量除以真实草图边缘像素总数得出的，该值越大，说明生成的草图效果越好，其计算过程如式（4.14）所示。

$$DC = \frac{E_{ct} \cap E_{gt}}{E_{gt}} \qquad （4.14）$$

EC 是用检测出的非边缘像素点除以检测出的边缘像素点总数得出的，该值越小，说明生成草图的非边缘像素越少，错误率越低，其计算过程如式（4.15）所示。

$$EC = \frac{E_{ct} - \left(E_{ct} \cap E_{gt}\right)}{E_{ct}} \qquad （4.15）$$

第二节　基于多尺度离散 H 通道的少数民族服饰图像边缘检测

一、颜色空间选择

彩色图像边缘检测的本质是在颜色空间中计算邻近像素的相似度，选择合适的颜色空间是实现这一目标的前提。HSV 更符合人们描述颜色的方式，如颜色是什么、颜色有多深、颜色有多亮。其中，H（hue）即色相，用度数区间[0，360]表示。S（saturation）即饱和度，直观地来说，就是颜色的深浅，

---

① Horé A, Ziou D. Image quality metrics: PSNR vs. SSIM[C]. International Conference on Pattern Recognition, 2010: 2366-2369.

用区间[0，1]表示，0 代表完全没有色彩信息，1 代表纯色，也就是没有被稀释的色彩。V（value）即色彩的亮度，用区间[0，1]表示，0 代表没有环境光线的情况，此时无论物体表面的颜色是什么，视网膜都没有外来光线刺激，从而导致大脑皮层呈现出的就是黑色，1 代表环境光线充足下的理想状态颜色。由于 RGB 空间在视觉上的不均匀性，其表示向量[R，G，B]在空间中的距离，不符合人类感知到的色彩差异。图 4-13 为 300×200 像素的合成图像，其中三个等分区域的 RGB 值分别如下：区域 1 为（128，0，0），区域 2 为（0，100，100），区域 3 为（128，200，200）。从空间距离的角度看，区域 2 到区域 1 的颜色距离 C_{2-1} 约等于区域 2 到区域 3 的颜色距离 C_{2-3}，但从人类感知来说，区域 2 与区域 3 具有更大的相似性，而区域 1 的蓝色在人类感知中属于另外一个大类的色彩。由于 RGB 空间距离的视觉不匹配性，直接使用 RGB 分量进行彩色图像的边缘检测效果不佳。

图 4-13　三色块合成图

将图 4-13 经过空间变换，投射到 HSV 颜色空间后，各区域的数值如下：区域 1 为（240，1，0.5），区域 2 为（60，1，0.39），区域 3 为（60，0.36，0.78）。由此可见，区域 2、区域 3 具有相同的色调，且与区域 1 的差异较大，区域 2、区域 3 存在颜色明暗和深浅的区别。在 HSV 空间中，空间距离能够正确反映人眼感知的色彩差异，因此我们选择在 HSV 颜色空间进行少数民族服饰图像的边缘检测。

二、多尺度 H 通道少数民族服饰颜色标签

直观上看，少数民族服饰具有色彩繁多、层次丰富、色彩感鲜明等特点，一般是由少数几种色彩组成该民族服饰的主色调，再配以少量装饰色彩。比

如，佤族服饰在颜色上以红色和黑色为主，并且会用少量的蓝色、白色、黄色进行点缀，但装饰色在整个服饰色彩中的占比极低。通过在 HSV 空间中统计佤族和白族服饰图像的 H 通道直方图，可知少数民族服饰的颜色具有色彩鲜艳、种类有限、所在区域集中的特点，统计结果如图 4-14 所示。

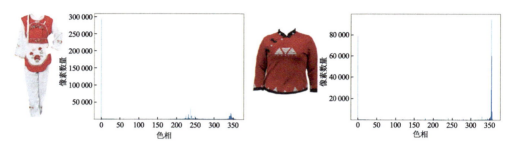

图 4-14　少数民族服饰图像 H 通道直方图

根据少数民族服饰颜色集中性和鲜艳性的特点，结合 HSV 空间的特性，在使用离散 H 通道颜色标签对少数民族服饰图像进行边缘检测时，需要考虑到以下方面：①少数民族服饰颜色分布集中，不易出现在视觉上属于一类的像素被标记为多个不同的颜色标签的现象；②少数民族服饰颜色的鲜艳性使得彩色区域 H 通道值具有典型性，足够代表该色彩，不需要 S 和 V 通道的参与；③色相用一个首尾相连的环形表示，直接用 H 通道值的差作为阈值进行边缘判断效果不佳。如图 4-15 所示，红色与绿色角度差为 180°，黄色与绿色角度差为 60°或 300°。在色相环距离中，它们的差异值大小不等，但人类感知会认为它们属于不同类别的颜色，其差异一样。人类感知时，会根据生活经验和先验知识，自动将色彩归属于某一类。如果存在大量过渡区域，则可能会导致分类不清晰，但少数民族服饰中极少有此种情况出现。

图 4-15　色相带与 12 色相环

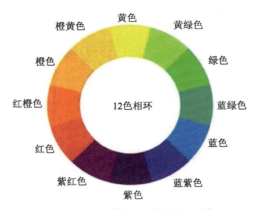

图 4-15　色相带与 12 色相环（续）

将连续的 H 通道值离散化为颜色标签后，不同颜色标签的差异是一样的，这个过程更加符合人类的认知，并且由于离散的颜色标签在全局上的统一性，便于后续设置一个全局的相似度阈值。具体而言，可以根据 H 通道值归属色相环的区域，为每个像素确定一个颜色标签，将连续的 H 图变为离散的标签图。根据图 4-15 的色相环可知，H 通道值无法表示没有颜色的黑、白两种情况。取一具体 H 通道值，按照这个值取 HSV 模型的 V-S 截面，示例截面如图 4-16 所示。由此可知，当 $S=V=1$ 时，H 代表的任何颜色都被称为纯色；当 $S=0$ 时，即饱和度为 0，灰色的亮度由 V 决定，此时 H 无意义；当 $V=0$ 时，颜色最暗，最暗被描述为黑色，此时 H 和 S 均无意义。据此，我们针对少数民族服饰定义色相环之外的三种颜色，即黑、白、灰，其标签归属由 S 和 V 的值决定。Androutsos 等根据经验值对 HSV 的颜色表现进行了区别度划分。[1]

1）$V>75\%$，$S>20\%$：亮彩色区域。

2）$V<25\%$：黑色区域。

3）$V>75\%$，$S<20\%$：白色区域。

4）其他为彩色区域。

本书选择的划分方法为：①黑色，$V<0.25$；②灰色，$0.75 \geq V \geq 0.25$，$S<0.2$；③白色，$V>0.75$，$S<0.2$。

---

[1] Androutsos D, Plataniotis K N, Venetsanopoulos A N. A novel vector-based approach to color image retrieval using a vector angular-based distance measure[J]. Computer Vision and Image Understanding, 1999（1-2）: 46-58

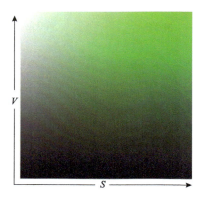

图 4-16　HSV 颜色空间的 V-S 截面

完成黑、白、灰三种颜色标签的判定后，使用 H 通道值确定彩色颜色标签。如图 4-15 所示，常用的 12 色相环中将所有颜色分为 12 种颜色，即对应 12 个颜色标签，加上黑、白、灰 3 个标签，一共有 15 个颜色标签。使用算法 4-1 可以得到离散 H 通道的颜色标签图。设输入图像像素规模为 n，则算法执行 n 次，时间复杂度为 $O(n)$；额外所需空间为 n，空间复杂度为 $O(n)$。

算法 4-1　生成离散 H 通道颜色标签图

Input: HSV 模型表示的待检测图像 $image_{hsv}$

Output: 离散 H 通道颜色标签图 $discrete_h$

　　设置彩色颜色标签范围。0:(345,360) ∪ [0,15]，1:(15,45)，2:(45,75)，3:(75,105)，4:(105,135)，5:(135,165)，6:(165,195)，7:(195,225)，8:(225,255)，9:(255,285)，10:(285,315)，11:(315,345)

创建与 $image_{hsv}$ 行列相同的矩阵 $discrete_h$

遍历 $image_{hsv}$ 中的每一个像素 $p_{hsv} = image_{hsv}[r][c]$：

　　$h = p_{hsv}[0]$，$s = p_{hsv}[1]$，$v = p_{hsv}[2]$

　　$v < 0.25 \rightarrow$ color label$=14$

　　$0.75 \geqslant v \geqslant 0.25$ and $s < 0.2 \rightarrow$ color label$=13$

　　$v > 0.75$ and $s < 0.2: \rightarrow$ color label$=12$

　　h 在某一颜色标签范围内 $\rightarrow$ color label 赋值为对应的标签号

　　$discrete_h[r][c] =$ color label

return　$discrete_h$

end

若仅使用一种色相环区域分类方法，则可能会由于划分区域不科学产生误差。比如，在不同颜色定义的过渡区域，具有相似特性的两种颜色被归为不同的颜色类别。另外，12 色相环是一种均匀的分割方法，并未考虑到人眼对色彩的区分度在色相环中并不是均匀分布的。相关研究发现，可以利用多尺度标准进行边缘检测，并将结果合成，从而提升边缘检测的质量。本书采用 3 种不同的划分尺度：①模型定义尺度（尺度 1）；②过渡区域尺度（尺度 2）；③人类视觉辨别尺度（尺度 3）。其色相的多尺度分割范围如表 4-3 所示。

表 4-3　色相的多尺度分割范围

名称	颜色范围定义
模型定义尺度（尺度 1）	0:（345,360）∪[0,15），1:（15,45），2:（45,75） 3:（75,105），4:（105,135），5:（135,165） 6:（165,195），7:（195,225），8:（225,255） 9:（255,285），10:（285,315），11:（315,345）
过渡区尺度（尺度 2）	0:[0,30]，1:（30,60），2:（60,90） 3:（90,120），4:（120,150），5:（150,180） 6:（180,210），7:（210,240），8:（240,270） 9:（270,300），10:（300,330），11:（330,360）
人类视觉辨别尺度（尺度 3）	0:（312,360）∪[0,20]，1:（20,50），2:（50,70） 3:（70,155），4:（155,200），5:（200,250），6:（250,312）

其中，尺度 1 为常见的 12 色相环定义。根据混色原理，尺度 2 在尺度 1 的基础上顺时针移动 15°，其意义在于为尺度 1 中的过渡区域提供关联性支持。尺度 3 是根据人类视觉分辨力划分的 7 种颜色。在图 4-15 的色相带中，人眼的视觉在生活中能够清晰辨别出的颜色有 7 种，即红、橙、黄、绿、青、蓝、紫，分别对应着尺度 3 中的 0—6 这 7 种颜色标签。尺度 3 是一种非均匀的划分方法，侧重突出人眼对色彩的区分。采用多尺度的颜色标签定义，就像使用多个分类器对像素的类别归属进行投票，通过调整不同分类器的权重，从而得到最优结果。将算法 4-1 中的第一步（设置彩色颜色标签范围）替换为表 4-3 中的 3 种尺度范围定义，可以得到各自尺度下的 H 通道标签图，如图 4-17 所示。其中，图 4-17(a)、图 4-17(b)、图 4-17(c)分别是在尺度 1、尺度 2、尺度 3 的基础上生成的离散 H 通道颜色标签图，可以看出 3 种尺度在上下颜色边缘处出现了细微的差异。

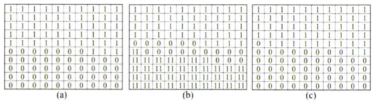

图 4-17　离散 H 通道颜色标签图

三、离散 H 通道标签图中的区域相似度

得到 H 通道颜色标签图后，两种标签的边界处即为图像的边缘。检测不同颜色交界处的边缘信息，就是判断一个像素是否处于边缘区域，对单个像素来说，这是一个分类问题。通过观察可知，对于边界处的像素值，其周围必须存在两个区域，这两个区域应该满足以下两个条件：①区域间的颜色标签不属于同一类；②区域内的颜色标签应该属于同一类。

传统边缘检测通常依赖于计算像素与其相邻点之间的差值来确定梯度，但这种方法的一个显著缺陷是对噪声极为敏感，且无法有效过滤边缘上的细微凹凸和毛刺。相比之下，利用区域间的梯度差异可以克服上述缺陷。本书中，由于要处理的对象变为离散 H 通道上的颜色标签图，要计算的就是两个区域在颜色标签上的相似性。为了简化计算，取水平方向的左右区域，垂直方向的上下区域，斜对角方向的左上/右下、左下/右上区域，组成在主要方向上的 4 组区域。相似度计算的区域定义，如图 4-18 所示，a、b、c、d 表示不同区域。

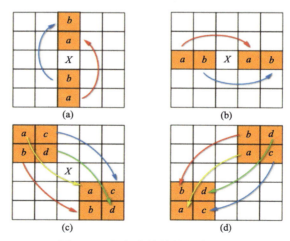

图 4-18　相似度计算的区域定义

图 4-18 定义了 4 个主要方向上相对区域的位置及区域中像素点的对应关系。实验证明，扩大计算区域的范围并不能明显提高边缘检测的准确性，同时其计算复杂度会显著增加，消耗的计算能力并未能够使精度得到相应的提升，而 X 点周围 1 行或列范围内无法构成有效的计算区域。综合以上原因，本书选择 X 点周围 2 行或列范围作为颜色差计算区域。斜对角方向区域同时包含了水平和垂直方向的信息，所以水平和垂直方向使用 2 个像素对，斜角方向使用 4 个像素对。在计算对应区域的差异度时，按照对应点逐对计算是否为同类颜色标签，然后计算整个区域中的所有像素对应关系的总和。借鉴过渡区域变化一致性的思想，使用带顺序的区域对应关系，是为了在计算区域相似度时，考虑对应区域在同一方向上具有的色彩顺序变化规律。然后，根据式（4.16）计算出不同区域的颜色标签差异度。

$$D = 1 - \frac{\sum_1^n p_i}{n} \qquad (4.16)$$

在图 4-18（a）和图 4-18（b）中，n 为 2，在图 4-18（c）和图 4-18（d）中，n 为 4。D 在区间[0, 1]内，越接近 1，说明两个区域越不相似。

计算出不同区域间的颜色标签差异度后，再根据式（4.17）计算出一个区域内的色彩标签相似度。

$$S = \begin{cases} \dfrac{\max(h(x_i))}{n}, & i \in [1, n] \\ 0, & \text{len}(h(x_i)) > 2 \end{cases} \qquad (4.17)$$

其中，x 是图 4-18 表示的单个区域的颜色标签序列，n 是序列长度，函数 $h(x_i)$ 表示根据统计元素 x_i 在 x 中出现的次数得到的数列。条件 $\text{len}(h(x_i)) > 2$ 表示当 x 序列中存在的不同元素数量大于 2 个时，认为同一区域内颜色种类过多，相似度值设为 0。S 在区间[0, 1]内，越接近 1，说明单个区域内越接近纯色。图 4-18 中的一组区域的相似度值是由区域内的两个子区域的相似度值相乘得到的。

四、边缘检测方法

在获取了多尺度的 H 通道标签图及区域相似度计算方法后，我们会对这些标签图中的每一个像素点，在其邻近区域内进行两种相似度的计算。然后，根据 3 种尺度标签图计算出的不同区域间的差异度及区域内部的相似度值，以及根据 D 与 S 的值计算出该点在 4 个方向（水平、垂直、左斜角、右斜角）的边缘信度值，最后判断 4 个方向中是否有一个满足边缘条件，满足则将其纳入边缘点集合。

本书定义的相似度计算区域是在目标点周围[-2，+2]内，因此不适用 H 通道标签图中边缘 2 个像素范围内的点。然而，该范围内同样可能存在边缘点，通过观察图像周围点的边缘特征，图 4-19 中绿色框的点和蓝色框的点应被判断为边缘点，红色框的点为噪点，橙色框的点为边缘性较弱的点。观察其周围 8 连通域（不足的取 8 连通域中的最大域）内的颜色标签分布可知，边缘点处其 8 连通域内 0 和 1 两种色彩标签的占比大致相等，而非边缘处其 8 连通域内两种色彩标签的占比悬殊，利用这个特性即可完成 H 通道标签图中边缘 2 个像素范围内点的边缘性判断。具体做法如下：统计连通域内数量最多的标签，通过其在连通域总数的占比来判断是否为边缘点。

1	1	1	1	1	1	1	1	0	0
1	1	1	1	1	1	1	1	0	0
1	1	1	1	1	1	1	1	1	0
1	1	1	0	0	0	1	1	1	1
1	1	1	0	0	0	1	1	1	1
0	0	0	0	0	0	0	0	1	1
1	1	0	0	0	0	0	0	0	0
1	0	0	0	0	0	0	0	0	0
0	0	0	1	0	1	0	0	0	0
0	1	0	0	0	0	1	1	1	0

图 4-19　边界区域的边缘检测

若在非标签图中边缘 2 个像素范围内，得到 H 通道标签图中点 x 在某个方向上的三尺度区域间差异度 D_1、D_2、D_3 和同一个区间的三个尺度上的相似度 S_1、S_2、S_3 后，通过式（4.18）计算该点在某个方向上的边缘信度值 P_e。

$$P_e = w_1 \times D_1 \times S_1 + w_2 \times D_2 \times S_2 + w_3 \times D_3 \times S_3 \sqrt{b^2 - 4ac} \qquad （4.18）$$

其中，权值 w_1、w_2、w_3 代表了尺度 1、尺度 2、尺度 3 各自的可信程度。最后，根据 4 个方向上的结果，判断点 x 是否为边缘点，计算过程如式（4.19）和式（4.20）所示。

$$R_e = \begin{cases} 1, & P_e \leqslant T \\ 0, & P_e > T \end{cases} \quad (4.19)$$

$$R_0 = R_h \vee R_v \vee R_l \vee R_r \quad (4.20)$$

其中，P_e 代表 4 个方向上的边缘信度值，R_e 代表 4 个方向上的边缘信度判断结果。T 代表概率阈值，因为是通过离散标签图计算出的概率，本书取 $T=0.5$。

　　整个多尺度离散 H 通道的少数民族服饰图像边缘检测的详细过程，如算法 4-2 所示，设输入图像像素规模为 n，则算法 2 执行约 $55n$ 次，时间复杂度为 $O(n)$；额外所需空间为 $4n$，空间复杂度为 $O(n)$。

算法 4-2　　检测少数民族服饰图像边缘

Input：RGB 模型表示的待检测图像 I

Output：边缘图 I_{edge}

将待检测图像 I 映射到 HSV 空间，得到 I_{hsv}

使用算法 4-1，生成 3 个尺度的 H 通道离散标签图 H_1，H_2，H_3

新建一个边缘图 I_{edge}，填充值为 255（白色）

遍历 H_1，H_2，H_3 中（r，c）处像素点 x，执行以下操作：

If: x 在边界 2 像素范围内→计算连通域内最大的同类标签数量 N_m 及总标签数量 $NR_f = N_m / N$

If: $0.35 < R_f < 0.75 \rightarrow I_{edge}$ [r][c]=0

Else:计算 x 在四方向上的三尺度区域间差异度 D 和同个区间的相似度 S

通过 D 和 S 计算 x 在四个方向上的边缘信度值 P_{eh}，P_{ev}，P_{el}，P_{er}

通过 P_{eh}，P_{ev}，P_{el}，P_{er} 计算 R_0

If: $R_0 = 1 \rightarrow I_{edge}$ [r][c] = 0

return I_{edge}

end

五、实验结果与分析

（一）不同算法在少数民族服饰图像上的检测结果

在实验数据上执行前文定义的对比算法，观察实验结果。该实验的目的是验证本书算法的有效性，涉及的算法参数如下：算法 1 中的黑、白、灰 3 种颜色的阈值（黑色亮度 V_b=0.25，白色亮度 V_w=0.75，白色饱和度 S_w=0.2）、式（4.18）中的三尺度权值参数（w_1=0.3，w_2=0.1，w_3=0.6）、式（4.19）中的阈值（T=0.5）。实验结果如图 4-20 和图 4-21 所示。

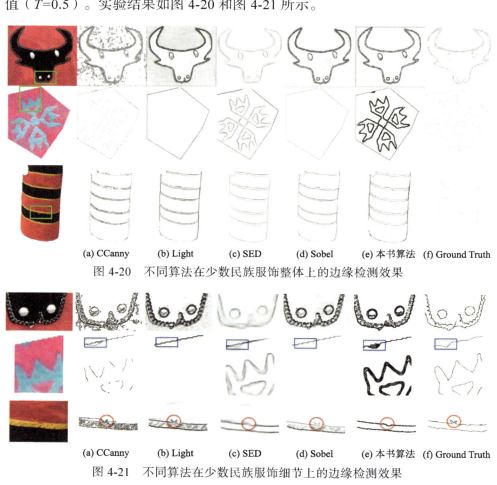

(a) CCanny　　(b) Light　　(c) SED　　(d) Sobel　　(e) 本书算法　(f) Ground Truth

图 4-20　不同算法在少数民族服饰整体上的边缘检测效果

(a) CCanny　　(b) Light　　(c) SED　　(d) Sobel　　(e) 本书算法　(f) Ground Truth

图 4-21　不同算法在少数民族服饰细节上的边缘检测效果

由于采用 Light、SED、Sobel 三种算法得到的结果有明暗不同的部分，需要将其变换为二值化的黑白图像。为了保证实验结果的完整性，我们分别使用两个阈值（t_s=200 和 t_h=245）进行二值化。小阈值能够保留主要的灰度较深的边缘，大阈值能够保留大部分细节边缘，包括灰度较浅的边缘，结果如图4-22 所示。由于人工标记真实图像边缘时存在误差，并且边缘区域具有过渡性，直接使用 2 个像素的真实图像边缘图进行定量分析效果不佳。因此，本书提出一种假设，认为手工标记的边缘像素点两侧各 2 个像素的范围内也应被视为边缘点。为了改进分析效果，我们对真实图像边缘图执行了一次迭代腐蚀操作。最后，使用二值化的结果边缘图进行定量分析，图 4-22 中的少数民族服饰图像实验结果如表 4-4 所示。

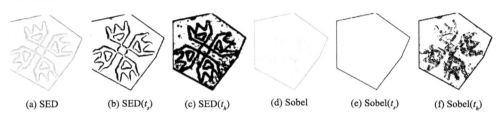

(a) SED　　(b) SED(t_s)　　(c) SED(t_h)　　(d) Sobel　　(e) Sobel(t_s)　　(f) Sobel(t_h)

图 4-22　检测结果的双阈值二值化

表 4-4　使用不同算法的边缘检测结果比较

项目	E_{gt}	E_{dr}	$E_{dr} \cap E_{gt}$	DC	EC	DC/EC
CCanny	20 161	5 160	3 492	0.173	0.323	0.536
Light（t_s）	20 161	8 511	5 406	0.268	0.365	0.735
Light（t_h）	20 161	36 569	10 853	0.538	0.703	0.765
SED（t_s）	20 161	38 349	14 315	0.710	0.627	1.132
SED（t_h）	20 161	109 223	20 023	0.993	0.817	1.215
Sobel（t_s）	20 161	6 375	4 680	0.232	0.266	0.872
Sobel（t_h）	20 161	51 055	12 743	0.632	0.750	0.843
本书算法	20 161	35 210	14 207	0.701	0.596	1.176

注：E_{dr} 代表边缘图，E_{gt} 代表 Ground Truth 边缘图。下同

通过图 4-20 和图 4-21，可以直观地看出以下几个方面的内容。

1）本书算法得到的边缘图边缘很清晰。不同于 SED、Sobel 等算法用灰度值大小代表边缘概率，SED、Sobel 和 Light 等算法使边缘细节处显得模糊，本书算法判断像素点时直接得出相关结果，具有呈现的边缘清晰的优势。

2）本书算法具有较强的鲁棒性，能够克服光照亮度的变化和服饰上褶皱的影响。从图 4-20 第三幅细节图可以看到，黄色条纹区域布料出现密集的褶皱，导致光线反射明暗不同，CCanny、Light 和 Sobel 算法都将布料的褶皱当成了图像的颜色边缘。

3）本书算法具有优异的色彩边缘检测能力和纯色区域过滤能力。使用 CCanny 算法出现了漏检边缘的现象，表现为检测结果边缘不连续，纯色区域内检测到了大量边缘点。Light 和 Sobel 两种算法由于是先转化为灰度图再进行检测，导致无法区分某些灰度值接近的颜色，只有转为灰度值差异大的颜色，才能被有效区分。SED 算法由训练集数据驱动，其对少数民族服饰特有的元素（如银饰球）等的辨别能力弱。

4）本书算法具备较高的颜色灵敏度。对于图 4-21（b），本书算法检测出多条并行的边缘，原因在于原图像边缘变化区出现了新的颜色，上方蓝框处小的颜色变化区域，只有本书的算法能检测出来。

5）图 4-21（c）中的圆圈处表明，本书算法会忽略边缘处的尖锐突变，过滤掉毛刺边缘，因为在此处其宽度不足以让两边区域的颜色不一样。

通过表 4-4 可知，本书算法的准确率较高，误检率较低。CCanny、Light 和 Sobel 算法的误检率高于准确率，只有 SED（t_h）、SED（t_s）和本书算法的准确率高于误检率。本书提出的算法在准确率上达到了基于机器学习和标注数据集算法 SED 的水平。通过表 4-4 可知，当二值化阈值增大时，SED 保留更多细节后，能检测到所有边缘点，但误检率增加了，说明此时边缘图中产生了大量的无关噪声，与图 4-22（c）中的边缘图相吻合。

（二）算法参数的选择对检测质量的影响

我们通过改变本书算法中的关键参数，测试在不同参数下多尺度离散 H 通道检测算法的效果。每次实验只改变一组测试参数，另外的参数使用默认值，标记图中二值化阈值，使用 t_s=200。这一实验的目的是验证黑白色定义参数、多尺度权重和阈值的选取对检测结果的影响，实验结果如表 4-5 和图 4-23 所示。

表 4-5 不同参数下本书算法的边缘检测结果比较

参数	E_{gt}	E_{dr}	$E_{dr} \cap E_{gt}$	DC	EC	DC/EC
0.25	20 161	43 819	16 415	0.814	0.625	1.302
0.50	20 161	35 210	14 207	0.705	0.597	1.181
0.75	20 161	25 836	11 174	0.554	0.568	0.975
0.15-0.85-0.10	20 161	35 892	13 890	0.689	0.613	1.124
0.25-0.75-0.20	20 161	35 210	14 207	0.705	0.597	1.181
0.40-0.60-0.35	20 161	26 243	9 180	0.455	0.650	0.700
1-0-0	20 161	36 097	14 013	0.695	0.612	1.136
0-1-0	20 161	37 163	13 265	0.658	0.643	1.023
0-0-1	20 161	31 892	13 481	0.669	0.577	1.159

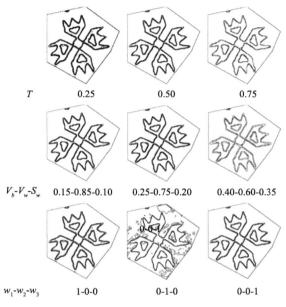

图 4-23　不同参数下本书算法的边缘检测结果

通过图 4-23 和表 4-5，可以看出以下几个方面的内容。

1）阈值 T 越大，则检测出的边缘点越少。因为符合区域相似度要求的像素点在变少，会出现检测的边缘不连续。阈值 T 越小，检测出的边缘点越多，但误检率会上升，少量的非边缘点对检测结果的影响非常大。当 $T=0.25$ 时，虽然检测正确率较高，但是会误判边缘点，表现在图 4-23 中就是非常明显地影响了边缘检测效果。当 $T=0.75$ 时，检测图中已经开始出现不连续的现象。综上所述，本书选取 $T=0.5$。

2）黑白灰阈值的设定会影响非彩色区域的检测结果。在图 4-23 中，当黑、白区域阈值放宽后，渐变区中的黑白颜色被认为是一种颜色，然后得到比较清晰的双边图，当对黑白区域或颜色过渡区域的精度有要求时，对黑白区域阈值的要求可以放宽。

3）三尺度参数实验中等于直接用某个尺度进行检测，可以看到尺度 2 的效果最不好，因为其是针对过渡区域定义，颜色相关性没有那么高。尺度 1 和尺度 3 的检测结果都没有表 4-5 中多尺度联合的检测结果好，说明多尺度检测提升了检测准确率。同时，还可以看出，尺度 3 的效果最好，尺度 2 的效果最差，所以本书采用 0.3-0.1-0.6 的权重。

（三）检测结果较差的少数民族服饰图像

通过对实验结果的分析，可以发现佤族服饰中常出现密集银饰（图 4-24）、颜色极不均匀的粗布料（图 4-25）。这一实验在这些图像上执行本书提出的算法，并通过设定不同参数，以获得较好的结果。实验结果如图 4-24 和图 4-25 所示，其中，图 4-24（c）、图 4-25（c）使用的为默认参数；图 4-24（d）、图 4-25（d）使用的参数为 V_b=0.4，V_w=0.6，S_w=0.35；图 4-24（e）、图 4-25（e）将黑、白、灰 3 种颜色认为是一个颜色标签，是使用默认参数得出的结果。

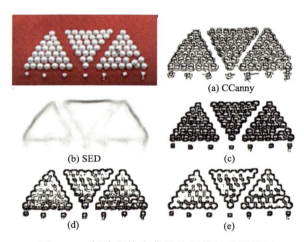

图 4-24　佤族服饰密集银饰图像的检测结果

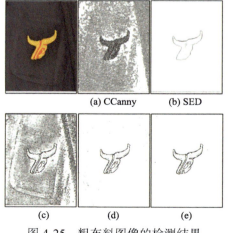

图 4-25　粗布料图像的检测结果

在图 4-24 中，银材质的圆球反光性强，导致银球在成像时出现阴影，在图像上同时存在黑、白、灰 3 种颜色，且银球密集排列，它们之间的空隙本来应该是红色布料，却被阴影遮盖了。在图 4-25 中，粗布料所用的线的颜色并不一致，导致在图像上产生网格状黑白交错的结果。这两种情况都与黑白颜色定义有关，CCanny 会检测到太多噪声点，而 SED 能够抑制噪声，却无法保留有效的细节边缘。根据检测的结果，本书首先考虑使用较宽的黑白区域阈值（方法 d），检测结果比使用 CCanny、SED 和默认参数要好，但无关噪点还是没有完全滤除。然后，使用方法 e，在定义颜色标签时将黑、白、灰 3 种颜色认为是一种颜色，则可以从根本上克服图 4-24 和图 4-25 中的问题。实验结果表明，该方法取得了较好的结果。但是，若图片中密集银球中间的间隔区域有阴影，则检测不出来，在这种情况下，使用颜色或梯度判断也没有办法检测出来。

第三节 基于循环一致性对抗网络的草图生成

草图是在一定的规则下组成的可以反映图像轮廓特征的线条集合，在一定程度上体现了所要描绘物体的主要特征。少数民族服饰比较复杂，特别是一些少数民族服饰上还带有很多花纹和图案，在进行边缘轮廓提取时，要充分考虑少数民族服饰的细节信息。特别是一些比较重要的线条，只有尽量地使这些细节信息得到保留，才能更好地实现少数民族服饰图像的边缘特征提取。

少数民族服饰草图由黑色线条及白色背景构成，包含很多图案和纹样，是少数民族服饰制作的重要依据，也是时尚设计领域在制作具有民族风格特色的作品时的重要参考。然而，少数民族服饰以其多样性和丰富性著称，而草图则往往呈现出高度的抽象性和稀疏性等特点。这种差异使得不同人在描绘同一少数民族服饰时，所绘制的草图常常大相径庭。因此，当前少数民族服饰草图的收集与整理工作面临着诸多挑战，这对少数民族服饰图像的理解和分析研究产生了显著影响。鉴于此，如何高效地生成高质量的少数民族服饰草图，已成为研究领域的重点课题。当前，基于深度学习的漫画和卡通图像的生成，已经取得了不错的效果。但是，在少数民族服饰草图生成方向的应用中，还存在很多问题，如生成的服饰草图纹理不清晰、生成的草图出现杂乱的线条，以及在生成服饰草图的过程中细节信息丢失等。

图像到图像的转换可以理解为图像翻译。图像的源域与目标域之间存在一定的映射关系，利用生成对抗网络将图像从源域翻译到目标域，可以使生成的图像尽可能地接近真实图像，最终达到欺骗判别器网络的效果。对于少数民族服饰草图生成任务，给定一个少数民族服饰真实图像，目标是生成相应的服饰草图，并保留边界细节等必要的属性。通常草图生成方法依赖于成对的数据进行训练，但获取大量高质量的成对数据实则困难重重。为此，本书引入了CycleGAN。CycleGAN 能够直接利用两种不同风格的单个样本进行训练，从而打破了成对样本的限制。鉴于不成对的少数民族服饰高清彩色图像与高清草图相对容易获取，这一特性极大地简化了训练数据的前期准备工作。此外，采用高分辨率数据进行训练，还能进一步提升生成草图的质量。

在充分保证少数民族服饰彩图底层信息保持不变和生成草图线条合理的基础上，本书构建了一种基于 CycleGAN 的少数民族服饰草图自动生成网络模型。在该模型中，输入通常默认为正方形图像，但是少数民族服饰图像通常应该为长方形，为了和输入图像尺寸保持一致，生成的草图也会变成正方形，和真实服饰图像不符。本书基于 CycleGAN 的基础对网络参数进行调整，使得网络的输入为矩形少数民族服饰图像，再进一步提高图像的分辨率，使得生成的服饰草图纹理尽可能地清晰。然后，对高清矩形图像进行降噪处理，减小噪声对图像质量的影响。接着，进行颜色亮化处理，使得服饰的边界信息更加明显，减少杂乱线条的生成。CycleGAN 的生成器模型由编码器、转换器和解码器 3 部分组成，判别器使用的是 PatchGAN。

为了验证 CycleGAN 的草图生成效果，本书首先选取了 600 幅少数民族服饰图像，其次选取了 600 幅草图，进行草图生成实验。实验中，生成的草图出现了杂乱线条，并且分辨率不高，结果如图 4-26 所示。从图 4-26 可以看出，有部分图像虽然没有杂乱线条产生，但是只生成了大致的轮廓，而服饰的细节部分（如花纹、饰品等）纹理信息丢失严重，示例如图 4-27 所示。

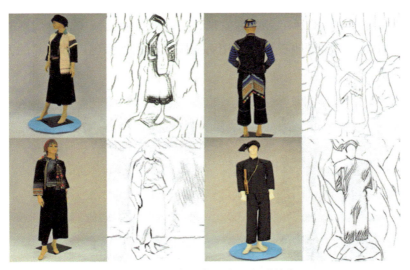

图 4-26　生成的草图出现杂乱线条

图 4-27　生成的草图细节丢失

　　一般情况下，少数民族服饰图像的长和宽符合一定的比例，但是在上述实验中，在 CycleGAN 模型的输入、输出中，图像的长和宽被压缩成 256×256，导致生成的少数民族服饰草图出现了"失真"，所以首先把模型的输入、输出改为 512×1024，使得生成的少数民族服饰草图更加符合真实情况。

　　草图生成中出现的杂乱线条，很可能是因为拍摄过程中受到光线、亮度等因素的干扰，导致少数民族服饰的某些区域颜色分布不均。这种情况使得模型在学习时将相近的颜色块误认为是不同的区域，从而产生了杂乱的线条。为了验证是否是颜色不均匀导致了杂乱线条的出现，本书首先将 100 张少数民族服饰真实图像转成灰度图像，其次在 CycleGAN 模型中将灰度图像和少数民族服饰草图输入并进行训练。灰度图像只包含一个颜色通道，用来描述全黑到全白及它们中间的颜色信息，因此相对于彩色图像，其颜色范围要小很多。灰度图像生成草图如图 4-28 所示。可以发现，杂乱线条明显减少，不规则的波浪线条也基本消失。实验证明，可以采用对周围区域相近颜色进行合并的方式来减少杂乱线条的产生。

图 4-28　灰度图像生成草图

　　虽然上述实验减少了杂乱线条的产生，但是生成的草图还是有很多的点状痕迹。这是由于该网络中生成器模型的输入是黑色与白色的少数民族服饰草图，因而以丢弃的方式在生成器模型的 Decoder 部分加入噪声，导致生成草图看起来十分杂乱。在数据采集的过程中，少数民族服饰图像会受到外部环境及摄像机成像质量等多方面因素的影响，因而在生成草图时出现的点状物会导致数据质量较差。由于卡通图像同一区域的颜色分布相同，而且受噪声的影响很小，本书从网上爬取了 80 张少数民族服饰卡通图像进行草图生成实验，生成效果如图 4-29 所示。生成的草图边缘轮廓较为清晰，而且没有不规则线条出现，点状痕迹也很少出现。实验证明，可以通过把周围区域相近颜色合并的方式来减少杂乱线条的产生，通过降噪处理提升草图生成的效果。

　　针对生成草图不清晰、出现杂乱线条等情况，首先，本书通过双边滤波降噪方式减小噪声给图像带来的影响，提升图像的质量；其次，为了生成图像的色块效果，进行了量化等级为 4 的颜色量化处理；最后，在 CycleGAN 模型中输入经过降噪和量化处理之后的矩形少数民族服饰真实图像和草图，其中图像特征在生成器模型中进行提取。然后，在特征向量从 X 域转换为 Y 域的过程中，还原出低级特征。基于 CycleGAN 的边缘特征与轮廓提取过程的具体算法处理流程如图 4-30 所示。

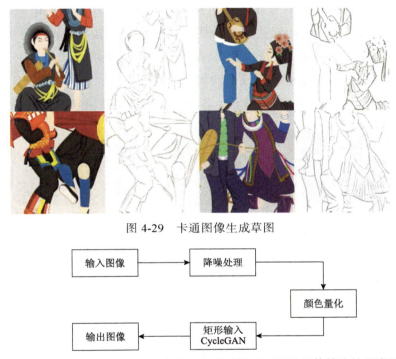

图 4-29　卡通图像生成草图

图 4-30　基于 CycleGAN 的边缘特征与轮廓提取过程的具体算法处理流程

一、图像降噪预处理及颜色量化

（一）降噪处理

降噪处理是计算机视觉领域的一种重要预处理手段。噪声干扰等实验外部环境和摄像机的成像质量，有时会严重影响图像的数字化和传输[1]，严重降低了图像质量。为了获取高质量的图像，既要保证原始图像信息完整，又要将无用的信息除去，因此图像降噪处理显得尤为重要。近年来，如何使降噪算法同时具有以上两个优点，成为研究者关注的重点。

---

① 图妮萨古丽·达伍提. 基于偏微分方程的图像去噪中的若干问题研究[D]. 新疆师范大学，2016：21.

在降噪算法中，比较常见的是高斯滤波、均值滤波、中值滤波及双边滤波。[①]其中，高斯滤波采用正态分布方法，模糊半径越大，图像就越模糊[②]；均值滤波是一种线性滤波器，类似于低通滤波，虽然能将图像模糊化，但是对噪声起不到降噪效果；中值滤波虽然可以达到滤掉椒盐噪声的效果，但是会导致图像的不连续[③]；双边滤波的优点是能够保持边缘及降噪平滑，是一种非线性滤波器，优点是加入基于高斯分布的加权平均方法，其中某个像素的强度被周边像素亮度值的加权平均替代[④]。除此之外，还需要考虑像素的欧氏距离及像素范围域中的辐射差异。各种算法的降噪效果如图 4-31 所示。

(a) 原图像　　　(b) 均值滤波　　　(c) 中值滤波　　　(d) 高斯滤波　　　(e) 双边滤波

图 4-31　各种算法的降噪效果

从图 4-31 可以看出，经过均值滤波降噪处理后的图像，细节丢失严重，边缘处出现了模糊；相反，中值滤波和高斯滤波能够使边缘信息保持完整，但是褶皱比较多，降噪效果也不太好；双边滤波不仅能保留更为清晰的边缘信息，而且能将图像细节部分信息更为完整地保留下来，为后续的草图生成工作奠定了基础。

（二）颜色量化

颜色量化是通过人的视觉效果将原图像中的多种颜色归类为较少的颜色，进而利用较少的颜色重新生成一幅新的图像，最终使新图像与原图像的量化误差最小。[⑤]在颜色量化过程中，RGB 图像的颜色值由 R、G、B 变为 R'、G'、

---

① 宋洋. 图像处理的中值滤波算法优化与实现[D]. 北京邮电大学，2011：32.

② 李健，丁小奇，陈光等. 基于改进高斯滤波算法的叶片图像去噪方法[J]. 南方农业学报，2019（6）：1385-1391.

③ 郭旭锋. 基于铁路驾驶员行为识别的视频事件检测[D]. 石家庄铁道大学，2018：18.

④ 张志强，王万玉. 一种改进的双边滤波算法[J]. 中国图象图形学报，2009（3）：443-447.

⑤ 王婷婷. 彩色图像分割方法的研究与实现[D]. 山东科技大学，2005.

B'，变换公式如下：

$$R' = \frac{R}{255} \quad G' = \frac{G}{255} \quad B' = \frac{B}{255} \tag{4.21}$$

颜色值变换之后，再根据式（4.22）计算出颜色差异表达 dE。

$$dE = (R - R')^2 + (G - G')^2 + (B - B')^2 \tag{4.22}$$

颜色减少会造成色块现象，这也将卡通画的特点很好地呈现出来。在图像处理领域，颜色量化是一项基本技术。它将图像色彩从较多的颜色转换到较少的颜色，在构建目标调色板的时候，选择最优的 K 种颜色，使得重建图像失真度最小。[1]颜色量化在图像压缩、图像存储、图像分割、图像复原等图像应用领域发挥着巨大的作用。

目前，颜色量化的方法比较多，其中八叉树、K-means 聚类算法、粒子群优化及遗传算法等 4 种颜色量化算法最为常见。本书采用的量化算法为 K-means 聚类算法。[2]

K-means 聚类算法的操作流程如下。

1）从输入图像中随机选取 K 个 RGB 分量（K 是 K-means 聚类算法的类别数）。

2）将图像中的像素分配到色彩距离最短的那个类别的索引中去，色彩距离按照式（4.23）进行计算。

$$d = \sqrt{(R - R')^2 + (G - G')^2 + (B - B')^2} \tag{4.23}$$

3）计算各个索引下像素的颜色的平均值，这个平均值成为新的类别。

4）如果原来的类别和新的类别一致，算法结束；如果不一致，则重复第二步和第三步。

5）将原图中各个像素分配到色彩距离最小的类别中去。[3]

在 K-means 颜色量化中，有一个重要的参数是量化等级，不同量化等级（K）下的图像量化效果如图 4-32 所示。从实验结果可以看出，$K=2$ 时，图像

---

① 徐速，胡健，周元. 基于微粒群优化算法的颜色量化[J]. 数字通信，2011（2）：61-63.

② 黄韬，刘胜辉，谭艳娜. 基于 K-means 聚类算法的研究[J]. 计算机技术与发展，2011（7）：54-57，62.

③ 汪军，王传玉，周鸣争. 半监督的改进 K-均值聚类算法[J]. 计算机工程与应用，2009（28）：137-139.

中丢失了很多细节，花纹条理变得很模糊；K=3 时，图像细节已经进一步呈现，但是仍有一些小块如袖口信息没有呈现出来；K=4 时，图像的细节信息已基本呈现出来，而且颜色分布很平均，轮廓边界更加明显；K=5 时，细节信息进一步呈现，但是开始有色块产生，如图像袖子位置出现褶皱。随着量化等级的增加，图像越来越接近真实图像，存在太多的层段，均未达到预期的效果，因此本书采用的量化等级为 K=4。

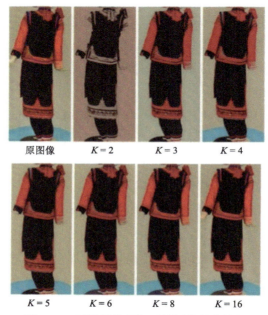

图 4-32　不同量化等级下的图像量化效果

二、CycleGAN 模型

一般的深度学习算法会受到数据集的影响，在实验过程中往往会因为数据集较少或者分辨率低而难以取得好的效果。少数民族服饰草图渲染任务也是一样，获得高质量的少数民族服饰真实图像较为容易，但是与之配对用的草图数据集却很难获得，所以本书构建了基于 CycleGAN 的少数民族服饰草图生成模型。在没有大规模高分辨数据集的情况下，该模型可以实现由彩色图像到草图的转换。本书所提出的模型突破了传统深度学习方法对成对数据集的依赖，对输入图像不再限定为成对数据。因此，我们选取了高分辨率的少数民族服饰图像与高分辨率的其他类型图像一同进行训练。这一做法旨在提升 CycleGAN 模型的训练成效，从而高效地实现少数民族服饰草图的自动生成。在 CycleGAN 模型中，有两个循环图像映射函数，即 $G:X{\rightarrow}Y$ 和 $F:Y{\rightarrow}X$，可以实现将原图像转换为目标图像，然后再转换为原图像，反过来亦是如此。为了实现这个目标，我们在损失函数中加入循环一致性约束条件来对 CycleGAN 进行约束，保证经过生成器 A2B 生成的图像再经过生成器 B2A 的转换，能和原始图像基本一致。[①]CycleGAN 网络结构如图 4-33 所示。

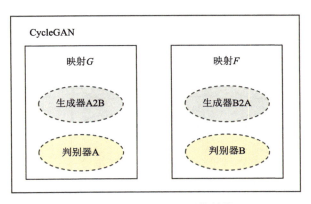

图 4-33　CycleGAN 网络结构

三、CycleGAN 网络模型训练

CycleGAN 的学习过程主要是映射源域 X 和目标域 Y 之间的特征，通过从 X 域获取输入图像 x，使该输入图像被传递到第一个生成器 A2B 中。在这一过程中，来自域 X 的待转换的源图像被转换成目标域 Y 中的图像 $G(x)$。这个新生成的图像 $G(x)$ 又被传递到另一个生成器 B2A 中。生成器 B2A 的作用是将图像 $G(x)$ 转换回原始域 X，并与自动编码器做比较，最终转换到原始域的图像 $F(G(x))$ 必须与原始输入图像相似。CycleGAN 的流程框架如图 4-34 所示。

该模型中有两个生成器和两个判别器，判别器在训练中的作用是区分映射函数的生成图像和真实图像。在 CycleGAN 中，映射函数 G 和 F 具有循环一

---

① 张惊雷，厚雅伟. 基于改进循环生成式对抗网络的图像风格迁移[J]. 电子与信息学报，2020（5）：1216-1222.

致性，也就是 x 图像可以从目标域 Y 转换为原始图像，即 $F(G(x)){\to}x$，也可以使图像 y 从源域 X 转换到原始图像，即 $G(F(y)){\to}y$。在之前的实验中，要想直接使用经过验证和预先设计的 CycleGAN 模型，所有裁剪的图像的像素必须调整到 256×256×3，这是 CycleGAN 的基本设置。但是，在本实验中，为了使少数民族服饰草图生成更加合理，我们将网络输入参数设置为 512×1024×3，这样不但能提高生成草图的清晰度，还使得生成的草图更加符合少数民族服饰真实图像的特征。

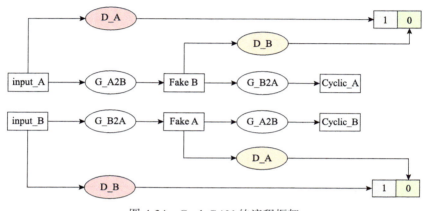

图 4-34　CycleGAN 的流程框架

（一）生成器模型结构

本书采用的生成器模型主要包括编码器、转换器和解码器，按照卷积计算、channel 内做归一化[①]和 ReLU 激活函数[②]的顺序处理输入信息。之前的 GAN 网络在对图像数据进行特征提取和反向解码时，一般采用 Encoder-Decoder 结构的生成器。只使用 Encoder-Decoder 结构的生成器，会导致低维特征丢失，转换的草图只有简单的轮廓信息。因此，在 CycleGAN 中，我们将生成器的结构改变为在 Encoder-Decoder 中加入 ResNet，从而使图像的低维特征得到有效保留。在生成器的卷积运算中，我们主要使用了卷积核大小为 7×

① 单伟伟，李子煜. 基于 L1 范数组归一化的卷积神经网络电路的归一化方法[P]. 江苏省：CN111985613A，2024-06-21.

② 郭子琰，舒心，刘常燕等. 一种基于 ReLU 激活函数的卷积神经网络的花卉识别方法[P]. 江苏省：CN107516128A，2017-12-26.

7、3×3 的卷积层，其步长分别为 1、2，池化层为 1；在反卷积运算中，使用了步长为 2、卷积核大小为 3×3 的卷积层，池化层为 1；在 ResNet 中，使用了步长为 1、卷积核大小为 3×3 的卷积层。生成器网络结构如图 4-35 所示。

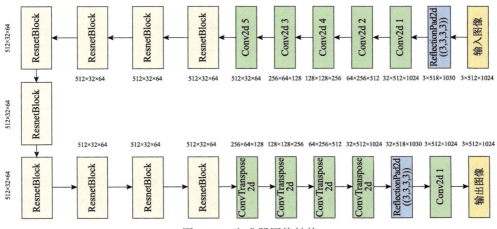

图 4-35　生成器网络结构

从图 4-35 可以看出，编码器是由大小不同的卷积核的卷积层构成的，它的作用是能更好地提取图像不同层次的特征。在卷积神经网络中，一个卷积核可以被理解为一个特征提取器，通过不同卷积核的组合，可以让网络学习到丰富的图像特征。

转换器的作用是保留原始图像的特征，将图像的特征向量从 X 域转换为 Y 域。从图 4-35 可以看出，转换器总共由 9 层残差块组成，不仅可以防止特征网络过深梯度消失的问题，还能自适应调节网络的深度。残差块是由两层卷积层作为中间的网络层，通过将输入信息与经过中间网络的输入信息进行相加的操作得到残差块的输出，这样能尽可能地保证输入特征与输出特征的相似性，具体的残差块如图 4-36 所示。

解码器的作用是将转换器输出的 Y 域下的图像特征生成为 Y 域的图像数据。由图 4-36 可以看出，解码器是由 4 层反卷积层构成的，通过设置与解码器相同的参数，将转换器输出的特征转换为最后的输出数据。

本书在生成器的卷积层后使用 ReLU 函数，它是神经网络中最常用的激活函数。当 inplace 为 True 时，表示不创建新的对象，直接对原始对象进行修改。在草图生成中，ReLU 证明了它的有效性，比较适合作为卷积层的激活函数。

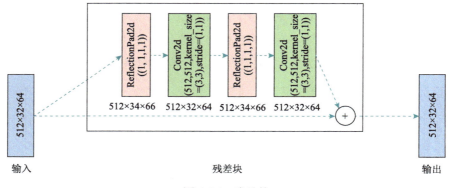

图 4-36 残差块

（二）判别器模型结构

本书的判别器模型采用的是 PatchGAN 结构。PatchGAN 结构的数据处理过程如下：①将数据分成多个大小为 $N×N$ 的图像块，并判断其真假。②将每个数据中的所有图像块结果取平均值，并把该值作为最后结果输出，这种方式可以更高效地对网络模型进行惩罚。判别器是卷积网络的一部分，其工作流程是先提取图像数据特征，然后通过卷积层将图像数据特征向量转换为一维向量，并判断特征的所属类别。例如，将一幅图像作为输入，并尝试预测其为原始图像或是生成器的输出图像，而不是判断整个图像的"真"与"假"，从而突出原图的细节。此外，PatchGAN 具有更少的参数，并且比判别整个图像运行得更快。

PatchGAN 结构由 5 个卷积层构成。前 4 个卷积层完成提取特征，最后一层是一个卷积计算，用于匹配一维输出，实现判断图像真假，其中的单个特征值代表了目标图像或生成图像中某一局部的真假度值。LeakyRelu 是判别器模型中常用的激活函数[1]，其斜率为 0.2，将信度值映射到区间[0, 1]，当输出靠近 0 时，则输入图像为假。在卷积运算中，判别器模型卷积核的大小都为 4×4，步长为 2 或 1，池化层为 1。判别器网络结构如图 4-37 所示。

---

① 高炳钊，范佳琦，李鑫. 一种基于 LeakyRelu 激活函数的卷积神经网络单目标识别方法[P]. 吉林省：CN110569971A，2022-02-08.

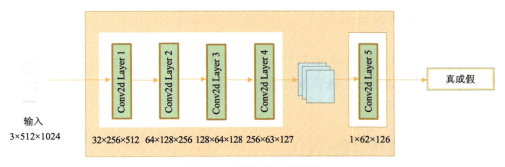

图 4-37　判别器网络结构

（三）目标函数

在 CycleGAN 模型中，生成器和判别器是同时训练的。判别器 $D(X)$ 和 $D(Y)$ 对样本数据为真实数据的概率进行判断，而生成器 G_A2B 和 G_B2A 则被训练用来生成数据，并且这些数据要尽量地以假乱真。生成器是使目标函数最小化，判别器是使其最大化，此时生成对抗网络的目标函数如式（4.24）所示。

$$L_{\mathrm{GAN}}(G, D_Y, X, Y) = E_{y \sim p_{\mathrm{data}}y}[\log D_Y y] \\ + E_{x \sim p_{\mathrm{data}}x}[\log 1 - D_Y Gx] \quad (4.24)$$

用生成器将 X 域中的数据转换为 Y 域中的数据，为了避免 G 映射将 X 域中的所有图像映射到 Y 域中的同一图像造成的损失失效，本研究提出了"循环一致性损失"。循环一致性损失方法可以被理解为假定一个映射函数 F 可以将 Y 域中的图像 y 转换成 X 域中的 $F(y)$，CycleGAN 算法同时获得 G 和 F，也就是说，要建立 x 和 y 之间一对一的映射关系，循环一致性损失函数如式（4.25）所示。

$$L_{\mathrm{CYC}}(G, F) = E_{x \sim p_{\mathrm{data}}x}[\| F(G(x)) - x \|_l] \\ + E_{y \sim p_{\mathrm{data}}y}[\| G(F(y)) - y \|_l] \quad (4.25)$$

根据式（4.25）可以得到 CycleGAN 模型最终的损失函数，如式（4.26）所示。

$$L(G, F, D_X, D_Y) = L_{\mathrm{GAN}}(G, D_Y, X, Y) \\ + L_{\mathrm{GAN}}(F, D_X, Y, X) \\ + \lambda L_{\mathrm{CYC}}(G, F) \quad (4.26)$$

四、实验结果与分析

为了验证本研究方法的有效性，我们对 HED、RCF、BDCN、CycleGAN 等几种比较有代表性的边缘提取方法进行了对比。图 4-38 展示了使用不同方法生成的草图效果。

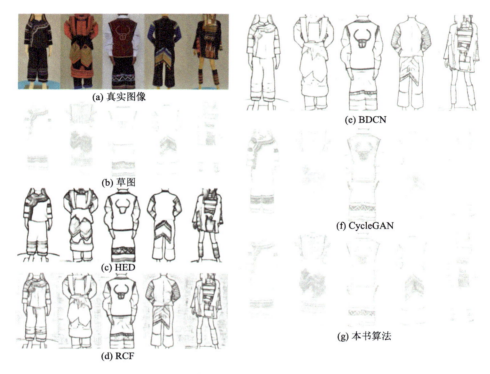

(a) 真实图像

(b) 草图

(c) HED

(d) RCF

(e) BDCN

(f) CycleGAN

(g) 本书算法

图 4-38　使用不同方法生成的草图效果

对比使用 HED 提取的边缘轮廓效果，可以发现整体的轮廓边界较为清晰，服饰的褶皱部分变得很平均，没有出现杂乱的背景，但是细节部分的边界较为模糊，有的服饰花纹部分的边界信息直接丢失。使用 RCF 提取的效果背景很杂乱，褶皱明显，有不规则的线条生成，还出现了细节丢失现象。采用 BDCN 提取的边缘轮廓效果整体上比 RCF 好一些，虽然也有杂乱的背景，但是很明显要淡很多，而且使用 RCF 提取的边缘轮廓清晰，花纹图案信息也有所保留，但是对比真实图像发现，还是不可避免地丢失了大部分细节信息。采用 CycleGAN 生成了具有与原始图像轮廓特征相似的草图，但是不可避免地出现了轮廓线条模糊的现象，而且细节信息保留得较少，背景较为杂乱。CycleGAN 生成草图的过程中，虽然花纹细节部分出现了模糊，但是基本保留了细节信息，边缘轮廓也较为清晰，与真实图像较为接近。

为了更进一步地展现本书提出方法的边缘轮廓提取效果，我们通过对少数民族服饰图像进行裁剪操作，突出服饰的花纹和图案细节部分。然后，使用不同的边缘轮廓提取方法进行训练，最后得到少数民族服饰细节部分的草图生成对比效果，如图 4-39 所示。

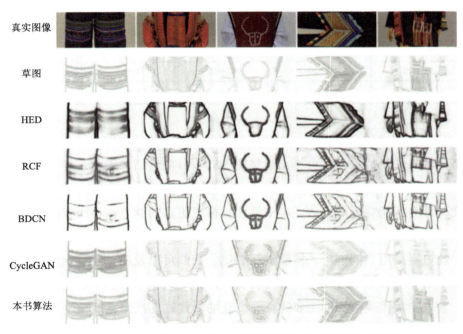

图 4-39　使用不同方法生成的少数民族服饰细节部分草图效果

通过对不同边缘轮廓提取方法的对比，我们可以发现，采用 HED 生成的草图边缘模糊，细节信息基本全部丢失；采用 RCF 生成的草图线条较为清晰，但是背景杂乱，服饰细节部分出现了丢失现象；采用 BDCN 生成的草图线条比采用 RCF 生成的草图线条清晰了很多，部分细节信息也能较好地保留下来，服饰简单的图像草图生成效果相对较好，但是复杂的服饰还是不可避免地丢失了大部分细节；采用 CycleGAN 生成的草图较为模糊，边缘轮廓不够清晰，细节丢失较多；采用本书方法生成的草图，尽管图案部分边界有些模糊，但还是尽可能地保留了足够多的细节信息，在细节方面与真实的草图非常接近，草图生成效果很好。

我们对 HED、RCF、BDCN、CycleGAN 及本书算法进行了 SSIM 和 DC/EC 指标的对比分析。在客观评价指标的衡量下，表 4-6 展示了采用不同边缘及轮廓提取方法生成的草图结果。

表 4-6　采用不同边缘及轮廓提取方法生成的草图结果

项目	DC	EC	DC/EC	SSIM
HED	0.536	0.698	0.768	0.653
RCF	0.677	0.790	0.857	0.596
BDCN	0.691	0.750	0.921	0.650
CycleGAN	0.729	0.692	1.053	0.761
本书算法	0.793	0.596	1.331	0.854

我们在测试结果中选取 5 组不同的图像，分别计算它们的 SSIM 值，然后对整体的 SSIM 值求平均，得出最终的 SSIM 分数。结果表明，本书采用的方法的 SSIM 值最大，DC/EC 的值也比其他边缘轮廓提取方法大。实验证明，相比其他边缘轮廓提取方法，本书算法保留了更多的细节，在所有测量中表现出最佳性能。

通过对采用不同方法的实验进行对比，我们可以发现，要想让生成草图的效果更好，要注意以下几点：首先，要分析少数民族服饰图像包含的主要信息，获取少数民族服饰的主要特征及变化的形式；其次，在图像生成过程中，要考虑噪声的影响，选择合适的方法降噪，尽量地保留边缘，在正确检测出边缘的基础上获得较高的定位精度，从而使生成的草图边缘轮廓更加明显，保留更多的细节信息。

本书提出了基于 CycleGAN 的少数民族服饰边缘轮廓提取模型，实现了少数民族服饰真实图像到草图的转换。这一模型以高清矩形少数民族服饰图像为输入，能够较好地解决草图生成时出现杂乱线条的问题，同时边缘轮廓较为清晰，细节基本得到了保留，可以有效地实现少数民族服饰草图的生成。与其他边缘轮廓提取方法相比，本书提出的方法产生的效果更接近真实草图。

第五章

少数民族服饰图像语义分割

本章介绍少数民族服饰细粒度级灰度图像采用的语义分割方法及相关实验。首先，通过人工标注细粒度语义的方法，构建少数民族服饰细粒度语义图像数据集，这个步骤在之前的章节已经介绍过。其次，对相关概念与技术进行介绍。同时，介绍基于轻量化语义分割网络及基于边缘感知的上下文嵌入少数民族服饰图像语义分割方法。

第一节　图像语义分割相关概念和技术

在少数民族服饰图像语义分割的背景下，本节介绍图像语义分割的基本概念，以及与少数民族服饰图像语义分割相关的关键技术。

一、图像语义分割

语义分割是计算机视觉领域的三大基本任务之一，其本质在于对目标图像中的每一个像素进行类别归属的判断。普通分割仅涉及将图像中不同物体的像素区域分隔开，例如，区分前景与后景。语义分割则在此基础上更进一步，不仅区分区域，还对这些区域进行语义分类，识别出每个区域具体代表何种物体，从而能够识别出图像中的所有物体及其对应的类别。整体来看，语义分割是一项高层次的计算视觉处理任务，可以利用语义分割的输出获得先验条件[①]，

① 姜枫，顾庆，郝慧珍等. 基于内容的图像分割方法综述[J]. 软件学报，2017(1)：160-183.

包括人机交互、自动驾驶、人体外观转移等，这些任务都可以基于语义分割后的结果做更复杂的处理。从发展历史上讲，语义分割研究主要有两大类型：不使用深度学习的一般传统方法研究及目前流行的基于深度学习的方法研究。[①]

传统语义分割方法一般只针对单一的类别进行设计，如果语义分割的类别数量很多，就会增加计算复杂度及模型训练的难度。传统语义分割方法是根据颜色、纹理等底层特征对图像进行分割，然后对分割后的图像标注语义。最简单的语义分割方法是基于图像像素灰度值进行分割。除此之外，还有很多利用经典特征及聚类的方法，将条件随机场（conditional random field，CRF）作为直接分割的单元。这种方法在分割过程中存在缺陷，其特征提取限制较大，不同的特征提取思路和方法会对结果产生较大影响。因此，其精度一直没有明显的提升。深度学习技术可以自动提取图像的高级特征，因此引入该技术成为图像语义分割发展的必然趋势。本书关于语义分割方法的研究，是基于深度神经网络模型进行的，因此对非深度学习的传统方法只做简要阐述，不深入展开。

随着神经网络的迅速崛起[②]，基于深度学习的语义分割模型方法已被证实极具效力，展现出更优的性能[③]，逐渐成了该领域的主流方法。语义分割最常见且流行的架构是全卷积网络（full convolutional network，FCN）。FCN主要包含两部分：编码器与解码器。编码器采用典型的卷积网络结构，通过多层堆叠，利用卷积核进行特征提取。[④]解码器通过插值方法对特征进行上采样，将高维低尺寸图像特征逐步扩展到低维原始的图像尺寸。[⑤]在最后的输出层中，不使用全连接层，而是使用全卷积层代替。更重要的是，在不改变模型参数的同时，可以处理不确定的图像的尺寸，不用对原图像使用非等比缩放，保证了输入图像的原始比例。U-Net[⑥]的模型架构是对一般全卷积网络的一种

① 张铁. 基于深度学习的人体语义分割理论及应用[D]. 电子科技大学，2020：41.

② 周飞燕，金林鹏，董军. 卷积神经网络研究综述[J]. 计算机学报，2017（6）：1229-1251.

③ 李彦冬，郝宗波，雷航. 卷积神经网络研究综述[J]. 计算机应用，2016（9）：2508-2515，2565.

④ 卢宏涛，张秦川. 深度卷积神经网络在计算机视觉中的应用研究综述[J]. 数据采集与处理，2016（1）：1-17.

⑤ 苏健民，杨岚心，景维鹏. 基于 U-Net 的高分辨率遥感图像语义分割方法[J]. 计算机工程与应用，2019（7）：207-213.

⑥ Ronneberger O, Fischer P, Brox T. U-Net: Convolutional networks for biomedical image segmentation[C]. International Conference on Medical Image Computing and Computer-assisted Intervention, 2015: 234-241.

升级与改进，在保持编码器与解码器基础架构的同时，引入了跳跃连接方法，在相同尺度的特征图之间增加了跳跃连接的特征。具体而言，就是将编码器中产生的特种图拼接到各解码器的输入，参与整个解码的过程。U-Net 网络结构的优点明显，能够使梯度值更好地进行传递，为最终的结果提供额外的尺度信息。之后，有研究者提出了空洞卷积这一概念。[①]它是在保持网络模型参数数量的情况下，增大卷积核的感受野。与传统卷积操作不同的是，在获得更大的感受野后，并非所有值都被赋予对应的权重。通过调整不同的采样间隔参数，空洞卷积核能够在保持参数量相同的前提下，获得更大的感受野。当不同类型的采样间隔相结合时，能够在特征提取过程中取得优异的效果。PSPNet[②]提出通过金字塔模块聚合各尺度之下的特征信息，提高了挖掘网络模型对全局上下文信息的提取能力。图卷积网络（graph convolutional network，GCN）[③]更进一步凸显了单一维度下卷积核在语义分割任务中的作用，在卷积核尺度较大的情况下，能够获取的感受野范围更大。

在一般的分割场景下，往往包含多个目标对象，通用的语义分割框架一般也能够在特定的人体语义分割数据集上展开训练。DeepLab[④]为一般场景下通用的语义分割框架，该框架结合了前文提及的空洞卷积，并在分割结果生成前引入条件随机场处理方法，从而取得良好的效果。之后，融合不同尺度的空洞卷积结果，进一步提升了网络的性能。对于人体分割任务，除了直接利用通用方法，研究者也专门针对此任务进行了神经网络模型的设计。在此之后，Han等将人体的姿态估计与人体的语义分割相结合，进行了多任务的同时预测。[⑤]在估计出图像中的骨骼结构点的同时，将其预测结果作为人体语义分割输入的

① Yu F, Koltun V. Multi-scale context aggregation by dilated convolutions[EB/OL]. https://arxiv.org/abs/1511.07122, 2015.

② Zhao H S, Shi J P, Qi X J, et al. Pyramid scene parsing network[C]. 2017 IEEE Conference on Computer Vision and Pattern Recognition, 2017: 2881-2890.

③ Kipf T N, Welling M. Semi-supervised classification with graph convolutional networks[EB/OL]. https://arxiv.org/abs/1609.02907, 2016.

④ Chen L C, Papandreou G, Kokkinos I, et al. DeepLab: Semantic image segmentation with deep convolutional nets, atrous convolution, and fully connected CRFs[J]. IEEE Transactions on Pattern Analysis and Machine Intelligence, 2017, 40（4）: 834-848.

⑤ Han Z Y, Wei B Z, Mercado A, et al. Spine-GAN: Semantic segmentation of multiple spinal structures[J]. Medical Image Analysis, 2018, 50: 23-35.

一部分，为人体语义分割任务输出提供了额外的特征信息，这种方法也取得了较好的效果。Zhang 等同样利用人体的姿态评估结果来增加语义分割的特征信息。[1] 与一些研究者提出的方法相区别，该方法并不依赖姿态估计的标准真实值作为反馈。相反，它通过语义分割的准确性来间接评估姿态估计的准确性，这种方法实质上是从原始数据集中挖掘出了新的额外信息。[2] 值得注意的是，由于人类的肢体躯干不同，其所占图像比例也各不相同，因此会造成数据不均衡的问题。为了解决数据严重不均衡的问题，Yu 等提出了对神经网络做分级化的处理解决方案[3]，也就是每次只针对一个区域进行预测，再将这个区域与真实图像对比，然后进行进一步训练。在完成区域预测之后，对区域内部再一次进行分割，通过逐层操作的方式，最终完成语义分割任务。采用此种方式，前期将小比例类别进行结合，形成大比例类别，使得数据分布得到平衡，这种方法同样表现出了不错的效果。在视频人体语义分割任务中，Yang 等设计了 GAN，帮助完成语义分割任务[4]，Zhao 等利用图迁移学习完成了分割任务[5]。对于人体解析细粒度的语义分割任务，Ruan 等提出了用于单个人体的解析模型[6]，其共包含 3 个组成部分，即特征分辨率、全局上下文信息和边缘细节，解析性能高效，可以拓展到多个目标对象的解析任务中。

图像分割一直是图像处理领域的一大热门研究方向，在传统图像分割算法的发展过程中，涌现出了许多经典的算法，主要可以分为阈值分割法、边缘检测法和区域提取法等。[7] 阈值分割法比较简单、分割性能较为稳定且计算

---

① Zhang Q R, Yang M Q, Kpalma K, et al. Segmentation of hand posture against complex backgrounds based on saliency and skin colour detection[J]. IAENG International Journal of Computer Science, 2018（3）：435-444.

② Zhang H, Dana K, Shi J P, et al. Context encoding for semantic segmentation[C]. 2018 IEEE Conference on Computer Vision and Pattern Recognition, 2018: 7151-7160.

③ Yu C Q, Wang J B, Peng C, et al. Bisenet: Bilateral segmentation network for real-time semantic segmentation[C]. Proceedings of the European Conference on Computer Visio, 2018: 334-349.

④ Yang M K, Yu K, Zhang C, et al. Denseaspp for semantic segmentation in street scenes[C]. 2018 IEEE/CVF Conference on Computer Vision and Pattern Recognition, 2018: 3684-3692.

⑤ Zhao H S, Qi X J, Shen X Y, et al. Icnet for real-time semantic segmentation on high-resolution images[C]. Proceedings of the European Conference on Computer Vision, 2018: 418-434.

⑥ Ruan T, Liu T, Huang Z, et al. Devil in the details: Towards accurate single and multiple human parsing[C]. Proceedings of the AAAI Conference on Artificial Intelligence，2019（1）：4814-4821.

⑦ 王嫣然、陈清亮、吴俊君. 面向复杂环境的图像语义分割方法综述[J]. 计算机科学，2019(9)：36-46.

量小，因此成了应用比较广泛的分割技术。^①在阈值分割法中，又以 Otsu 法^②、最大熵法^③和聚类法^④最具代表性。虽然这几种分割方法使用方便且性能十分稳定，但也存在对噪声比较敏感、不容易掌握最佳阈值及信息损失过大等缺点。边缘检测法是基于扫描分割图中区域边界的不连续性，然后将这些像素连接在一起构成区域边界来进行图像分割^⑤，这种方法与人类的视觉相似。区域提取法也可称为区域生长法，分割原理是将包含属性类似的点扩展为区域，最后集合起来构成分割区域。^⑥

目前，越来越多的人开始将卷积神经网络应用在图像分割上，并取得了满意的效果。通过输入大量带有标签信息的训练图像，可以让卷积神经网络理解图像中的语义信息，实现向语义分割方向的进化。同时，通过卷积神经网络可以轻松地学到图像空间特征信息，并且有效地处理图像中噪声和数据不均匀的问题。其中，比较有代表性的是 Long 等提出的全卷积网络。^⑦在全卷积网络的基础上，Lin 等提出了 RefineNet^⑧，He 等提出了 Mask R-CNN^⑨，Chen 等提出了 DeepLab^⑩。其中，RefineNet 是一种多路径残差网络，可以融合高层的语义特征与低层的细节特征，提高了分割精度。然而，RefineNet 未能针对图

① 侯红英，高甜，李桃. 图像分割方法综述[J]. 电脑知识与技术，2019(5)：176-177.

② Yamini B, Sabitha R. Image steganalysis: Adaptive color image segmentation using Otsu's method[J]. Journal of Computational & Theoretical Nanoscience, 2017(9)：4502-4507.

③ Yang H, Lijun G, Rong Z. Integration of global and local correntropy image segmentation algorithm[J]. Journal of Image and Graphics, 2015(12)：1619-1628.

④ Choy S K, Lam S Y, Yu K W, et al. Fuzzy model-based clustering and its application in image segmentation[J]. Pattern Recognition, 2017(68)：141-157.

⑤ Coates A, Ng A Y. Learning feature representations with K-means[C]. In G. Montavon, G. B. Orr, K. R. Müller(Eds.), Neural Networks: Tricks of The Trade(pp. 561-580). Berlin: Springer, 2012.

⑥ 薛河儒，麻硕士，裴喜春. 一种基于数学形态学及融合技术的彩色图像分割方法[J]. 中国图象图形学报，2006(12)：1764-1767，1886.

⑦ Long J, Shelhamer E, Darrell T. Fully convolutional networks for semantic segmentation[C]. 2015 IEEE Conference on Computer Vision and Pattern Recognition, 2015: 3431-3440.

⑧ Lin G, Milan A, Shen C, et al. RefineNet: Multi-path refinement networks for high-resolution semantic segmentation[C]. 2017 IEEE Conference on Computer Vision and Pattern Recognition, 2017: 1925-1934.

⑨ He K M, Gkioxari G, Dollár P, et al. Mask R-CNN[C]. 2017 IEEE International Conference on Computer Vision, 2017: 2980-2988.

⑩ Chen L C, Papandreou G, Kokkinos I, et al. Semantic image segmentation with deep convolutional nets and fully connected CRFs[EB/OL]. https://arxiv.org/abs/1412.7062, 2014.

像中不同尺寸对象的适应性问题及全局信息的处理进行优化。

在服饰图像分割中，重点关注的是对服饰细粒度部件的精细分割。Yamaguchi 等通过将超像素分割与姿态估计相结合的思路[1]，不断优化分割结果，实现了对时尚服饰的语义分割。Liang 等通过对服饰图像中相同区域进行标记的方法，实现了联合分割。[2]Ji 等通过将像素与区域的多级特征相结合进行训练，最终获得条件随机场模型，解决了服饰图像过度分割及对复杂纹理服饰图像分割准确性差的问题。[3]Ji 等使用可变形卷积神经网络[4]，以提取服饰非刚性几何特征来实现语义分割。王禹君等设计了基于空间领域的模糊 C 均值算法[5]，用于处理少数民族服饰图像分割任务。该算法提取少数民族服饰图像中特征元素区域的效果优于传统方法，但是并未达到语义分割的效果。

二、图像预处理方法

（一）图像分割算法

在分割少数民族服饰图像的过程中，核心任务是将服饰上的花纹图案精准地分离出来。鉴于后续需要提取图像特征，以完成花纹图案的检测和图像识别等任务，因此对服饰图像分割后的质量要求尤为严格。在图像分割领域，有很多学者对图像分割进行了相应的研究，并提出了多种图像分割方法。然而，这些方法都是根据特定的分割目标来确定的，适用于所有图像的分割方法目前并未出现。[6]因此，在对少数民族服饰图像进行分割之前，需要先对少数民族服饰图像进行灰度处理等操作。

---

① Yamaguchi K, Kiapour M H, Ortiz L E, et al. Parsing clothing in fashion photographs[C]. 2012 IEEE Conference on Computer Vision and Pattern Recognition, 2012: 3570-3577.

② Liang X D, Lin L, Yang W, et al. Clothes co-parsing via joint image segmentation and labeling with application to clothing retrieval[J]. IEEE Transactions on Multimedia, 2016 (6): 1175-1186.

③ Ji J, Yang R Y. An improved clothing parsing method emphasizing the clothing with complex texture[C]. Proceedings of the Pacific Rim Conference on Multimedia, 2017: 487-496.

④ Ji W, Li X, Zhuang Y T, et al. Semantic locality-aware deformable network for clothing segmentation[C]. Proceedings of the 27th International Joint Conference on Artificial Intelligence, 2018: 764-770.

⑤ 王禹君，周菊香，徐天伟. 改进模糊 C 均值算法在民族服饰图像分割中的应用[J]. 计算机工程，2017(5)：261-267，274.

⑥ 何俊，葛红，王玉峰. 图像分割算法研究综述[J]. 计算机工程与科学，2009(12)：58-61.

图像边缘检测法主要是根据图像中不同的区域像素的灰度并不连续的特点，将图像中不同区域的边缘检测出来，进而实现图像的分割。[①]可以将图像中某一局部特征不连贯的地方称为图像的边缘，而这个边缘则可以被看作某一个图像区域的开始或者结束。边缘位置对应了一阶导数的极值点和二阶导数的过零点（零交叉点），因此可以使用微分算子进行计算。基于边缘检测的图像语义分割算法试图通过检测包含不同区域的边缘来解决分割问题。通常情况下，不同区域边界上的像素灰度值变化较为显著。当我们将图像从空间域通过傅里叶变换转换到频率域时，边缘信息会对应于高频成分，这构成了一种直观且简单的边缘检测思路。在边缘检测的各种方法中，并行微分算子法最为基础，它基于相邻区域像素值的不连续性，通过计算一阶或二阶导数来定位边缘点。目前，常用的一阶微分算子有 Roberts、Prewitt 和 Sobel 等，二阶微分算子有 Laplacian 等。

基于区域分割的方法主要有两种：一种是区域生长法；另一种是区域分裂合并算法。这两种方法都属于串行区域处理技术，即它们的后续处理步骤都依赖于前面的处理结果。区域生长法的基本原理是将特征相似的像素点进行集合形成区域，是一种基于区域的传统图像分割算法，可以根据预先定义的生长规则将像素或者小区域组合为更大区域。具体来说，区域生长要经历一个过程，它从一组初始的种子点开始，根据预先设定的生长规则，不断将性质相似的邻域像素添加到每个种子点上。当满足区域生长的终止条件时，这一过程结束，形成最终的生长区域。换句话说，区域生长分割算法首先需要确定种子点，根据种子点的特征相似情况，判断是否能够对周围的像素点进行生长合并，并将合并的点作为新的种子点进行反复迭代，直到没有新的像素点可以合并则停止生长，生长的区域就是分割后的图像区域。[②]区域生长的关键点就是初始种子点的选取和特征相似性的判断准则，手工确定初始种子点容易导致图像分割过度或者分割不完全等问题，且受图像中的噪声等因素的影响较大。区域分裂合并算法则与之相反，是将区域特征不一样的区域进行分裂形成子区域。区域分

① Deb S. Overview of image segmentation techniques and searching for future directions of research in content-based image retrieval[C]. 2008 IEEE International Conference on Ubi-Media Computing, 2008: 184-189.

② Zhao Y Q, Wang X H, Wang X F, et al. Retinal vessels segmentation based on level set and region growing[J]. Pattern Recognition, 2014（7）: 2437-2446.

裂合并算法将分裂后同一特征准则的相关区域进行合并，实现了图像的分割。[①]具体来说，区域分裂合并算法的基本思想如下：先确定一个分裂合并的准则，然后进行区域特征一致性的测度。当图像中某个区域的特征不一致时，就将该区域分裂成几个相等的子区域；当相邻的子区域满足一致性特征时，则将它们合成一个大区域，直至所有区域不再满足分裂合并的条件为止。从一定程度上而言，区域生长算法和区域分裂合并算法有异曲同工之妙，区域分裂到极致就是分割成单一像素点，然后按照一定的测量准则进行合并，在一定程度上可以认为是单一像素点的区域生长方法。在图像分割方面，区域分裂合并算法比一般的图像分割合并算法的效果更好，但是存在着计算量较大和会破坏图像边界等缺点。[②]

（二）图像缩放算法

在计算机图像处理和计算机图形学中，图像缩放（image scaling）是指对数字图像的大小进行调整。图像缩放是一个非平凡的过程，需要在处理效率及结果的平滑度和清晰度上做一个权衡。当一个图像的大小增加之后，组成图像的像素的可见度将会变得更高，从而使得图像表现得"软"。相反，缩小一个图像将会增加它的平滑度和清晰度。缩小图像（或称为下采样、降采样）的主要目的有两个：一是使得图像符合显示区域的大小；二是生成对应图像的缩略图。放大图像（或称为上采样、图像插值）的主要目的是放大原图像，从而使其可以显示在更高分辨率的显示设备上。

目前，主流的图像缩放算法主要有两种，分别是最近邻域插值法[③]和双线性插值法[④]。下面将对这两种图像缩放算法进行详细的介绍。要了解最近邻域插值法，就需要知道图像的像素点的基础知识。假设要将目标图像的像素点大小缩放到 256×256，且目标图像上的像素点都来源于原图像，而原图像的大小

---

① 孙炀，罗瑜，周昌乐等. 一种基于分裂−合并方法的中医舌像区域分割算法及其实现[J]. 中国图象图形学报，2003（12）：1395-1399.

② 李承珊. 基于深度卷积神经网络的图像语义分割研究[D]. 中国科学院大学，2019：12.

③ 梁小利，孙洪淋. 基于线性插值算法的图像缩放及实现[J]. 长沙通信职业技术学院学报，2008（2）：49-51.

④ 杨丽娟，李利. 基于双线性插值的内容感知图像缩放算法仿真[J]. 计算机仿真，2019（12）：244-248.

是 512×512。此时用最近邻域插值法进行缩放，则目标图像上的像素点的计算方法为

$$X_{o} = X \times \frac{W_{s}}{W_{o}}$$
$$Y_{o} = Y \times \frac{H_{s}}{H_{o}}$$

（5.1）

其中，把目标图像每个像素点的位置记为(X,Y)，其中(W,H)分别表示缩放前和缩放后图像像素点的宽与高。通过原图像的宽和高除以目标图像的宽和高得到缩放的比例，然后乘以每个像素的位置(X,Y)处的值，就得到了目标图像在原图像的像素点的具体取值。当然，最后计算出的 X、Y 可能会是一个小数，这时选择取整的方法得出目标图像的像素点，这种最近取整寻找像素点的方法则被称作最近邻域插值法。

与最近邻域插值法有所不同，双线性插值法通过与对应坐标距离最近的 4 个像素点来计算该点的值（灰度值或者 RGB 值）。如果像素的对应坐标是$(3.5,4.5)$，那么最近的 4 个像素点是$(3,4)$、$(3,5)$、$(4,4)$、$(4,5)$。然后，通过最近的 4 个点分别计算对应的坐标到 4 个点的距离权重，用计算的距离权重分别乘以 4 个像素点的具体值，得出目标图像的像素值。权重计算方法如式（5.2）所示。

$$X_{1} = \left(\frac{X_{1}}{X_{r}} \right) \times (X_{r}, Y_{r})$$
$$X_{2} = \left(\frac{X_{r} - X_{1}}{X_{r}} \right) \times (X_{1}, Y_{1})$$
$$X = X_{1} + X_{2}$$

（5.2）

其中，(X_{1}, X_{2})为所求的坐标值，(X_{r}, Y_{r})为该点右边最近点的像素值，(X_{1}, Y_{1})为该点左边对应的像素值。

（三）图像灰度处理

在经过图像的缩放和分割之后得到的图像依然无法直接在实验中使用。在少数民族服饰彩色图像处理中，大多是先对图像进行灰度处理。相较于彩色图像，灰度图像占的内存更小、运行速度更快，可以在视觉上增加对比、突出目标区域等。图像的灰度处理，就是对彩色图像中的像素进行颜色空间的变换。

所谓灰度，就是图像没有色彩，也可以理解为彩色图像中的颜色在一个三维坐标（也就是 RGB 模型）下是确定的，而灰度图的坐标是在一维坐标下确定的。不同颜色空间适用的情况也是不一样的，通常会在图像处理等领域使用 RGB 或者 HSV 颜色空间模型。本书中将用到 RGB 颜色空间模型。

图像的灰度处理算法主要是对图像中各个像素颜色空间的处理。[①]图像灰度化处理有 3 种常用方法：最大值法、平均值法和加权平均法。本书中用到了 RGB 颜色空间模型，而一般的图像灰度处理算法即遍历图像中的每个像素，然后对每个像素的 RGB 值进行相加取均值，如式（5.3）所示。

$$\text{Gray} = \sum_{i=0}^{n} \frac{n(R_i + G_i + B_i)}{3} \qquad (5.3)$$

其中，n 代表像素点的个数，R_i、G_i、B_i 分别表示在 i 点像素下 RGB 颜色空间的具体取值。除了一般的灰度处理技术，还可以通过对 RGB 颜色空间模型进行计算得到灰度图像，如式（5.4）所示。

$$\text{Gray} = \sum_{i=0}^{n} \frac{R_i \times 0.299 + G_i \times 0.587 + B_i \times 0.114}{n} \qquad (5.4)$$

在式（5.4）中，分别将每个像素点 i 的 R、G、B 值乘以对应的系数，对每个像素点的 RGB 颜色进行统一计算，最后将彩色图像转换成灰度图像。

三、图像翻译

相较于机器学习等较为传统的方法，深度学习方法不仅可以方便地提取图像特征，还可以根据提取的特征信息构建灰度图像到彩色图像的非线性的颜色映射关系，以达到灰度图像的彩色化目标。将细粒度语义信息作为额外条件输入网络中，可以更好地完成着色任务。在明确了基于条件 GAN 的方法后，为了更好地完成着色任务，还需要结合颜色理论基础，辅助分析和明确具体采用的方法。

具体来说，图像翻译是指将一幅原始图像转换为另一种风格或类型的图像

---

① 周海珍，熊登峰. 关于直方图均衡化算法在图像灰度处理中的应用研究[J]. 科技创新与应用，2015（32）：51-52.

的过程，这一过程可以与机器语言翻译相类比。就像机器可以将 A 语言文本转化为 B 语言文本，其中 A 语言和 B 语言截然不同，图像翻译也是将一种图像转换为另一种完全不同的图像。典型的图像翻译任务，比如，语义分割图转换为真实街景图、灰色图转换为彩色图、白天转换为黑夜等。图像翻译领域 3 个比较经典的模型包括 Pix2Pix、Pix2PixHD、Vid2Vid。[①]Pix2Pix 提出一个统一的架构来解决各类图像翻译问题，Pix2PixHD 在 Pix2Pix 的基础上，较好地解决了高分辨率图像转换（翻译）的问题，Vid2Vid 则在 Pix2PixHD 的基础上，较好地解决了高分辨率的视频转换问题。3 个模型相互迭代，不断改进。相比以往算法需要的大量专业知识及手工复杂的损失，此方法则是使用 CGAN 处理了一系列转换问题，通过加入 GAN 的损失去惩罚模型，解决生成图像模糊的问题。Pix2PixHD 是在 Pix2Pix 的基础上，利用多尺度的生成器与多尺度的判别器等解决方案来生成具有高分辨率的结果。Pix2PixHD 还实现了交互式的语义编辑功能，这一点与 Pix2Pix 有所不同，后者主要通过丢弃策略来保证输出的多样性。同时，生成器和判别器均使用多尺度结构来实现高分辨率重建。

四、DeepLab 网络模型

语义分割是一种技术，它通过对待分割图像进行像素级的细致归类，实现每个像素点的语义分类。具体而言，就是将图像上的每一个像素点从语义层面逐一划分，并为相同类别的像素点赋予相同的标签。在最终的分割结果中，这些同类别像素点会被标记为同一种颜色，而不同类别的像素点则通过不同的颜色来区分。在语义分割的发展过程中，Long 等提出的 FCN 通过去掉卷积神经网络末端使用的全连接层，使得网络最后生成的不是固定的特征向量，而是可以改变尺寸的特征图像，最后进行逐像素的分类，以达到语义分割的目的。[②]在 FCN 提出之后，类似的思路一直出现在语义分割的相关研究中。

DeepLab 在全卷积网络之后出现，是一个专门用来处理语义分割任务的网

---

① 罗建豪，吴建鑫. 基于深度卷积特征的细粒度图像分类研究综述[J]. 自动化学报，2017(8)：1306-1318.

② Long J, Shelhamer E, Darrell T. Fully convolutional networks for semantic segmentation[C]. 2015 IEEE Conference on Computer Vision and Pattern Recognition(CVPR), 2015: 3431-3440.

络模型，目前推出了 4 个版本，包括 DeepLabV1[①]、DeepLabV2[②]、DeepLabV3[③] 与 DeepLabV3+[④]，它们是目前语义分割领域非常优秀的语义分割模型。对于语义分割任务来说，DeepLabV3+算法已经能够满足要求，然而在模型容量及处理速度方面的优势不大。[⑤]DeepLabV3+的网络结构如图 5-1 所示，是一个典型的编码-解码器结构，其中编码器是基于 DeepLabV3 修改而来的。同时，DeepLabV3+模型一个很大的特点是使用了空洞卷积，大幅提升了感受野，空洞卷积的结构如图 5-2 所示。空洞卷积会根据预先定义的空洞率来跨像素进行卷积运算，目的是获取更多特征。空洞卷积可以在保持卷积核参数不变的同时扩大感受野，使卷积层输出的特征包含更大范围的信息。

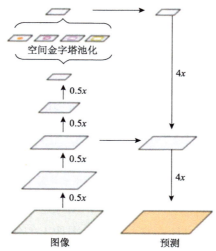

图 5-1　DeepLabV3+的网络结构

注：x 指的是倍数

① Chen L C, Papandreou G, Kokkinos I, et al. Semantic image segmentation with deep convolutional nets and fully connected CRFs[EB/OL]. https://arxiv.org/abs/1412.7062, 2014.

② Chen L C, Papandreou G, Kokkinos I, et al. DeepLab: Semantic image segmentation with deep convolutional nets, atrous convolution, and fully connected CRFs[J]. IEEE Transactions on Pattern Analysis and Machine Intelligence, 2017（4）：834-848.

③ Chen L C, Papandreou G, Schroff F, et al. Rethinking atrous convolution for semantic image segmentation [EB/OL]. https://arxiv.org/abs/1706.05587, 2017.

④ Chen L C, Zhu Y K, Papandreou G, et al. Encoder-Decoder with atrous separable convolution for semantic image segmentation[C]. Proceedings of the European Conference on Computer Vision（ECCV）, 2018: 833-851.

⑤ 席一帆，孙乐乐，何立明等. 基于改进 Deeplab V3+网络的语义分割[J]. 计算机系统应用，2020（9）：178-183.

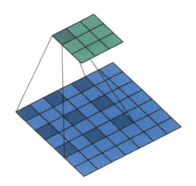

图 5-2　空洞卷积的结构

在 DeepLabV3+中，当输入图像经过骨干网络之后，将结果分为两部分，一部分直接传入编码器，另一部分经过并行空洞卷积，用不同空洞率的空洞卷积对特征图进行特征提取，然后将输出特征合并，最后利用大小为 1×1 的卷积压缩特征，并将其输入解码器。因此，在解码器结构里，它的输入有两部分，一部分是主干网络的输出，另一部分是主干网络输出到并行空洞卷积后组合的特征结果。这两个结果经过组合后连接在一起，最后使用双线性插值法进行上采样，进而还原预测图。

五、语义分割评价指标

在研究中，为了评估图像分割系统的效能，我们需要对分割模型的性能进行评价。深度学习在图像语义分割领域的应用催生了大量专注于此的模型与基准数据集，这些数据集遵循一套统一的模型评价标准。一般来说，对于语义分割模型的性能，主要从三个方面进行考量：执行时间、内存占用及精确度。根据具体的应用场景，模型的评价指标也会有所差异。在多数要求严格的应用中，精确度往往是首要考虑的因素；而在需要实时处理的场景中，速度则具有更高的优先级。

（一）执行时间

在研究和实际应用中，大多数系统需要确保预测时间可以满足硬实时的需求，因此速度或运行时间是一个非常有价值的评价指标。在一些应用场景中，模型的训练时间是非常有意义的，但通常不是很重要，因为训练或学习不是一个实时需求，除非其训练过程或运行速度极其慢。此外，从某种意义上来说，提供模型的确切执行时间可能不是非常有意义，因为其在后台实现且执行的时间依赖于硬件资源，这就致使一些比较在实际应用中是无意义的。然而，出于方法重用和帮助后续研究人员的目的，对系统运行的硬件资源及执行时间进行大致描述。

（二）内存占用

对于所有语义分割模型而言，内存占用都是一个至关重要的考量因素，不仅限于图像语义分割领域。尽管在某些场景下，内存可以通过一定的手段灵活扩充，但它始终是一个限制性因素。特别是在嵌入式设备上，例如，片上系统（system on chip，SoC）和机器人平台，与高性能服务器相比，这些设备的内存资源相对匮乏。即便是专门用于加速深度网络的高端图形处理单元（GPU），其内存资源也同样有限。因此，在保持运行时间一致的前提下，记录系统运行状态下的内存占用极值和均值具有极高的价值。

（三）精确度

精确度是评价图像分割网络性能的重要技术指标。图像分割中通常使用许多标准来衡量算法的精度，这些精度估算方法各不相同，但是大体可以分为两类：一类是像素精度；另一类是交并比（intersection over union，IoU）。为了便于解释，假设共有 $k+1$ 个类（从 L_0 到 L_k，其中包含一个空类或背景），其中 P_{ii} 表示预测中符合真值的数量，P_{ij} 和 P_{ji} 分别表示为 FP（本属于 i 类但被预测为 j 类的像素数量）和 FN（本属于 j 类但被预测为 i 类的像素数量），即假负和假正，以及 TN。

说到底，语义分割还是一种分类任务，既然是分类任务，预测的结果往往就有 4 种情况。为了方便理解，可以用如下的方式进行解释。

TP：T（预测正确，true）P（预测为正样本，positive），真的正值，说明被预测为正样本，预测是真的，即真实值为正样本。

TN：T（预测正确，true）N（预测为负样本，negative），真的负值，说明被预测为负样本，预测是真的，即真实值为负样本。

FP：F（预测错误，false）P（预测为正样本，positive），假的正值，说

明被预测为正样本，但预测是假的，即真实值为负样本。

FN：F（预测错误，false）N（预测为负样本，negative），假的负值，说明被预测为负样本，但预测是假的，即真实值为正样本。

精确率：对于预测样本而言，即预测为正例的样本中真正正例所占的比例。预测为正的有两种：①正样本被预测为正（TP）；②负样本被预测为正（FP）。所以，精确率可表示为

$$\text{precision} = \frac{TP}{TP + FP} \tag{5.5}$$

其中，分母是预测为正样本的数量。

召回率是相对于原来的样本而言的，表示样本中有多少正例被预测正确了（预测为正例的真实正例占所有真实正例的比例），分为两种情况：①原来的正样本被预测为正样本（TP）；②原来的正样本被预测为负样本（FN）。所以，召回率可表示为

$$\text{recall} = \frac{TP}{TP + FN} \tag{5.6}$$

其中，分母表示原来样本中的正样本数量。

下面介绍目前最常用的几种评价指标。

1）像素精确度（pixel accuracy，PA）。这是最简单的度量，为标记正确的像素占总像素数量的比例。PA 的计算如式（5.7）所示。

$$PA = \frac{\sum_{i=0}^{n} P_{ii}}{\sum_{i=0}^{n} \sum_{j=0}^{n} P_{ij}} \tag{5.7}$$

对应到混淆矩阵中，则可以表示为

$$PA = \frac{TP + TN}{TP + FP + TN + FN} \tag{5.8}$$

2）平均像素精度（mean pixel accuracy，MPA）。它是 PA 的一种简单提升，其计算每个类内被正确分类像素所占的比例，之后求所有类的平均值。MPA 的计算如式（5.9）所示。

$$MPA = \frac{1}{K+1} \sum_{i=0}^{K} \frac{P_{ii}}{\sum_{j=0}^{k} P_{ij}} \tag{5.9}$$

其中，K 表示类别的总数，P_{ii} 表示类别 i 的正确分类像素，P_{ij} 表示真实类别为 i 但被预测为类别 j 的像素。

第二节 基于轻量化语义分割网络的少数民族服饰图像语义分割

随着技术的不断发展和硬件条件的持续进步，基于像素级别的分割已成为图像分类的主流方向。自 FCN 方法提出以来，语义分割技术已经取得了显著的进展。本节基于最近几年的相关研究，对未来语义分割的发展方向进行总结。

1）引入自注意力模型。自注意力模型最初被应用于自然语言处理领域，随后逐渐拓展至计算机视觉领域。在图像识别领域，自注意力模型能够促使深度学习模型更加聚焦于图像中的局部关键信息。同样地，CGNet 也引入了自注意力模型，旨在通过调整特征图的权重，更高效地辨识和利用各个特征。

2）无监督/弱监督的语义分割。语义分割是一种基于像素级别的分类任务，传统的有监督语义分割方法需要大量标注精确的训练数据集，这不仅需要耗费大量的人力、物力在制作标签上，而且针对不同场景所需采集的数据集各异，导致数据集标签制作任务繁重。因此，弱监督语义分割成了研究的热点。与之相对，无监督语义分割则是指在不依赖标签数据集的情况下，将图像中的每个像素自动分类为不同事物的标签。然而，在无监督语义分割中，面临诸多挑战，其中的关键问题在于如何让像素学习到高级语义概念。弱监督语义分割是指用图像级别的标签（分类标签）、Bounding Box（检测标签）或者 Scribble（笔触）、Extrem points（额外点标注）这些比较容易的标注来训练语义分割模型，解决想要训练一个分割模型往往需要耗费大量的人力在 Mask（掩码）的标注上的问题。

3）轻量化网络。在现有的计算条件下，虽然准确率已经有很好的表现，但是在计算速度上却不尽如人意，语义分割技术的落地实现，需要加快分割模型的计算速度。一方面，可以采用模型压缩、模型加速的方式来解决；另一方面，也可以从模型本身入手，设计轻量化模型，在尽可能不影响准确率的情况下，加快模型的计算速度。

从改进的角度来看，语义分割方法的发展主要可以分为两大方向：一是致力于提升分割准确率，但在计算速度上可能并不占优势；二是着重于语义分割模型的轻量化，这类模型在追求计算速度的同时，也确保了分割的准确率。对于语义分割任务，DeepLabV3+算法已经能够满足高精度输出结果的需求，但在模型容量和处理速度方面仍存在不足。在面对大规模数据集的语义分割任务时，其性能发挥受限。因此，我们需要一个既能保持高精度又能以更快速度进行语义分割的网络模型。鉴于骨干网络占据了大量的卷积运算，优化骨干网络成了首要任务。

对于骨干网络的优化，我们使用谷歌公司提出的一款面向移动领域的网络MobileNetV2[①]作为少数民族服饰图像语义分割模型的骨干网络。MobileNetV2的核心环节是由深度可分离卷积[②]构成的，该结构可以大大减小卷积层的计算量，同时通过使用反向残差结构进一步增强了网络的性能。[③]因此，本书使用的 MobileNetV2 适用于对速度要求较高的平台。

我们可以在空洞空间卷积金字塔池化（atrous spatial pyramid pooling，ASPP）模块里引入非对称卷积方式，代替 3×3 卷积，进一步减少参数量。其中，非对称卷积的计算方式如图 5-3 所示。ASPP 模块的作用是对骨干网络提炼的特征图进行多尺度信息提取，与此同时，ASPP 模块中的卷积层的参数数量较多，因此也需要很长时间去训练。然而，单个 3×3 的卷积可以通过非对称卷积的方式拆解为一个 3×1 的卷积，再串联一个 1×3 的卷积。实验证明，这样做在精度上损失不大，而且两者的感受野是相同的。因此，在这里，我们通过使用非对称卷积方式代替单一的 3×3 卷积，且保持空洞卷积的空洞率前后一致。最终，与普通卷积层的数据量相比，可以使 ASPP 模块卷积层的数据量降低33%，同时模型的运行速度变得更快。

---

① Howard A, Zhmoginov A, Chen L C, et al. Inverted residuals and linear bottlenecks: Mobile networks for classification, detection and segmentation[EB/OL]. https://arxiv.org/abs/1801.04381v2, 2018.

② 刘洋，冯全，王书志. 基于轻量级 CNN 的植物病害识别方法及移动端应用[J]. 农业工程学报，2019(17)：194-204.

③ Milletari F, Navab N, Ahmadi S A. V-net: Fully convolutional neural networks for volumetric medical image segmentation[C]. 2016 14th International Conference on 3D Vision（3DV），2016: 565-571.

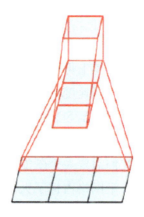

图 5-3　非对称卷积的计算方式

　　为了确保在轻量化设计的同时，能在一定程度上维持语义分割的精度，我们计划从优化网络损失函数的角度出发，以此提升少数民族服饰图像语义分割的精度。DeepLabV3+模型原本采用的是交叉熵损失函数，该函数通过对比每个像素的预测值与标签热编码向量，并计算所有像素点的平均值来确定损失。然而，交叉熵损失函数对所有像素点一视同仁，在处理标签类别不均衡的问题时效果欠佳。特别是在少数民族服饰图像中，服饰上的配件和饰品往往只占图像的一小部分，交叉熵损失函数容易忽视这些关键细节。因此，我们决定不采用单一的交叉熵损失函数。

　　Dice 损失函数最先是在 VNet 网络[1]中被提出并得到实际应用的，后来由于其令人满意的表现，被应用到医学影像分割等领域。在分割算法中，交叉熵损失是常见的损失函数。Dice 损失函数是一种计算重叠区域的度量函数，能够有效地评估分割性能，其计算如式（5.10）所示。

$$L_{\mathrm{Dice}} = \sum_{k}^{K} \frac{2\omega_k \sum_{i}^{N} p(k,i)g(k,i)}{\sum_{i}^{N} P^2(k,i) + \sum_{i}^{N} g^2(k,i)} \tag{5.10}$$

　　其中，N 是像素点的个数，$p(k,i)$ 和 $g(k,i) \in [0,1]$，分别表示对应于第 k 个类

---

① Milletari F, Navab N, Ahmadi S A. V-net: Fully convolutional neural networks for volumetric medical image segmentation[C]. 2016 14th International Conference on 3D Vision（3DV），2016: 565-571.

别而言预测的概率及真实的像素类别。K 是需要分割的种类个数。ω_k 表示第 k 个类别的权重。其值在 0—1，值越大，表示模型的预测结果与真实结果拟合程度越高，模型的效果越好。通过将交叉熵损失函数与 Dice 函数进行结合，可以为网络构建一个新的损失函数。新的损失函数既结合了交叉熵评估每个像素点矢量的类预测，又结合了 Dice 函数计算重叠区域的特点，修改后的损失函数如式（5.11）所示。

$$L_{总} = L_{ce} + L_{Dice} \tag{5.11}$$

其中，$L_{总}$ 表示总的损失，L_{ce} 表示交叉熵损失，L_{Dice} 表示 Dice 函数损失。

一、轻量化语义分割网络结构设计

本书改进后的轻量化语义分割网络结构如图 5-4 所示，网络总体分为编码器和解码器两个模块。当输入图像进入网络时，首先经过骨干网络对其提取特征，然后将其提取的特征图分别输入解码器模块及编码器的 ASPP 模块。在 ASPP 模块中，我们能够捕获输入图像更广泛的尺度信息，同时保持 ASPP 模块内部空洞卷积的空洞率序列为 6、12、18 不变，并通过应用非对称卷积来对这些空洞卷积进行分解。在这 3 个空洞卷积的基础之上，还并联了 1 个 1×1 卷积及 1 个图像池化层，组合成一个 5 通道的 ASPP 模块。这 5 个通道分别对

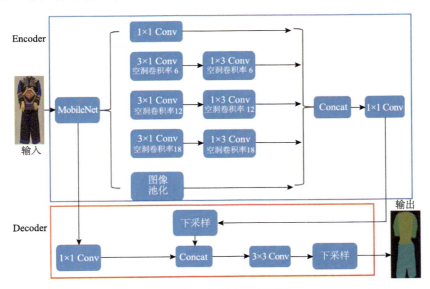

图 5-4　轻量化语义分割网络

输入的特征图进行卷积采样，对输出结果进行串联组合的操作。然后，再次使用 1 个 1×1 卷积运算后，获得编码器最终目标特征图的输出。在解码器部分，首先，将编码器的输出进行双线性上采样操作，得到 A 特征，再从解码器中提取同等大小的特征层，通过 1×1 卷积获得 B 特征；其次，对 A 特征与 B 特征采用组合连接，通过 3×3 卷积之后，进行 4 倍双线性上采样得到预测结果。

二、轻量化语义分割网络训练

设计好网络后，首先对参数进行初始化设置，然后网络开始以前向传播的方式来进行参数更新学习。每次训练结束后，输出损失误差，此时判断是否达到预设的训练次数或者损失函数值是否振荡。如果没达到，则通过反向传播更新参数，同时返回第三步继续进行训练。当训练次数达到预定时，停止训练并保存模型。最后，进行了 50 000 次迭代训练，得到了最终的网络模型。轻量化语义分割网络训练过程如图 5-5 所示。

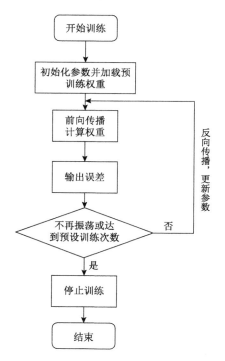

图 5-5　轻量化语义分割网络训练过程

三、图像预处理及标签平滑

由于数据集中的图像尺寸为 1220×2440，直接放入语义分割网络模型中训练，会使内存占用量急速攀升。为了提升训练速度，我们对输入语义分割模型的图像统一进行预处理，将尺寸缩放到 413×413。但强行压缩图像会使得部分服饰出现形变，影响结果。采用 Letterbox 可以较好地解决这个问题，增强网络的鲁棒性。在训练开始之前，我们先对训练图像进行统一的预处理。为了将图像的大小缩放成 413×413，同时使图像不发生形变，我们使用 Letterbox 对图像进行压缩。Letterbox 会先对图像的上下或者是左右区域用单像素值的条带进行填充，使图像上下与左右两部分的尺寸一样。然后，对图像进行缩放，以此完成图像不失真的压缩。处理后的图像如图 5-6 所示。

图 5-6　处理后的图像

在深度学习领域，损失函数的核心目标是促使模型的输出结果尽可能接近对应的标签值，输出结果越接近标签值，损失函数的值就越小。然而，过度依赖标签并不总是能训练出更优秀的模型。特别是像交叉熵这样的损失函数，一旦模型输出与标签存在偏差，损失值就会急剧增大，迫使模型去严格拟合标签。但在实际操作中，由于数据样本的标签是人工处理和标注的，难免会存在一些不精确的标签。为了尽可能减小这些不精确标签对最终训练出的模型的影响，本书采用了标签平滑技术来应对。标签平滑的逻辑相当直观，即削弱网络对训练样本标签的过度信赖。在模型训练过程中，我们假设标签可能存在一定的误差，并通过调整标签值，使得原本处于两端的极端标签值适当向中间值靠拢。通过对标签极值的调整，可以增加模型泛化性能。标签平滑的数学表达如式（5.12）所示。

$$y_i' = y_i \times (1-\omega) + \frac{\omega}{K} \qquad （5.12）$$

其中，y_i' 是标签平滑处理后的输出标签，y_i 是真实标签，ω 为平滑系数，K 为标签总类别数。按照通用做法，此处 ω 取 0.01。

四、实验结果与分析

实验运行的操作系统为 Windows 10 版本。硬件平台为戴尔的工作站，其中 GPU 为英伟达公司的 GeForce RTX 2080Ti，编程语言为 Python 3.6，深度学习框架为 TensorFlow-GPU。实验的具体软硬件环境配置，如表 5-1 所示。

表 5-1　实验软硬件

实验设施	版本
操作系统	Windows 10
CPU	Intel Xeon Gold 5118
GPU	GeForce RTX 2080Ti
CUDA	10.1
Python	3.6
TensorFlow-GPU	2.2

实验的超参数设置如表 5-2 所示。在表 5-2 中，Batch size 代表每一批训练图像的个数，由于训练图像尺寸较大，为确保训练能够顺利进行，将其设置为 4。Epoch 为训练次数，每一次都是将全部训练图像输入模型后完整地执行一次前向及一次反向传播。Learning rate 代表初始学习率，Max iteration 代表最大迭代次数，Power 代表动量衰减系数。

表 5-2　实验超参数

参数	数值
Batch size	4
Epoch	200
Learning rate	0.001

续表

参数	数值
Max iteration	50 000
Power	0.9

在评价运行速度方面，选择在验证集中随机抽取 10 张图像，测试分割每张图像需要的时间，单位为毫秒（ms），取其平均值作为分割时间。模型体积的大小统一选择迭代 50 000 次后的结果。在评价分割效果方面，采用 PA、MPA、IoU、mIoU（平均交并比）4 项语义分割领域通用的评价指标。其中，PA 是预测图像中正确的像素点占标签图像的总像素点的比例。MPA 是计算每个类内被正确分类像素点的比例，之后再求所有类的平均。IoU 是系统预测生成的预测框与标签标记的真实框的重叠度，也就是它们的交集与并集的比值。理想状态是预测框与标签标记的真实框完全重叠，此时 IoU 的值为 1。mIoU 是计算每个类的 IoU 值，之后对每个类求和取平均值。在此实验中，验证集中的每 10 张图作为一个批次，一共计算 18 个批次的 MPA 与 mIoU 的平均值，作为评价分割精度的指标。

DeepLab 语义分割模型可应用于多种骨干网络，为了进行对比实验，本书的对照组选用的是 ResNet50 与 DeepLabV3+的组合，用 R-DeepLabV3+来表示。改进后的网络 $F1$ 值随训练迭代次数变化的曲线如图 5-7 所示。其中，横坐标为 train number 训练次数，纵坐标为 $F1$ 值。由图 5-7 可以看出，在训练

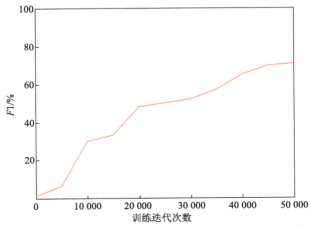

图 5-7　改进后的网络 $F1$ 值随训练迭代次数变化的曲线

45 000 次以后，网络的 $F1$ 值开始逐渐趋于稳定。训练结束后，统一选取训练 50 000 次后的结果作为少数民族服饰图像语义分割模型的权值进行后续实验。实验分别从轻量化与语义分割精度两个方面进行验证。

轻量化实验主要验证模型的分割速度与体积大小，实验结果如表 5-3 所示。从表 5-3 可以看出，改进后的网络，模型大小仅为 10.9MB，仅为 R-DeepLabV3+ 的 10.6%。同时，运行速度为 45.8ms，相对于 R-DeepLabV3+的运行速度，快了 28.4%。因此，与 R-DeepLabV3+相比，本书提出的少数民族语义分割模型在轻量化上有了较大的提升。

表 5-3　轻量化实验结果

指标	R-DeepLabV3+	本书算法
模型大小	103MB	10.9MB
运行速度	64.0ms	45.8ms

语义分割精度实验主要验证语义分割结果的精确度。对于验证集的服饰图像，本书经过语义分割后，计算 PA、MPA、IoU、mIoU 四项指标。实验结果分别如表 5-4、表 5-5 所示。最后对其分割结果进行可视化来对比分割效果，分割后的结果如图 5-8 所示。

表 5-4　两种网络的 PA 与 IoU 对比　　　　单位：%

评价指标	PA		IoU	
	R-DeepLabV3+	本书算法	R-DeepLabV3+	本书算法
背景	97.01	95.89	95.05	91.24
上衣	95.05	92.11	88.03	84.69
裤子	92.99	92.91	85.80	85.46
裙子	95.97	94.41	92.69	91.40
袖子	89.03	79.59	79.99	69.48
腰带	89.79	84.39	73.80	70.07
饰品	69.40	64.31	60.97	52.27
护腿	76.75	87.12	51.14	40.40

表 5-5　两种网络的 MPA 与 mIoU 对比　　　　　　单位：%

指标	DeepLabV3+	本书算法
MPA	88.25	86.34
mIoU	78.43	73.00

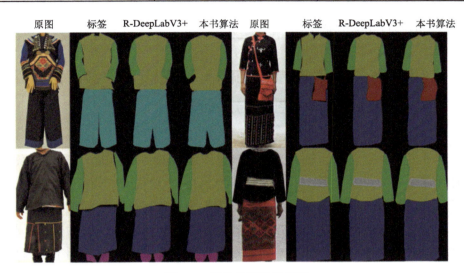

图 5-8　语义分割结果展示

　　由表 5-4、表 5-5 可以看出，本书提出的改进模型在分割精度实验中总体精度与 R-DeepLabV3+ 比较接近，在 mPA 和在 mIoU 指标上有一些差异。同时，在所分割的 8 个区域，饰品和护腿两个部件在两种模型的预测结果分割精度都相对较低。这是由于这两个部件的像素区域占服饰图像总体像素的比例较低，在同样的训练样本里，这两个区域相对于其他区域很难拟合。从图 5-8 的语义分割结果展示图可以看出，上衣、裙子、裤子等部件分割效果较好。款式多样、相对较小的护腿及饰品两个部件的边缘处，仍然有改进的空间，但服饰部件的总体轮廓能分割清楚。该语义分割模型在提升了运行速度的同时，仍保证了分割精度。本书提出的少数民族服饰图像语义分割模型的分割效果较好，可以满足少数民族服饰图像语义分割任务的基本要求。

　　本书提出了一种基于 DeepLabV3+ 网络的少数民族服饰图像语义分割算法。该算法主要通过引入 MobileNetV2 骨干网络来提升运行速度。同时，利用非对称卷积对 ASPP 模块的卷积层进行分解，减少参数冗余，提高处理速度。最后，将交叉熵损失函数与 Dice 函数进行结合，组合成总的损失函数。

测试集的结果表明，改进后的网络大小为 10.9MB，仅为 R-DeepLabV3+模型的 10.6%，分割单张图像平均用时 45.8ms，其运行速度与之相比有了较大的提升。同时，在分割精度方面，mPA 为 86.34，mIoU 为 73.00，可以看出在分割精度上保持了较高的水平。与 R-DeepLabV3+相比，在保证了分割精度的同时，模型的运行速度明显提高。

第三节 基于边缘感知的上下文嵌入少数民族服饰图像语义分割

对于语义分割任务，已有大量的解决方案应对各类情况。当前的解决方案大致可以分为两种类型：一是高分辨率保持。这种方法试图获得高分辨率特征以恢复所需的细节信息。由于网络模型中连续不断的空间池化和卷积步幅，最终特征图的分辨率显著降低，致使其丢失了更精细的图像信息。为了生成高分辨率特征，有两种典型的方案，即减掉几个最大池化的下采样操作或者从低级特征图中引入细节。对于后一种情况，通常嵌入在一个编码器-解码器架构中。其中，在编码器中获取高级语义信息，在解码器中恢复特征细节与空间信息。二是上下文信息嵌入。上下文信息嵌入的方法用来获取丰富的上下文信息，以处理具有多个尺度的对象。特征金字塔是解决各种对象尺度问题的有效方法之一，同时基于空洞卷积的 ASPP 和金字塔场景解析（pyramid scene parsing，PSP）也是较为主流的网络结构。ASPP 利用不同采样率的并行空洞卷积层与多尺度上下文特征信息进行融合。PSP 设计的金字塔池操作，将本地信息和全局信息集成在一起，以得到更可靠的预测结果。除了上文提到的两种典型解决方案之外，其他一些研究者还建议通过引入额外信息（如语义边缘信息）或更有效的学习策略（如级联训练）来优化分割任务的性能。与一般的语义分割任务相比，人体解析面临的挑战在于，从人身上产生更精细的各部位预测结果。基于边缘感知的上下文嵌入方法 CE2P（context embedding with edge perceiving），将 ResNet-101 作为特征提取骨干。整个模型由 3 个主要模块组成，其网络结构如图 5-9 所示。

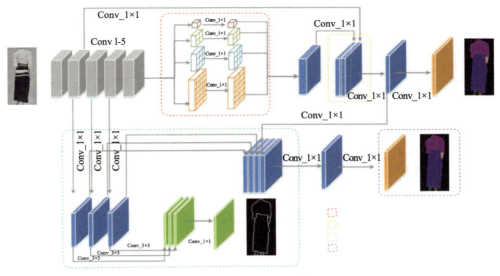

图 5-9　网络结构示意

一、上下文嵌入模块

对于人体解析任务来说，上下文嵌入模块有助于预测细粒度的类别信息，例如，两个较为相似的区域，如果要判断其类别，就需要进一步参考并结合全局特征进行。对于全局的上下文嵌入模块，其用于编码多尺度上下文信息。PSP 是捕获上下文信息的有效方式，借鉴之前的 PSP 工作，上下文嵌入模块利用金字塔池网络结构来整合全局信息。模块对从特征提取网络中提取的特征执行了 4 次自适应平均池化操作，以生成尺寸分别为 1×1、2×2、3×3、6×6 的多尺度的上下文特征。4 组上下文特征采用上采样操作，通过双线性插值采样方法与原始特征图的尺寸保持一致，进而使生成特征能够进一步与原始特征图连接。之后，采用 1×1 卷积操作来减少特征通道数量，进一步整合多尺度上下文特征信息。最后，将上下文嵌入模块的输出作为全局先验上下文信息，输入后续的高分辨率嵌入模块。

上下文嵌入模块的结构如图 5-10 所示，将特征分别输入 4 组自适应平均池化层，其中 4 组特征输出通道分别为 1×1×C、2×2×C、3×3×C、6×6×C，再各自进入 1×1 卷积层和批归一化层中进行线性插值操作，将 4 组结果与特征输入的原始数据进行拼接，进一步将连接后的特征图输入 3×3 卷积层与批归一化层进行处理，最终输出新的特征图，其中 C 表示通道数。

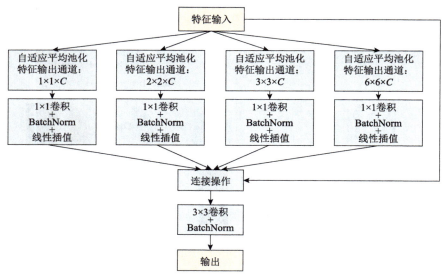

图 5-10　上下文嵌入模块的结构

二、高分辨率嵌入模块

高分辨率嵌入模块的主要用途是复原特征图，使特征图中含有更多信息。对于细粒度的语义分割解析任务来说，有些分割内容在图像中占比很小，如鞋子、手套等的语义，使用一般的深度神经网络提取特征，经过多个卷积池化操作后，细节信息丢失严重，使得小目标的分割任务变得困难。因此，对细粒度小目标语义分割而言，引入高分辨嵌入模块至关重要。随着网络深度的增加，卷积与池化操作减少了特征图细节表现，为了恢复特征丢失的细节，通过嵌入从卷积神经网络中间层的低阶视觉特征，来补充高阶语义特征。我们使用经过 ResNet-101 Conv2 之后的特征图来获取低阶高分辨率的细节信息，同时引入前文提到的全局上下文嵌入模块的特征图来获取全局信息，使用双线性插值法对特征进行上采样操作，将两者的特征图进行连接，这样可以更好地融合局部和全局上下文特征。采取这样的解决方案，高分辨率嵌入模块的输出可以同时获得高级语义和高分辨率空间信息。高分辨率嵌入模块示意图如图 5-11 所示。

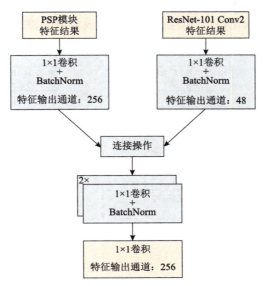

图 5-11　高分辨率嵌入模块示意

　　模块分为两个部分：第一个输入为 PSP 模块输出的特征结果；第二个输入为 ResNet-101 特征提取网络的 Conv2 层输出的特征结果。将两者的特征结果分别输入 1×1 卷积层，之后再进行批归一化操作。PSP 模块特征图经过卷积后，特征输出通道维度为 256，ResNet-101 Conv2 输出的结果经过卷积后，特征输出通道维度为 48。之后，再将两者进行连接操作，然后整体输入到两个连续的 1×1 卷积层与批归一化层中，最后经过 1×1 卷积层后，特征输出通道维度为 256。

三、边缘感知模块

　　边缘感知模块是利用语义数据集的各个语义的交界形成边缘图，进一步辅助完成语义分割任务。模块目的在于，进一步锐化学习到的轮廓边界表示，进而优化预测细粒度语义分割结果。模块采用了三组分支的多尺度语义边缘检测，这种设计可以对边缘信息进行预测。

　　如图 5-12 所示，对 ResNet-101 特征提取模块中的 Conv2 层、Conv3 层和 Conv4 层的输出的特征图进行 1×1 卷积操作与批归一化处理操作，特征输出通道维度均为 256，三个分支再进行 3×3 卷积，输出特征通道维度为 2。第二分支与第三分支经过双线性插值后进行连接操作，生成最终的特征图。同时，另一路特征输出通道维度为 2 再进行连接操作，输出特征通道维度为 2 的边缘特征图。

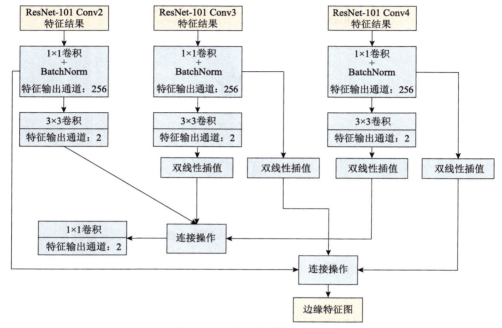

图 5-12　边缘感知模块示意图

四、损失函数

对于深度学习方法而言，整个模型的架构与损失函数设计都至关重要，各模块要相互配合。本书的损失函数由 3 部分组成，各自对应网络模型的相应部分，损失函数 3 个组成部分的类型是交叉熵损失函数的累加。交叉熵损失函数如式（5.13）所示，网络模型的整体损失函数如式（5.14）所示。

$$H(p,q) = -\sum_{i=1}^{n} p(x_i)\log(q(x_i)) \tag{5.13}$$

$$L = L_{\text{parsing}} + L_{\text{edge}} + L_{\text{edge-parsing}} \tag{5.14}$$

其中，L_{edge} 表示边缘模块检测到的边缘图与二值边标签图之间的加权交叉熵损失函数；L_{parsing} 表示高分辨率模块的解析结果与解析标签之间的交叉熵损失函数；$L_{\text{edge-parsing}}$ 表示从边缘感知分支预测的最终解析结果与解析标签之间的交叉熵损失函数。

五、改进的少数民族服饰灰度图像语义分割方法

基于边缘感知的上下文嵌入模型 CE2P 的框架有着出色的人体解析分割性能，其将边缘解析与人体解析相结合，使得语义边缘区域得到精准预测。简单理解，CE2P 的 3 个分支，分别为解析分支、边缘分支与融合分支。值得注意的是，边缘分支是用来生成细粒度类之间的边界的。融合分支的所有语义特征都来自解析分支，边缘特征都来自边缘分支，通过这种方式进行细粒度语义分割。

虽然 CE2P 的语义分割能力很强大，但是也有可以改进的方面。第一，交叉熵损失函数可以间接优化 mIoU 度量指标；第二，CE2P 隐性地通过边缘预测来影响分割结果，但未显式利用边界特征来优化解析结果。基于关键功能，CE2P 的解析分支分为骨干模块、上下文编码模块及解码模块。具体而言，就是骨干模块可以基于残差网络结构的语义分割网络，上下文编码模块利用全局特征信息来进行细粒度语义分类，这部分可以采取金字塔多尺度方法或者注意力机制方法等进行操作。

不同于彩色图像，灰度图像的语义分割面临缺少颜色特征和语义模糊的问题。为了提高语义分割的性能，同时针对 CE2P 的问题，本书基于 A-CE2P[①]，对少数民族服饰灰度图像细粒度语义分割方法进行研究与改进，通过大量实验与分析找到了关于少数民族服饰灰度图像细粒度语义分割的最优解决方案。网络模型的整体结构如图 5-13 所示。

首先，将目标图像输入解析分支中，经过 ResNet-101 的 5 层卷积层进行特征提取，经过不同卷积层得到不同级别特征，再经过上下文嵌入与上采样连接输入解码单元中。其次，边缘分支对从骨干网络中提取的特征进行上采样连接，输入解码单元进行边缘结果预测。融合分支对从骨干网络中提取的特征与解析分支解码单元结果、边缘解码单元结果进行上采样连接，输入其分支解码单元中。最后，将解析分支解码单元结果与融合分支解码单元结果进行连接，得到语义分割预测结果。模型的损失函数由 3 部分组成，如式（5.15）所示。其中，λ_1、λ_2、λ_3 是 3 个超参数，用来控制 3 个损失函数的贡献度。L_{edge} 为边缘分支预测的结果与真实边缘信息的偏差，L_{parsing} 为解析分支预测的结果

---

① Li P K, Xu Y Q, Wei Y C, et al. Self-correction for human parsing[J]. IEEE Transactions on Pattern Analysis and Machine Intelligence, 2022（6）: 3260-3271.

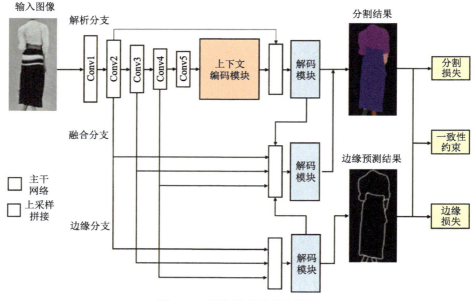

图 5-13　网络模型的整体结构

与真实语义信息的偏差，$L_{\text{consistent}}$ 为分支预测的结果转化为边缘信息后与边缘分支预测结果的偏差。

$$L = \lambda_1 L_{\text{edge}} + \lambda_2 L_{\text{parsing}} + \lambda_3 L_{\text{consistent}} \tag{5.15}$$

其中，L_{parsing} 由两部分组成，两部分损失函数共同叠加，如式（5.16）和式（5.17）所示。L_{cls} 采用常见的卷积交叉熵损失函数，用于评价神经网络分类的效果。L_{mIoU} 采用惯用的方式进行计算，其专门针对涉及 IoU 的损失函数，被证明在语义分割任务中的表现优异。$p(y_k^n)$ 代表模型对样本 n 属于类别 k 的预测概率。

$$L_{\text{parsing}} = L_{\text{cls}} + L_{\text{mIoU}} \tag{5.16}$$

$$L_{\text{cls}} = -\frac{1}{N} \sum_k \sum_n \hat{y}_k^n \log p(y_k^n) \tag{5.17}$$

六、实验结果与分析

（一）实验配置与环境

实验中的软件配置如下。

1）操作系统：Ubuntu 16.04。

2）编程语言：Python 3.7.6。

3）图像处理库：OpenCV-python 4.3.0.36。

4）深度学习框架：PyTorch 1.5.1。

5）其他相关库：cuDNN、CUDA 11.0、Numpy 1.16.0。

实验中的硬件配置如下。

1）中央处理器：英特尔至强银牌 4210。

2）图像处理单元：英伟达 GeForce Tesla V100。

3）内存大小：128GB。

4）深度学习框架：PyTorch。

（二）数据集与训练参数设置

首先对本书构建的数据集进行划分，分为训练集与验证集，划分比例为 9∶1。模型输入的图像大小设定为 256×512。语义信息通过图像进行读取，保证语义类别在预处理阶段缩放后的准确性。训练阶段设置了 150 个 Epoch，模型参数共经过 3750 次迭代更新。

在参数设置方面，将 ResNet-101 作为骨干网络，同时使用在 ImageNet 训练过的参数作为预训练模型。语义分割的类别数为 8，其余 1—7 对应各个部位的语义。训练的批大小设置为 50，学习率设置为 0.0007，优化器采用随机梯度下降（stochastic gradient descent，SGD），动量参数设定为 0.9。另外，将本书设计的损失函数对应的损失系数 λ_1、λ_2、λ_3 分别设置为 1、1、0.1。

（三）实验与结果分析

对于一般的语义分割任务，模型输入往往是彩色图像，而本书研究的是针对灰度图像的语义分割方法，首先对比彩色图像与灰度图像语义分割的表现，结果如表 5-6 所示。

表 5-6　不同解析方法与输入模式对比　　　　　单位：%

方法/输入模式	Pixel Acc	Mean Acc	mIoU
CE2P-彩色	91.238	65.371	62.125
CE2P-灰度	82.872	57.432	49.298
A-CE2P-彩色	94.036	69.785	64.345

续表

方法/输入模式	Pixel Acc	Mean Acc	mIoU
A-CE2P-灰度	86.124	58.467	50.853
本书算法	88.124	63.467	57.639

通过 CE2P 与 A-CE2P 两组实验可以看出，灰度图像的语义分割没有彩色图像效果好，主要原因还是灰度图像不包含颜色特征，各部位的语义界限模糊，无法确定真实的边界情况。对于 A-CE2P 而言，无论是用彩色图还是灰度图作为输入，3 个评估指标都比 CE2P 的表现好。可视化效果对比如图 5-14 所示。可以看出，灰度图像作为语义分割的输出，存在着无法分辨局部部位的问题。

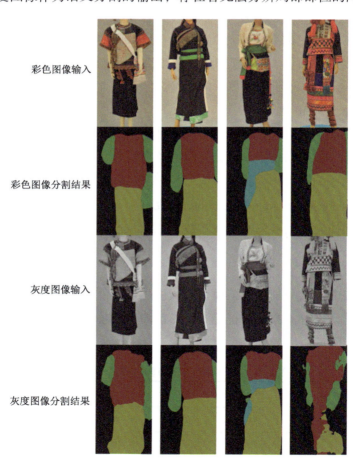

图 5-14　可视化效果对比

　　针对少数民族服饰灰度图像作为输入的语义分割结果不理想的问题，我们通过实验观察与分析，判断是灰度图像本身缺少颜色信息，目标边缘轮廓不明显。对于分割任务来说，灰度图像中边缘像素值之间的差别不大，就会容易造成边界像素周围误判，进而导致准确率降低。所以，我们对损失函数参数进行优化处理，主要方案为提高边缘损失与边缘结构一致性损失的贡献度，通过减小 λ_2 与增大 λ_3 来实现。我们通过调整超参数的值来设定不同损失函数的贡献度，通过提高边缘损失和边缘结构一致性损失的贡献度，增加模型对边缘界限的学习，对比结果如表 5-7 所示。

表 5-7　不同损失函数超参数对比　　　　　　单位：%

参数设置	Pixel Acc	Mean Acc	mIoU
$\lambda_1=1$；$\lambda_2=1$；$\lambda_3=0.1$	86.124	58.467	50.853
$\lambda_1=1$；$\lambda_2=0.9$；$\lambda_3=0.1$	87.343	59.136	52.134
$\lambda_1=1$；$\lambda_2=0.8$；$\lambda_3=0.1$	87.524	61.541	55.825
$\lambda_1=1$；$\lambda_2=0.8$；$\lambda_3=0.2$	88.124	63.467	57.639

　　本章主要介绍了构建少数民族服饰细粒度图像数据集与灰度图像语义分割的方法。我们利用手工标注的方式，对少数民族服饰高清图像进行语义标注，清晰地对少数民族服饰的不同部位进行区域标注。首先，系统性地构建了一个图像语义数据集，弥补了之前研究的不足。其次，对于灰度图像语义分割方法，我们介绍了 CE2P 人体解析架构的组成包括 3 个部分，即全局上下文嵌入模块、高分辨嵌入模块、边缘感知模块。再次，介绍了 CE2P 的增强模型 A-CE2P，进一步优化整个网络架构，使得边缘特征显式地参与优化迭代，并介绍了两个框架整体损失函数的设计，对损失函数进行了讨论。最后，通过多组实验的验证与分析，优化了少数民族服饰灰度图像细粒度分割任务。

第六章

少数民族服饰图像检索

图像检索[①]任务自 20 世纪 70 年代末兴起。根据检索依赖的描述法及内容的差异，可以将图像检索分成 TBIR 和 CBIR 两类。[②]由于算法及计算机算力水平的限制，早期图像检索领域基本采用的是 TBIR[③]。其算法过度依赖人工对图像与关键字的标注，后来逐渐被 CBIR 替代。近年来，CBIR 被成功推广至服饰[④]、医学图像[⑤]、遥感[⑥]等领域。CBIR 主要由特征提取及特征检索匹配两个部分组成，其流程如图 6-1 所示。

在已有的针对少数民族服饰图像检索的文献中，采用语义分割与特征融合检索方式的相对较少，且在语义分割阶段速度也偏慢。因此，本书以佤族与哈尼族为研究对象，构建了一个面向这两个民族的服饰图像库。为了提升当前语义分割模型的运行速度，我们提出了一种基于 DeepLabV3+的轻量化语义分割模型。在此基础之上，为了提高少数民族服饰图像检索的准确率，我们提出了一种基于语义特征融合少数民族服饰图像分层检索的方法。

---

① Lim J H, Jin J S. Image indexing and retrieval using visual keyword histograms[C]. Proceedings of IEEE International Conference on Multimedia and Expo, 2002: 213-216.

② 方欣，姚宇. 基于内容的 Gist-Hash 超声图像检索算法[J]. 计算机应用，2017(S2)：74-76，81.

③ Samet N, Hiçsönmez S, Şener F. Creating image tags for text based image retrieval using additional corpora[C]. 2016 24th Signal Processing and Communication Application Conference(SIU), 2016: 1321-1324.

④ 周文波. 基于深度学习的服饰图像识别定位及检索的研究[D]. 广东工业大学，2020：51.

⑤ 刘桂慧. 基于内容的医学图像检索综述[J]. 信息与电脑(理论版)，2020(15)：51-53.

⑥ 马彩虹，关琳琳，陈甫等. 基于内容的遥感图像变化信息检索概念模型设计[J]. 遥感技术与应用，2020(3)：685-693.

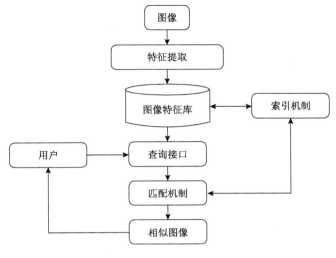

图 6-1　CBIR 流程

　　服饰文化是各个民族文化内涵的一种重要体现。随着网络技术和多媒体技术的发展，对数字图像信息资源的精准检索及应用，无疑是保护和传承少数民族服饰文化的一种有效手段。然而，由于少数民族服饰图像色彩多样、款式复杂且包含丰富的语义特征，当前"以图搜图"，采用图像相似度计算的方法直接检索的效果并不好。因为它往往会忽视服饰的局部语义特征线索，无法满足少数民族服饰图像检索的需求。

　　本章针对上述问题，从语义特征融合与分层检索的角度出发，深入研究了少数民族服饰图像检索方法。具体而言，采用语义信息作为核心的检索依据，并聚焦于通过语义分割网络获取的服饰部件信息。为此，我们设计了一个卷积神经网络模型。该模型不仅能够对输入的整体服饰图像进行分类，还能同时提取整体图像及其各个服饰部件的特征。在此基础上，我们将整体服饰特征与各个部件的特征相融合，以此作为服饰图像的检索特征，旨在提升检索的准确性和效率。为了减少不同民族服饰之间的互相干扰，我们采用了分层检索的方式，即在检索过程中，先对服饰所属的民族进行分类，然后在该民族所属的检索特征库进行检索。最后，针对服饰特征，采用不同的组合方式和不同提取方式，验证本书提出的检索策略。

第一节　相关概念和技术

一、CBIR

图像检索技术是一种通过提交一幅待识别的图像，在庞大的图像数据库中寻找与之最为相似的图像的方法。在以往依赖图像名称进行检索的时代，这样的操作几乎是不可想象的。然而，随着 CBIR 技术的出现，人们开始能够依据图像的内容来搜索图片。早期的图像检索技术主要依赖于文本，即需要根据图像的名称来搜索对应的图像，但这种方法存在一个显著的缺陷：需要对海量的图像进行人工命名，工作量极为庞大。随后，出现了基于内容的图像检索技术，较早出现的有局部敏感哈希（locality-sensitive Hashing，LSH）算法，图像搜索这一技术逐渐变得丰富。

在介绍图像检索流程之前，我们先来回顾一下文本检索流程。文本检索可以分成构建词库、构建索引和检索 3 部分。构建词库是离线操作，主要任务是解析目标数据集中的文本内容，提取词干信息，并以此为基础建立当前数据集的词库。随后，利用这个词库，为数据集中的所有文档提取文本特征。这一步骤通常在检索系统生命周期的初始阶段进行，并且一般只需执行一次，是针对特定目标检索文本数据集的非频繁性操作。构建索引和检索则是在线操作。构建索引在检索服务启动时执行，其主要职责是将目标数据集的文本特征以某种高效的方式组织到内存中，以便于后续的快速检索和距离计算。在检索阶段，系统会查找目标库中与查询（query）内容相近的文本。这一过程中，系统会首先提取查询文档的文本特征，然后与目标库中的各文档特征向量进行距离计算。最后，根据计算结果对文档进行排序，并返回与查询内容距离最近的特征向量所对应的文档索引。

图像内容检索的流程与文本检索流程在整体上相似，但两者在信息表征的方法上存在显著差异。文本检索通常通过计算词频来构建词袋模型（bag of words，BoW），以此表征一段文本的内容。相比之下，图像检索则采用视觉特征来代表图像的内容。谷歌团队在 2003 年提出的视频内容检索方法，借鉴了文本检索流程，使用局部特征构建视觉词袋向量（bag-of-visual-word，BoVW），也称 BoF（bag-of-feature），以此来表示图像。图 6-2 是视觉词库构建流程。

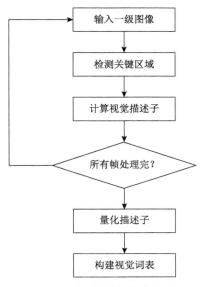

图 6-2　视觉词库构建流程

如图 6-2 所示，对图像提取若干个局部特征描述子，如尺度不变特征转换（scale-invariant feature transform，SIFT），对这些描述子进行量化。量化器通常通过聚类得到，具体如下：对特征描述子集合进行 K-means 聚类，聚类后得到的 k 个质心即为视觉单词。量化结果 q 是特征描述子最相近的质心的索引，所有质心构成了视觉词表。图像中的特征单词的词频构成了该图像的向量描述 BoVW。假设视觉词表中的单词个数为 N，那么 BoVW 向量的长度为 N，向量中的元素为对应单词出现在该图像中的频次或者采用词频-逆文档频率（term frequency-inverse document frequency，TD-IDF）权重更新向量中每个元素值得到的视觉词库，计算所有图像（或视频中帧）数据的 BoVW 向量。检索进程启动时，针对目标数据库中所有图像的 BoVW 向量构建索引。输入一幅检索图像，提取该图像的 BoVW 特征，与目标库向量进行距离比对，查找近邻向量。

二、图像特征提取与表示

（一）图像特征提取与表示简介

图像特征提取与表示是将图像的视觉信息转化成计算机能够识别和处理的

定量形式的过程，是图像分类与检索的关键技术。图像底层视觉特征在一定程度上能够反映图像的内容，因此研究图像底层视觉特征是实现图像分类与检索的第一步。一种良好的图像视觉特征的提取和表示，应满足以下几个要求。

1）提取简单，时间和空间复杂度低。

2）区分能力强，对于视觉内容相似的图像，其特征描述应相近；对于视觉内容不相似的图像，其特征描述之间应有一定的差别。

3）与人的视觉感知相近，对于人的视觉感知相近的图像，其特征描述相近；对于人的视觉感知有差别的图像，其特征描述之间有一定的差别。

4）抗干扰能力强，鲁棒性好，对图像的大小、方向不敏感，具有几何平移、旋转不变性。

（二）颜色特征的提取和表示

颜色是图像视觉信息的一个重要特征，是图像分类与检索中应用广泛的特征之一。一般来说，同一类别图像的颜色信息具有一定的相似性，不同类别图像的颜色信息具有一定的差异。相对于几何特征而言，颜色特征稳定性好，有对大小、方向不敏感等特点。因此，颜色特征的提取受到了极大重视并得到了深入研究。

（三）颜色空间模型

为了有效利用颜色这一特征，首先需要构建颜色空间模型。一般而言，颜色空间模型可以通过 3 个基本分量来描述。构建颜色空间模型的过程，实质上就是建立一个三维坐标系，其中每个坐标点都对应唯一一种颜色。针对不同的应用场景和任务需求，我们应选择适宜的颜色空间模型。常用的颜色空间模型包括 RGB、HIS、HSV、YUV、YIQ、Munsell 及 Lab 等。判断空间模型质量的标准主要有以下几个。

1）观察角度的鲁棒性。

2）对物体几何性质的鲁棒性。

3）对光照方向改变的鲁棒性。

4）对照强度改变的鲁棒性。

5）对照明的光谱功率分布（spectral power distribution，SPD）的鲁棒性。

6）具有高分辨能力。

7）对物体遮掩和杂乱的鲁棒性。

8）对图像噪声的鲁棒性。

RGB 颜色空间模型由分量 *R*、*G*、*B* 构成，是最常用的颜色空间模型。现在各种格式的图像都是采用 RGB 颜色空间模型存储和传输的，并得到了各种物理设备的直接支持。但是，研究发现，RGB 颜色空间模型也有一些缺点，主要表现在以下三个方面：首先是通道之间的相关性，*B*、*R* 的相关性系数大约为 0.74，*R*、*G* 的相关性系数大约为 0.98，*G*、*B* 的相关性系数大约为 0.94；其次是心理学上的非直观性；最后是感知上的非一致性。为了更好地适应各种应用场合，人们提出了不同种类的颜色空间模型。

HIS 颜色空间模型反映了人肉眼观察颜色的方式，与人的视觉感知特性较符合，其中，*I* 表示亮度，*H* 表示色度，*S* 表示饱和度。与 HIS 颜色空间模型相比，HSV 颜色空间模型更符合人类对颜色的视觉感知特性，*H* 表示色调，色调是彩色相互区分的特性，*S* 表示饱和度，是指彩色的纯洁性，*V* 表示强度，是指彩色的明暗程度，这 3 个分量是相互独立的。在彩色图像的分割中，RGB 颜色空间模型难以直接进行分割，只有将它们转化成 HSV 颜色空间模型才可以。

（四）颜色特征的表示方法

常用的颜色特征表示方法有颜色直方图、颜色矩、颜色聚合向量（color coherence vector）、颜色集等。

1）颜色直方图。颜色直方图是把颜色量化成若干种，然后统计每种颜色的像素数在整幅图像中所占的比例。颜色直方图特别适用于描述那些难以自动分割图像和不需要考虑物体空间位置的图像。常用的颜色直方图有简单颜色直方图和累积颜色直方图两种。

2）颜色矩。基于图像中任何的颜色分布，均可以用它的矩来表示。Stricker 和 Orengo 提出了颜色矩的颜色特征表示方法。[①]此外，颜色分布信息主要集中在低阶矩中，因此仅采用颜色的一阶矩（mean）、二阶矩（variance）和

---

① Stricker M A, Orengo M. Similarity of color images[EB/OL]. https://static.aminer.org/pdf/PDF/000/312/665/color_indexing_by_nonparametric_statistics.pdf, 1995.

三阶矩（skewness）就足以表达图像的颜色分布。该方法的优点是不需要颜色空间量化，特征向量维数低。与颜色直方图相比，该方法的另一个好处在于，无须对特征进行向量化。

3）颜色聚合向量。针对颜色直方图和颜色矩无法表达图像中色彩的空间位置的缺点，Pass 和 Zabih 提出了颜色聚合向量这一概念。[①]该方法是颜色直方图的一种演变，其核心思想是：将属于颜色直方图每一个柄的像素分成两部分，如果该柄内的某些像素占据的连续区域的面积大于给定的阈值，则将该区域内的像素作为聚合像素，否则作为非聚合像素。由于包含了颜色分布的空间信息，对于需要比较物体空间位置的图像，颜色聚合向量能比颜色直方图取得更好的检索效果。

4）颜色集。颜色集是一种用于表示图像颜色特征的方法，它以一个 M 维的指示向量形式存在于二值空间中。该向量的各个维度值用于指示图像中是否存在符合特定条件的颜色，其中 1 代表该颜色出现，0 则代表未出现。颜色集的统计方法如下：首先，选择一个合适的颜色空间，并在此空间得到一个具有 M 种颜色输出的颜色量化函数，每种颜色在 M 维的二值空间中占一位；其次，利用颜色量化函数对图像进行量化处理，使得处理后的图像至多包含 M 种颜色；最后，为每种颜色确定一个阈值，如果图像中属于此颜色的像素达到这一阈值，则相应的二值指示向量的位置设为 1，否则设为 0。事实上，颜色集只是一种表示方式，等价于颜色直方图。另外，如果每种颜色的阈值都定义较大，颜色集中设为 1 的那些颜色实际上就是主色。颜色集同时考虑了颜色空间的选择和颜色空间的划分，通常使用 HSL（hue，saturation，lightness）颜色空间。

（五）纹理特征的提取和表示

纹理是图像的另一个主要特征，通常被看作图像的某种局部特征，不仅能反映图像的灰度统计信息，而且能反映图像的空间分布信息和结构信息。对于图像纹理，迄今为止，仍无一个公认的、一致的严格定义。纹理是人类视觉的重要组成部分，它揭示了物体的深度和表面信息，是展现了物体表面颜色和灰

---

① Pass G, Zabih R. Comparing images using joint histograms[J]. Multimedia Systems, 1999(3): 234-240.

度的一种特定变化模式。这种变化模式与物体本身的属性密切相关，是图像固有的特征之一。在数字图像中，纹理体现为相邻像素在灰度或颜色上的空间相关性，或者是图像灰度和颜色随着空间位置变化而呈现出的视觉特征。纹理特征的描述方法大致可以分为 4 类：统计法、结构法、模型法、频谱法。

1. 统计法

统计法分析纹理的主要思想是，通过图像中灰度级分布的随机属性来描述纹理特征。统计特性包括像素及其邻域内灰度的一阶、二阶或高阶统计特性。统计法的典型代表是一种被称为灰度共生矩阵（gray-level co-occurrence matrix，GLCM）的纹理分析方法。该方法是建立在估计图像的二阶组合条件概率密度的基础上，计算图像上某个方向相隔一定距离的一对像元灰度出现的统计规律。GLCM 是一个对称矩阵，是距离 d 和方向 θ 的函数，其阶数由图像中的灰度级 N_g 决定，由 GLCM 能够导出 14 种纹理特征。但在应用上，不断有研究者尝试对其进行改进。一般情况下，取距离 d 等于 1 时，计算 0°、45°、90°、130°的灰度共生矩阵，再由灰度共生矩阵导出纹理参数，常用的 5 个参数，即能量、熵、惯性矩、相关、局部平稳等。其他的统计法还包括图像的自相关函数、半方差图等。

2. 结构法

结构法分析纹理的基本思想是，假定纹理模式是由纹理基元按照某种规律性和重复性的方式排列组合而成的。因此，特征提取的过程就转化为确定这些基元并定量分析它们的排列规则，其中的纹理基元之间存在着近乎规范的关系。若能将纹理图像的基元有效分离，我们就可以依据基元特征和排列规则来进行纹理分割。结构分析法主要解决的问题是确定与提取基本的纹理基元，并探究纹理基元之间存在的"重复性"结构关系。由于结构分析法强调纹理的规律性，更适于分析人造纹理。然而，自然界中的大量纹理往往是不规则的，且变化频繁，这使得结构分析法的应用受到了很大限制。典型的结构分析法算法包括句法纹理描述算法和数学形态学方法。

3. 模型法

模型法是利用一些成熟的图像模型来描述纹理，如基于随机场统计学的马尔可夫随机场（Markov random field，MRF）、自回归模型，以及在此基础上产生的多尺度自回归模型等。模型法从纹理图像的实现出发来估计计算模型参数，同时以参数为特征，或采用某种分类策略进行图像分割，所以模型参数的估计是模型法要解决的核心问题。模型法以随机场模型方法和分形模型方法为主。

1）随机场模型方法。随机场模型方法旨在通过概率模型来刻画纹理的随机过程，它首先对随机数据或特征进行统计运算，以估计纹理模型的参数。随后，对这些估计得到的模型参数进行聚类，形成与纹理类型数量相匹配的模型参数集。接着，利用这些估计的模型参数，对灰度图像进行逐点的最大后验概率估计，以确定在给定像素及其邻域条件下，该像素点最可能归属的概率类别。实质上，随机场模型描述了图像中像素与其邻域像素之间的统计依赖关系。典型的随机场模型方法包括马尔可夫随机场模型法、吉布斯（Gibbs）随机场模型法和自回归模型法。

2）分形模型方法。分形维作为分形的重要特征和度量，把图像的空间信息和灰度信息简单而又有机地结合起来，因而在图像处理中备受人们的关注。研究表明，人类视觉系统对粗糙度和凹凸性的感受与分形维之间有着非常密切的联系，因此可以用图像区域的分形维来描述图像区域的纹理特征。分形维描述纹理要解决的核心问题是如何准确地估计分形维。分形维在图像处理中的应用以下两点为基础：①自然界中不同种类形态的物质一般具有不同的分形维；②由于研究人员的假设，自然界中的分形与图像的灰度表示之间存在着一定的对应关系。

4. 频谱法

频谱法是借助变换域的频率特性来描述纹理特征，主要是利用某种线性变换、滤波器或者滤波器组将纹理转换到变换域，然后应用某种能量准则提取纹理特征。因此，基于信号处理的方法，也称为频谱法。它建立在时域、频域分析与多尺度分析的基础之上，对纹理图像中某个区域内实行某种变换之后，再提取保持相对平稳的特征值，以此特征值作为特征表示区域内的一致性及区域间的相异性。大多数信号处理方法的提出，都是基于这样一个假设：频域的能量分布能够鉴别纹理。常用的频域变换包括傅里叶变换、伽柏（Gabor）变换、塔式小波变换、树式小波变换等。

（六）形状特征的提取和表示

在计算机视觉中，相对于颜色或纹理等低层特征而言，形状特征属于图像的中间层特征。它作为刻画图像中物体和区域特点的重要特征，是描述高层视觉特征（如目标、对象）的重要手段。要把图像低层特征与高层特征有机地结合起来，就需要有形状特征描述与提取算法的支持。

形状特征描述主要有基于边界和基于区域两大类，前者只利用形状的外部边缘，而后者利用了形状的全部区域，它们又可以进一步分为基于变换域和基于空间域两种不同方法。

基于边界的形状特征的描述关键在于边缘检测，在提取边缘的基础上，定义边缘的特征描述。基于区域的形状特征的描述，关键在于图像分割。然后，利用已经被分割出来的区域块，提取相应的特征向量，作为其形状特征的表示参数。

三、图像相似性度量方法

图像相似性度量是指衡量两幅图像相似程度的一种测度。这一技术被广泛应用于多个领域，其中最为常见的包括以图搜图功能和相似图像去重等。当前，诸如谷歌、百度等公司已在其搜索引擎中整合了以图搜图的功能。本书研究的重点聚焦于检索任务，这一过程中不可避免地需要进行图像的对比与筛选，因此图像相似性度量显得尤为重要。我们对图像相似性度量的方法进行了简要调研，涵盖了从传统图像处理方法到基于深度学习的现代方法。

基于文本的图像检索技术中采用的检索方法，是通过用户输入的检索关键词与图像数据库中标注的图像关键字进行文本的精确匹配和查找，实现对图像的检索。然而，基于内容的图像检索技术则一般需要通过计算用户输入的检索图像与图像数据库中的其他图像在图像视觉特征上的相似性，从而返给用户视觉上最接近或者最相似的候选图像。因此，定义和选择一种合适的图像视觉特征相似性度量方法，对于基于内容的图像检索技术来说具有非常重要的意义，甚至可以说是确保该方法有效的基石。

在基于内容的图像检索中，一幅图像经过特征提取与表达操作之后，可以被表示为一个特征向量或者一组特征向量的集合。从数学上来说，这些特征向量和特征向量集合是分布在某些特定的向量空间中的。用户提交的检索图像和图像数据库内的图像，一方面可以被看成是分布在这个高维的特定向量空间中的点，因此彼此之间的相似性可以采用距离度量方法进行衡量比较；另一方面，也可以看成是从原点出发的向量，因此可以用向量之间的夹角来衡量比较。接下来，我们对智能图像检索中常用的一些相似性度量方法进行逐一介绍。

（一）L_1 距离、L_2 距离和 L_P 距离

在图像检索中，比较常用的相似性度量方法是人们比较熟悉的欧氏距离（L_2 距离）或者曼哈顿距离（L_1 距离），它们通过计算两个向量之间的距离来表示图像的相似性。一般情况下，如果图像特征各分量间是正交无关的，并且各个维度的重要程度相同，那么任意两个图像特征向量 A 和 B 之间的距离可以用 L_1 距离或者 L_2 距离来度量。其中，L_1 距离的计算可以形式化地表示为式（6.1）。

$$\text{dis}(A,B) = \sum_{i=1}^{n} \left| A_i - B_i \right| \tag{6.1}$$

其中，n 是特征向量的维数。相应地，L_2 距离的具体计算如式（6.2）所示，i 表示 A 与 B 特征索引值。

$$\text{dis}(A,B) = \sum_{i=1}^{n} (A_i - B_i)^2 \tag{6.2}$$

上面两种距离的数学表达，可以看成是对特征向量 A 和 B 之差的 L_1 和 L_2 范数的约束。很自然地，可以将这种约束扩展开来，从而得到 L_P 范数约束，相应地，得到 L_P 距离，其定义如式（6.3）所示，p 是 L_P 的参数。

$$\text{dis}(A,B) = \left(\sum_{i=1}^{n} \left| A_i - B_i \right|^p \right)^{\frac{1}{p}} \tag{6.3}$$

（二）直方图相交距离

相关研究表明，当图像的特征是直方图统计时，采用专门用于度量直方图距离的直方图相交距离（histogram intersection distance）来描述两幅图像之间的相似性，远比直接使用前面介绍的 L_1 距离或者 L_2 距离的效果更好。具体而言，假设 A 和 B 都是包含 n 个区间的颜色直方图特征，那么它们的直方图相

交距离定义如式（6.4）所示。

$$\text{dis}(A, B) = \sum_{i=1}^{n} \min(A_i, B_i) \tag{6.4}$$

从上面的定义可知，直方图的相交是指两个直方图在各个区间中有共有的像素。直接计算直方图相交距离，会由于 A 和 B 数值的原因而影响比较，通常需要进行一个标准化操作。在实施上，可以通过将得到的直方图相交距离除以其中一个直方图中所有的像素数来进行标准化操作，从而使得计算结果落在 $[0,1]$ 值域的范围，具体计算如式（6.5）所示。

$$\text{dis}(A, B) = 1 - \frac{\sum_{i=1}^{n} \min(A_i, B_i)}{\sum_{j=1}^{n} B_j} \tag{6.5}$$

（三）二次式距离

研究表明，在基于颜色直方图的图像检索中，采用二次式距离相较于直方图相交距离等更为有效。这主要是因为图像中的各类颜色之间存在着固有的相似性关联，而二次式距离能够考虑到这些颜色间的相似性，从而提升了检索的准确性。在数学上，两个颜色直方图 A 和 B 之间的二次式距离如式（6.6）所示。

$$\text{dis}(A, B) = \sqrt{(A - B)^T \times S \times (A - B)} \tag{6.6}$$

其中，S 是颜色相似性矩阵，S 中的位置元素 $S(i, j)$ 表示直方图下标为 i 和 j 的两个颜色桶间的相似。S 矩阵考虑了不同但相近颜色之间的相似性因素。这里需要指出的是，估计 S 矩阵的一种方法是通过色彩心理学的研究来确定它的值，另外一种方法是基于训练数据，利用度量学习模型来估计一个最佳的颜色相似性矩阵。

（四）马氏距离

前面提到，图像特征向量之间需要满足以下条件：在正交无关和各个分量的重要性一致的情况下，采用 L_1 距离或者 L_2 距离比较合适，若特征向量的各个分量之间具有相关性或有不同的权重，这时可以采用马氏距离（Mahalanobis distance）来计算特征间的相似度。在马氏距离计算中，我们引入特征向量的协方差矩阵，以此来对不同维度进行加权处理，可以使不同维度之间具有的差异性得到保持，因而比使用 L_1 距离或者 L_2 距离更加合适。在数学上，马氏距离的表达形式如式（6.7）所示。

$$\text{dis}(A,B) = \sqrt{(A-B)^T C^{-1}(A-B)} \qquad （6.7）$$

其中，C 是指特征向量的协方差矩阵。一种特殊的情况是，如果特征向量的各个分量之间没有相关性，那么马氏距离可以进行简化。这时只需要计算各个分量的方差，就可以得到简化后的马氏距离，如式（6.8）所示。

$$\text{dis}(A,B) = \sum_{i=1}^{n} \frac{(A_i - B_i)^2}{C_i} \qquad （6.8）$$

为了提升基于图像内容的检索技术的效率，关键在于从图像中提取特征后，选择一种合适的相似性衡量方法来计算这些特征之间的相似性。在实际应用中，尽管我们可以通过对比不同方法的效果来挑选出一种较优的度量方式，但在此基础上面临的进一步挑战，也是更为关键和复杂的一步，在于如何精确地确定不同特征之间或同一特征不同分量之间的权重，以此来进一步优化图像检索算法的性能。

（五）非几何相似度方法

前面所述的各种图像相似性距离计算方法均植根于向量空间模型，它们将待比较的两幅图像视为向量空间中的两个点，并利用几何距离作为衡量这两点间相似性的指标。这些距离函数通常需要遵循距离公理，包括自相似性、对称性和三角不等式等特性。值得注意的是，在特定情境下，相似性中的对称性可能会展现出方向性特征。对于三角不等式在相似性度量中的适用性，学术界也存在一定的争议。

为了解决这些问题，Tversky 在 1977 年提出了著名的特征对比模型。[1]与前面提及的几何距离不同，该模型不是把各个实体看作特征空间中的一个点，而是把各个实体用一个特征集合来表示。在该模型中，假设有两个实体 a 和

---

① Tversky A. Features of similarity[J]. Psychological Review, 1977, 84（4）: 327-352.

b，与之对应的特征集分别为 A 和 B，那么这两个特征之间应该满足匹配性、独立性假设和单调性。

在这一假设的基础上，Tversky 提出了对比模型定理：对于满足前面所提的假设的度量函数 s，一定存在一个相似的度量函数 S、一个非负的函数 f，两个常量 α、$\beta > 0$，实体 a、b、c、d 和它们的特征集 A、B、C、D，如式（6.9）和式（6.10）所示。

$$S(a,b) > S(c,d) \Leftrightarrow s(a,b) > s(c,d) \tag{6.9}$$

$$S(a,b) = f(A \bigcap B) - \alpha f(A - B) - \beta f(B - A) \tag{6.10}$$

其中，f 是一个反映特征显著性的函数，主要衡量指定特征对相似度的贡献。如果 a 不等于 b，那么相似函数是不对称的。可以说，Tversky 的理论吸纳并超越了传统几何模型下相似性度量方法的优势与局限，开创了一种更为高效的理论衡量方法。然而，这种方法也存在无法应用的问题，只适合处理那些特征明显的对象，并且 f 函数的表达形式并不是唯一的，在不同的应用环境中需要进一步确定。

（六）平均哈希算法

平均哈希（average Hash，aHash）算法是基于比较灰度图每个像素的平均值来实现的，适用于缩略图和放大图搜索，其步骤如下。

1）缩放图像。为了保留结构，去掉细节，去除大小、横纵比的差异，把图像尺寸统一缩放到 8×8。

2）转化为灰度图。将缩放后的图像转化为 256 阶的灰度图。

3）计算平均值。对灰度处理后的图像的所有像素点的平均值进行计算。

4）比较像素灰度值。遍历灰度图像的每一个像素，如果大于平均值，记为 1，否则记为 0。

5）得到信息指纹。组合 64 个 bit 位，顺序随意，保持一致性即可。

6）对比指纹。计算两幅图像的指纹，计算汉明距离（从一个指纹到另一个指纹需要变几次）。汉明距离越大，则说明图像越不一致；反之，汉明距离越小，则说明图像越相似。当汉明距离为 0 时，说明图像完全相同（通常情况下，汉明距离大于 10，就认为是两张完全不同的图像）。

（七）感知哈希算法

aHash 算法过于严格，且不够精确，更适合搜索缩略图。为了获得更精确的结果，可以选择感知哈希（perceptual Hash，pHash）算法。它采用离散余弦变换（discrete cosine transform，DCT）来降低频率，具体步骤如下。

1）缩小图像。32×32 的图像大小较好，这样方便进行 DCT 计算。

2）转化为灰度图。把缩放后的图像转化为 256 阶的灰度图。

3）计算 DCT。DCT 把图像分离成分率的集合。

4）减小 DCT。DCT 是 32×32，保留左上角的 8×8 区域。

5）计算平均值。计算减小 DCT 后的所有像素点的平均值。

6）进一步减小 DCT。大于平均值记为 1，反之记为 0。

7）得到信息指纹。组合 64 个信息位，顺序随意，保持一致性即可。

8）对比指纹。计算两幅图像的指纹。

（八）差异哈希算法

相比 pHash、dHash 算法，差异哈希（different Hash，dHash）算法的速度要快得多，在效率几乎相同的情况下，比 aHash、dHash 算法的效果更好。它是基于渐变实现的，具体步骤如下。

1）缩小图像。将图像大小缩小到 9×8，一共 72 个像素点。

2）转化为灰度图。把缩放后的图像转化为 256 阶的灰度图。

3）计算差异值。dHash 算法基于相邻像素之间的差异进行计算，这样每行 9 个像素之间产生了 8 个不同的差异值，一共 8 行，则产生了 64 个差异值。

4）获得指纹。如果左边的像素比右边的更亮，则记为 1，否则记为 0。

需要说明的是，这种指纹算法不仅可以应用于图像搜索，同样适用于其他多媒体形式。除此之外，图像搜索特征提取方法还有许多可以改进的地方，比如，对于人物，可以先进行人脸识别，再对面部区域进行局部哈希，如果背景是纯色的，可以先进行过滤剪裁等。

（九）基于深度学习的方法

基于深度学习的方法，主要是孪生网络。首先，给神经网络输入成对的图像，然后训练网络，让它去猜测这两个图像是否属于同一类别。其次，在给定测试集的样本时，神经网络可以将该样本与测试集中的样本配对，并且选择最有可能和测试集同类别的样本，因此需要的神经网络模型的输入是两张图像，然后输出它们属于同一类别的概率。

假设 X_1、X_2 是数据集中的两个样本，属于同一类别的记为 X_1oX_2，很明显和 X_1oX_1 等价。这也说明在给神经网络输入数据时，即使两张照片调换顺序，最后的输出也不会受到影响，这种特性被称为"对称性"。这样的特性就决定了需要学习一种距离度量，即从 X_1 到 X_2 的距离等价于从 X_2 到 X_1 的距离。

如果将两个样本连接在一起形成单个输入，并且将其输入神经网络，那么每个合成样本（调换两个样本连接的顺序，整个合成矩阵的结构就不一样了）的矩阵元素会和不同的一系列权重值相称或卷积，这样就打破了"对称性"的原则。换句话说，即使是不同顺序的输入，最后也能学习到相同的权重参数，因此可以设计一种相同的网络结构，并且两者之间权重共享，每种网络结构对应于一个输入（因为两者完全相同，即使两个输入调换位置，也不会影响模型的学习）。然后，将绝对值距离作为输入，通过线性分类器得到输出，这就是孪生网络的原理。

孪生网络方法的一个局限性在于，它依赖带有标签的训练数据。相比之下，无监督学习的核心在于无需标签，图像数据可以在没有人工标注的情况下，通过自身的大量样本自动生成相似的特征值，从而实现隐含的聚类。

四、图像检索评价指标

在以图像内容为基础的图像检索任务中，图像视觉特征的表达方式及相似性度量方法均存在多样化的选择。为了对比分析并量化评估各种特征和算法的性能，研究者通常会在一个或多个特定的图像数据集上，分别采用一种或多种图像特征提取与相似度计算算法，并进行检索效果的对比。这一过程要求对不同条件下的检索结果进行全面、客观的评价，通过量化指标来比较不同特征和算法的优劣，旨在找出最优的特征提取与算法组合。

一般来说，对图像检索效果的评价，主要考虑检索结果正确与否，通常使用的是准确率和召回率两个量化指标。准确率是指在一次图像查询过程中，系统返回的查询结果中相关图像的数目占全部返回图像数目的比例。召回率则是指系统返回的查询结果中的相关图像的数目占图像数据库中全部相关图像数目的比例。用户在评价查询结果的时候，可以事先确定哪些图像可以用来作为查询的相关图像，然后根据图像检索系统返回的结果计算准确率和召回率。准确率和召回率越高，说明此种图像检索方法的效果越好。数据的准确率和召回率是互相影响的，理想的情况下两者都高，但实际情况通常是如果准确率高，那么召回率就低；相反，如果召回率低，则准确率就高。

第二节　基于语义特征融合的少数民族服饰图像分层检索方法

一、少数民族服饰特征提取

对目标图像进行特征提取，是基于内容的图像检索的关键步骤，所提取图像特征的精准与否，会直接影响整个检索模型的性能。如何在少数民族服饰图像检索任务中提取更具有表达性的特征，是一个值得思考的问题。下面，分别从底层特征与深度特征两个方面来介绍图像特征的提取。

（一）底层特征提取

底层特征是一种传统的图像特征，其包含了来自图像局部区域的内容信息。在数量众多的特征提取算法中，SIFT 是一种用来描述图像中的底层特征的代表算法。[①]通过 SIFT 算法获取的特征点称为 SIFT 特征点，其不仅具有尺度不变性，在对图像进行旋转角度、图像亮度等操作时，同样具有良好的适应性。它的运算过程如图 6-3 所示。[②]

1）构建图像尺度空间。为了获取图像的 SIFT 特征，首要步骤是确定图像的尺度空间。在这一精心构建的尺度空间中，能够捕捉到图像在不同尺度上特征表达的差异性。这一构建过程通常依赖于高斯函数作为卷积核，通过对图

---

① Yan T W, Garcia-Molina H. SIFT: A tool for wide-area information dissemination[EB/OL]. http://ilpubs.stanford.edu:8090/73/1/1994-7.pdf, 1995.

② Soni B, Das P K, Thounaojam D M. CMFD: A detailed review of block based and key feature based techniques in image copy-move forgery detection[J]. IET Image Processing, 2018（2）: 167-178.

像进行卷积运算，最终生成图像的高斯空间金字塔。

2）确定尺度空间极值点。这一步主要是通过对图像的相邻空间进行筛选，以获取该尺度空间内所需要的极值点。同时，每个选中的点都需要与上下两个相邻的尺度空间中的 3×3 区域内候选特征点及自身所在的尺度空间的 8 个候选特征点进行比较。如果这个采样点在上述 26 个候选特征点中是最大值或最小值，即确定该采样点为候选特征点。

3）检测关键点方向。这一步需要给每个特征点设置一个采样框，针对采样框范围内的点，计算所在高斯金字塔空间邻域内梯度的模值及梯度方向直方图。根据梯度方向直方图，可以很轻松地确定特征点的主方向。

4）生成最终特征向量。经过之前的步骤，可以获取被分配了坐标信息、尺度和方向的特征点。最后，将坐标轴旋转到特征点方向，在特征点的中点设置一个大小为 16×16 的方块作为特征采样窗口，同时该特征采样窗口又可以被继续划分成 16 个尺寸为 4×4 的种子窗口。其中，每个种子点矩阵上都有 8 个方向，计算每个方向上的梯度直方图可获得特征相邻，最终每个关键点可以形成 8×16=128 维的特征向量作为 SIFT 特征。

图 6-3　SIFT 特征生成步骤

完成以上步骤后，即可得到 SIFT 特征。图 6-4 展示了一幅少数民族服饰图像经过 SIFT 算法进行特征提取的对比结果。

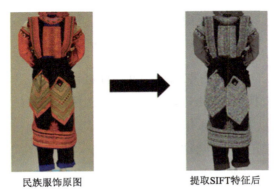

民族服饰原图　　　　　　　提取SIFT特征后

图 6-4　提取 SIFT 特征前后对比图

（二）深度特征提取

不同于 SIFT 算法需要对特征点提前设计及进行复杂的计算，采用已训练的神经网络模型，可以直接执行特征提取任务。在使用时，将图像转换成计算机能识别的数组数据，再输入卷积神经网络中执行一次完整的前向传播运算后，网络中不同层的输出即可作为图像检索中的特征向量使用。卷积神经网络对图像特征提取的基本流程如下。

1）将图像传入卷积神经网络，将图像的像素转换成计算机可以识别的矩阵，作为该图像的基本特征向量。

2）使用卷积层的卷积核对特征向量进行卷积操作运算，然后输出卷积特征图。通常情况下，深度卷积神经网络会将多个卷积层进行线性堆叠，在获得较大的感受野的同时，也增加了网络的深度，有利于深度特征的提取。

3）对卷积特征图进行池化下采样，获得降维后的特征图。

4）重复多次卷积与池化过程，获得更深的特征图。

5）将深度特征图输入全连接层中进行特征汇总。

6）输出图像的深度特征。

深度特征生成示意如图 6-5 所示。

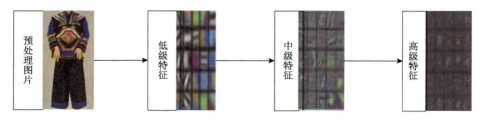

图 6-5　深度特征生成示意图

生成深度特征之后，将提取到的深度特征进行保存。我们将深度特征保存到 h5 文件中形成特征文件。h5 文件是当前层次数据格式的第五代版本，其在内存占用、访问速度等方面都有着十分良好的表现，因此很适合用于存储大规模数据。h5 文件常用来保存数据集与组这两个对象类型，其中数据集是指同种类型的高维数组，组则可以用来存放其他数据集及组的键值对。基于以上特性，h5 文件可以被定义为层次结构及文件系统式的数据类型。h5 文件的组织形式与文件管理系统相同，将不同种类的数据存储在不同的目录下。目录就是

h5 文件里面的组，既可以描绘数据集的分类信息，也可以对不同种类的数据集进行合理的划分与管理。

二、少数民族服饰检索方法设计

考虑到少数民族服饰的部件区域同样具有丰富的语义信息，我们利用卷积神经网络对服饰图像的整体与部件区域进行特征提取，然后融合成检索特征。特征提取分为两个阶段：检索任务开始前和检索任务进行时。在检索任务开始前提取特征，是为了缩短检索用时，需要在检索任务开始之前将图像的整体服饰特征与语义分割部件特征全部提取出来，将特征进行融合之后保存到检索特征库。这样做是因为少数民族服饰库图像中的图像数量较多，如果在检索的时候再扫描整个图库的图像，逐个对其进行特征提取，会耗费大量的时间，提前建立特征数据库，可以大大缩短检索时间。第二个阶段是在检索任务进行的时候提取待检索图像的特征。一般的基于深度学习的图像检索过程如图6-6 所示。

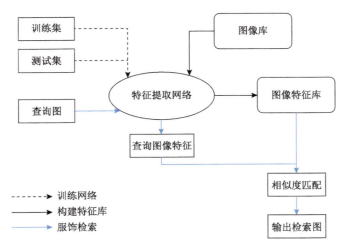

图 6-6　基于深度学习的图像检索过程

（一）卷积神经网络的构建

我们选用的特征提取网络与当前其他网络结构类似，通过将多个卷积层进行线性堆叠来取代大卷积核，同时在卷积层后连接池化层，最后是全连接层。其中，卷积层主要是对输入的特征图采用卷积操作，随后通过激活函数输出一组非线性激活响应，扮演着卷积神经网络的核心角色。在搭建卷积层的时候，主要是针对卷积层里的卷积核大小及卷积核步幅的长度进行。卷积层的输入可以是前一个卷积层的输出，也可以将图像的原始特征及池化层的输出作为卷积层的输入。我们采用类似 VGG 网络的方法，将卷积核的尺寸全部定义成 3×3，将步幅长度定义为 1，同时依靠数个卷积层的堆叠来达到替换大卷积核的目的。池化层在卷积神经网络中的作用，是以下采样的方式减少特征图的数据量，同时只缩减特征图的高度与宽度，但不改变其深度。当前，池化的方式主要为平均池化及最大池化。其中，最大池化能在池化框的范围内获取最显著的特征，同时减少特征图的数据量，因此我们也选用最大池化。卷积神经网络的最后一层通常是全连接层，全连接层里的神经元全部同上一层的神经元进行连接。通过提取全连接层（fully connected layer，FC）的特征，即可得到特征向量。特征提取网络结构如图 6-7 所示。

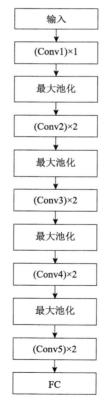

图 6-7　特征提取网络结构

　　在经过特征提取网络中的卷积、池化等运算后，在网络的输出层中添加一个 Softmax 函数，负责计算输入图像的民族类别的概率，并将其作为少数民族服饰图像的分类网络。在训练分类网络之前，首先要按照 9：1 的比例将少数民族服饰数据划分为训练集与验证集。然后，利用标签是民族类别的图像训练集来训练并微调网络，以此提升网络对不同民族服饰有效特征提取的效果。

（二）特征融合

　　现有的以图搜图检索方法，多数是通过直接提取检索图像的深度特征进行相似性度量，从而获得检索结果。但由于少数民族服饰的部件区域同样包含丰富的语义特征，为了在检索过程中增加少数民族服饰图像中各个部件的权重，我们设计了一个少数民族服饰检索特征。具体就是通过本书中的少数民族服饰图像语义分割的结果，将同一幅服饰图像的整体和部件分别按以下顺序输入特征提取网络中：整体图、上衣、裤子、袖子、裙子、腰带、护腿、饰品。通过提取各个图像的全连接层输出，可以获得整体图与每个部件图的深度特征。随后，按输入的顺序，将服饰的整体图像深度特征与各部件的深度特征进行线性连接，将特征融合后的总体特征作为每张服饰图像的检索特征 f。f 的定义如式（6.11）所示。

$$f = \{f_1, f_2, f_3, \cdots, f_8\} \qquad (6.11)$$

其中，f_1—f_8 分别代表该服饰整体图的深度特征与各服饰部件的深度特征。然后，按民族的类别，分别将佤族与哈尼族服饰图库中每张图像的深度特征进行融合，分别构建佤族与哈尼族的民族服饰检索特征库 f。f 的定义如式（6.12）所示。

$$f = \{f^1, f^2, f^3, \cdots, f^n\} \qquad (6.12)$$

其中，f 表示服饰图像的检索特征库。f^n 表示该服饰图像检索特征库里第 n 张图像的检索特征。特征提取过程如图 6-8 所示，融合后的深度特征文件如图 6-9 所示。

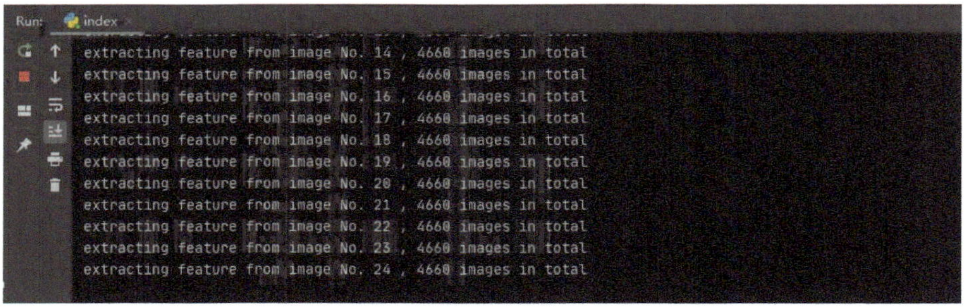

图 6-8　特征提取过程

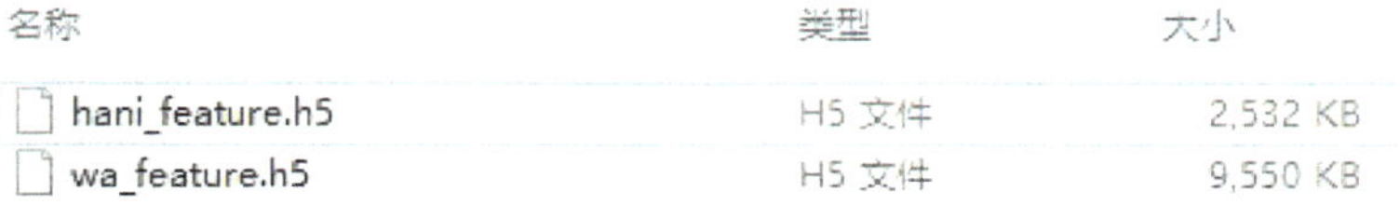

名称	类型	大小
hani_feature.h5	H5 文件	2,532 KB
wa_feature.h5	H5 文件	9,550 KB

图 6-9　融合后的深度特征文件

（三）分层检索

为了提升检索效率，减少检索过程中检索特征的互相干扰，我们提出了一种分层检索策略。在图像检索的第一阶段，对输入的待检索图像先按民族进行分类，这样做的目的是直接减少不同民族类别之间检索特征的相互干扰，间接提高检索精度。分层检索策略分为两个部分：分类与检索。分类主要是获取检索图像的深度特征和服饰图像的民族类别，通过 Softmax 分类器输出该图像属于不同民族的概率，并根据概率从大到小排序，获取排名最高的类别进行下一步检索。检索主要是利用检索特征对少数民族服饰检索特征库中的特征相似度进行计算。具体的分层检索过程如下。

1）分类。对于用户输入的检索图像 Q，通过本书中的语义分割模型，获得其服饰部件区域。然后，将检索图像 Q 的整体图像与部件图像按顺序依次输入卷积神经网络，通过提取与组合深度特征，最后获得待检索图像 Q 的检索特征，同时根据 Softmax 层的输出获得该服饰的民族分类概率。其中，图像特征的定义如式（6.13）所示。最后，根据分类结果选择相应的民族服饰检索特征库进行检索。

$$f_q = \{f_1, f_2, f_3, \cdots, f_8\} \tag{6.13}$$

2）检索。根据欧氏距离计算公式，对 f_q 与服饰检索特征库中每张图像的

检索特征 f^i 的相似度进行计算，距离的度量如式（6.14）所示。

$$d^i = \left\| f_q - f^i \right\|^2 \qquad （6.14）$$

其中，$d^i(i=1,2,\cdots,n)$ 表示输入图像 Q 的检索特征 f_q 与民族服饰检索特征库 f 中的第 i 张图像的检索特征 f^i 的欧氏距离。最后，将所有的检索距离 d^i 按从小到大的顺序进行排序，按照排序生成的结果依次输出检索图像。

三、少数民族服饰图像检索流程

基于语义特征融合的少数民族服饰分层检索流程，如图 6-10 所示。该方法共包括以下 3 步。

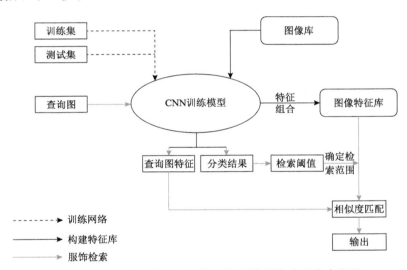

图 6-10　基于语义特征融合的少数民族服饰分层检索流程

1）构建分类网络，在有民族类别标签的服饰图像数据集上训练分类网络，直到训练网络收敛。

2）构建少数民族服饰特征库，将服饰图像输入到本书提出的语义分割模型，获得该图像的服饰部件信息。按顺序将整体图与该图像的部件图依次输入预训练好的少数民族服饰分类网络中，通过提取全连接层的特征，即可获取服饰的整体深度特征与部件深度特征。按顺序将这些特征依次融合，即可获得该少数民族服饰图像的检索特征。对图像数据库中的所有图像依次进行以上操作，即可获取所有少数民族服饰图像的检索特征，以此分别构建佤族和哈尼族的服饰检索特征库。

3）分层检索，即分类和检索。首先，对于一幅输入的查询图 Q，将其输入训练好的少数民族服饰分类网络进行民族分类。当前，还没有算法可以确保图像分类的绝对准确。因此，为了确保检索准确率，我们设置了一个检索阈值。当 Softmax 分类器输出的民族概率小于 0.65 时，即认为存在分类出错的可能，此时检索整个服饰检索特征库。其次，查询图 Q 输入网络时，按照第二步的方式提取查询图 Q 的检索特征。最后，将其与所属民族的检索特征库进行相似性度量，以欧氏距离为准，按照从小到大的顺序输出检索结果。

四、实验环境

本实验的编程语言采用的是 Python 3.6，深度学习框架为 PyTorch-GPU 1.2。本书使用了梯度下降算法中的自适应矩估计（adaptive moment estimation，Adam）算法作为优化器。Adam 算法的优势在于计算高效、内存占用较少，且对目标函数没有平稳性的要求等。我们在实验过程中采用的 GPU 是英伟达公司的 GeForce RTX 2080Ti，具体的实验硬件与软件配置如表 6-1 和表 6-2 所示。

表 6-1　实验硬件配置

硬件类型	配置
CPU	Intel Xeon Gold 5118
GPU	GeForce RTX 2080Ti
内存	16GB DDR4×2
硬盘	500GB

表 6-2　实验软件配置

软件类型	名称
操作系统	Windows 10
编程语言	Python 3.6
依赖库	CUDA 10.1
深度学习框架	PyTorch-GPU 1.2

五、实验结果与分析

为了获得最佳的检索效果，需要选取少数民族服饰分类网络中准确率最高的一种，因此首先要对服饰图像按标签所属的民族进行分类。具体实验过程如下：针对少数民族服饰分类网络设置不同的超参数对网络进行训练，分析验证集分类准确率，选取分类准确率最高的那组参数训练出来的网络作为后续实验的网络。

我们分别设置了 3 组参数来对少数民族服饰分类网络进行训练。在设置不同参数时，遵循控制变量的原则，并将参数控制在合理范围内。其中，Batch size 代表每个批次训练数据的个数，Epoch 代表训练迭代的次数，Learning rate 代表训练学习率，Dropout 代表随机失活神经元的比例，Dropout 过低容易造成过拟合，过高容易丢失重要特征。参照其他网络及结合实验数据集，我们对具体参数进行了设置，如表 6-3 所示。训练过程中使用的损失函数为交叉熵损失函数。

表 6-3　超参数设置

参数	CNN_V1	CNN_V2	CNN_V3
Batch size	8	8	16
Epoch	10	10	20
Learning rate	0.001	0.001	0.005
Dropout	0.25	0.50	0.25

训练结束后，分别将训练过程中 CNN_V1 与 CNN_V2 参数设置下的验证集的准确率随 Epoch 的变化绘制在一幅图中，将 CNN_V3 参数设置下的验证集的准确率随 Epoch 的变化绘制在另一幅图中。结果如图 6-11 和图 6-12 所示。可以看出，在训练过程中，图像分类的准确率随着 Epoch 的增加而上升，在第 8 个 Epoch 以后，准确率的上升已经不明显了。其中，CNN_V3 网络训练了 20 个 Epoch，但最终分类准确率低于 CNN_V1。当网络达的拟合达到一定程度以后，继续增加训练 Epoch，会导致网络参数向过度拟合训练集的方向发展，此时对新的测试数据预测结果产生偏离，同时也会大幅增加训练所耗时间。最后，我们对佤族与哈尼族的服饰数据分别进行分类准确率测试。表 6-4 展示了两个数据集在 3 种不同参数设置下的少数民族服饰图像分类

的准确率。从表 6-4 可以看出，在 CNN_V1 的参数设置下，少数民族服饰图像分类的准确率最高。

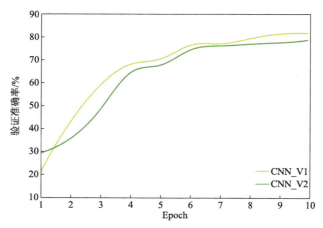

图 6-11　CNN_V1 与 CNN_V2 的测试集准确率

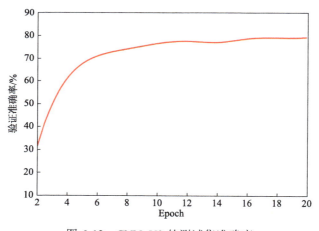

图 6-12　CNN_V3 的测试集准确率

表 6-4　少数民族服饰图像分类准确率　　　　　单位：%

模型	佤族	哈尼族
CNN_V1	79.53	81.24
CNN_V2	75.12	76.31
CNN_V3	78.14	79.57

在完成分类实验后，我们选取 CNN_V1 参数训练出来的网络作为后续实

验的特征提取与服饰分类网络。为了验证本书提出的检索策略的效果，我们设计了一组消融实验进行实验对比，评价指标为 Top 10 检索准确率。实验结果如表 6-5 所示。

表 6-5　不同特征的 Top 10 检索准确率　　　　　　　单位：%

检索策略	佤族	哈尼族
整体	46.2	49.4
部件	33.6	34.2
整体+部件	51.4	53.0
整体+部件+分层	55.4	58.3

从表 6-5 可以看出，使用整体+部件+分层策略的检索效果最好，其 Top 10 检索准确率在佤族和哈尼族两个民族中分别达到了 55.4%和 58.3%。由此可见，在检索之前对服饰图像进行分类处理，可以有效避免检索特征互相干扰的问题，提升了检索的准确率。同时，仅使用整体特征进行检索的检索准确率低于使用整体+部件检索特征进行检索，而检索准确率最低的是仅用服饰图像的部件特征进行检索。这表明通过融合整体与部件的特征，可以获得更适用于表达少数民族服饰的特征，而仅用部件的融合特征检索，更容易受到语义分割的准确率及服饰款式多样性的干扰，因此效果不佳。

最后，为了验证本书检索策略的有效性，我们采用传统图像检索方法中使用到的 SIFT 算法与卷积神经网络中的 VGG16 网络分别代表底层特征与深度特征进行检索对比实验。这两种特征提取方式均是提取服饰整体图的特征进行检索，评价指标仍选取 Top 10 检索准确率。实验结果如表 6-6 所示。

表 6-6　少数民族服饰 Top-10 检索准确率　　　　　　　单位：%

特征提取方式	佤族	哈尼族
SIFT	32.0	34.2
VGG16	46.3	50.2
本书算法	55.4	58.3

通过分析实验结果，可以看到本书提出的检索方式 Top 10 检索准确率依然最优。这说明本书的检索策略在一定程度上提升了检索的准确率。同时，也

可以看出，使用传统的底层特征 SIFT 的检索准确率远低于使用卷积神经网络提取的深度特征的检索准确率。这是由于少数民族服饰图像具有丰富的语义特征，使用传统的底层特征，在处理具有复杂服饰图案、纹理和颜色等的少数民族服饰图像时，往往只能提取浅层特征，而这些特征无法充分表达少数民族服饰的丰富内涵。对不同少数民族服饰图像进行检索的准确率有差异的原因如下：不同少数民族服饰图像的色彩、纹理复杂度不尽相同，因此会影响检索特征的提取。由于数据集的限制，部分服饰款式相似的较少，并且两个民族总体服饰数量存在差异，最终检索出现差异。

本章主要介绍了基于语义分割的少数民族服饰图像检索方法。首先，构建了一个卷积神经网络，通过带有民族标签的服饰图像对其进行分类训练至拟合后，作为整个网络的特征提取网络与服饰分类网络。通过融合服饰整体与部件的特征，获得更具表达性的检索特征。其次，采用分层检索的方式，由分类结果获取检索图像的民族类别。检索的时候，从相应的民族服饰检索特征库中进行相似性度量，根据欧氏距离输出检索结果。

在实验部分，首先通过对民族分类网络设置不同的参数进行训练，得到了训练效果最佳的模型。其次，通过与不同检索策略进行对比实验，验证了本书提出的融合特征及分层检索方法的有效性。最后，与以 SIFT 为代表的底层特征和以 VGG 网络为代表的深度特征进行对比实验，发现面对少数民族服饰图像丰富的语义特征，使用传统的底层特征进行检索的准确率不如采用深度特征进行检索的准确率。这也验证了本书提出的基于语义分割的少数民族服饰图像检索方法的有效性。

第七章

少数民族服饰灰度图像着色

自古以来，中国的每一个民族都发展出了各自独特的文化。在这些文化中，民族服饰作为鲜明的民族符号，种类繁多且各具特色。少数民族服饰的独特性，最直接地体现在其丰富的色彩上，这些色彩成了各自文化特色的直观展现。民族服饰的颜色搭配，作为一种特殊的表达方式，深深植根于各民族不同的文化背景之中。

少数民族文化丰富多彩、历史悠久，人们在 20 世纪末通过黑白相机保留下来大量关于少数民族服饰的黑白照片，是中华民族珍贵的历史文化财富。然而，这些黑白照片缺乏色彩信息，不能体现少数民族服饰的特点，不利于少数民族服饰文化的传承与发展。众所周知，少数民族服饰文化的传承需要大众的进一步宣传与推广，而黑白照片在传播与展示过程中缺乏一定的服饰色彩表达，表现形式单调，不能很好地吸引大众的目光。

随着现代信息技术的迅速发展，人们对多媒体资源质量的要求日益提高，以往那些黑白照片的观赏性与实用性已经满足不了大众的需求，这是缺乏颜色信息带来的问题。近年来，老照片修复越来越受到人们的关注，大量之前常见的黑白照片通过各类方法被修复为色彩丰富的彩色图像，使得过往岁月的很多美好瞬间再次复现，给观赏者带来了别样的感触。

灰度图像彩色化任务在计算机视觉与图像学领域是热门课题，被广泛应用在照片和影视的处理过程中，如图像编码、颜色校正、图像修复等方面。将灰度图像自动地转换为彩色图像，实际上就是将单通道灰度图像信息映射为对应的彩色信息。在灰度图像彩色化任务中，以 CIE Lab 颜色空间为例，该过程主要是利用 L 通道的灰度信息来预测另外两个颜色通道的值。灰度图像的彩色化结果往往具有多样性，意味着可以从多个可靠选项中挑选合适的色彩方案。借助灰度图像彩色化的相关技术，我们能够为海量的黑白图像增添色彩信息，使这些照片摆脱单调，生动地展现原本黑白影像无法捕捉的风貌。

少数民族服饰灰度图像的彩色化处理，不仅能够有效地保护和传承少数民族独特的文化资源与特色，还能重新激发大众对这些黑白服饰照片的兴趣，进一步推动少数民族服饰文化的传承。将灰度图像彩色化的相关技术应用于少数民族服饰黑白照片的着色上，无疑为服饰文化的传承提供了有力支持。然而，相较于普通服饰，少数民族服饰因其复杂的图案设计、丰富的颜色搭配及独特的颜色分布，使得一般的着色方法难以取得理想的着色效果。

传统的自动着色方法通常是基于先验概率，将黑白照片进行整体彩色映射，以获取整张照片的颜色映射关系，从而完成彩色化任务。但这种方法在处理少数民族服饰时存在诸多不足。首先，每个少数民族的服饰都有其独特的颜色搭配，若对整张照片进行直接彩色映射，往往会导致着色效果不佳，局部颜色的一致性较差。其次，由于少数民族服饰各部位的颜色分布差异显著，若将其视为一个整体进行映射，着色效果自然不理想。

第一节　相关概念和技术

本节主要对少数民族服饰图像着色涉及的相关概念与技术进行介绍，分别从灰度图像着色、色彩迁移、图像细粒度语义分割、Pix2Pix 网络模型及灰度图像着色评价指标等几个方面进行介绍。

一、灰度图像着色

当前，灰度图像着色方法主要包括两类：一类是传统的彩色化方法；另一类是基于深度神经网络的着色方法。近年来，人工智能技术快速发展，各领域的学者都在关注机器学习、深度学习等相关技术。相较于传统方法，深度神经网络有着优异的特征提取能力，可以从训练数据中获得更抽象和高层语义特征信息，并且提取的特征拥有较强的泛化能力。高性能的图像计算芯片发展迅速，促进了人工智能的发展。所以，深度学习被广泛应用在机器视觉的各项任务中，使用深度学习模型进行灰度图像着色是当下和未来的发展趋势。

目前，灰度图像着色的方法主要分为以下 3 类。

1）以样本参考图着色或用户交互引导的着色算法。使用现有交互式或参考式的着色方法，需要用户以丰富的经验和良好的审美来完成着色任务。着色效果完全依赖于个人，要想得到好的结果，使用者需要接受一定程度的训练。

2）灰度图像与彩色图像的颜色映射算法。利用庞大的参照图像数据库检索最相似的图像块或像素信息作为着色的参考，然后建立与灰度图像相对应的关系来完成色彩的传播。参照图像会受到各种因素的影响，所以导致参照物和目标差异很大，基于这种方式的着色算法易受到干扰或误导。

3）基于深度学习的灰度图像着色算法。我们可以把灰度图像的彩色化任务理解为回归问题，即利用深度神经网络模型直接预测并生成着色结果。这种方法能够实现智能化的自动着色，无需额外参考其他对象。它的主要局限在于仅依赖从数据中学习到的主色调，无法实现多模态的着色效果。用户既无法干预着色过程，也无法选择或应用其他色彩。此外，这些模型的学习与训练过程需要依赖包含所有可能参考图像的庞大数据集。

基于深度学习的灰度图像自动着色方法被广泛采用。[1]这类方法通常基于从大规模训练数据中提取的全局彩色化经验，利用训练好的模型完成着色任务。Deshpande 等指出，可以把着色任务定义为线性问题，设计一个线性彩色化系统，并使其参数被学习。[2]Iizuka 等提出了将全局先验信息与局部特征信息相融合的方法，以实现灰度图像着色，其网络主要包含 4 个子网络：低阶特征网络、中阶特征网络、全局特征网络、着色网络。[3]低阶特征网络以 VGG[4]

① Guadarrama S, Dahl R, Bieber D, et al. Pixcolor: Pixel recursive colorization[EB/OL]. https://arxiv.org/abs/1705.07208, 2017.

② Deshpande A, Rock J, Forsyth D. Learning large-scale automatic image colorization[C]. 2015 IEEE International Conference on Computer Vision, 2015: 567-575.

③ Iizuka S, Simo-Serra E, Ishikawa H. Let there be color! Joint end-to-end learning of global and local image priors for automatic image colorization with simultaneous classification[J]. ACM Transactions on Graphics(ToG), 2016（4）: 1-11.

④ Simonyan K, Zisserman A. Very deep convolutional networks for large-scale image recognition[EB/OL]. https:// arxiv.org/abs/1409.1556, 2014.

为基础来提取灰度图像的低阶特征，中阶特征网络与全局特征网络的输入为低阶特征网络的输出，可以分别深入地提取特征，将两个网络模型的输出特征输入到全连接层，之后再与融合层进行特征融合，将特征输入到着色网络中生成彩色图像。该方法的全局特征子网络可以对着色网络进行场景的适应，减少不同场景下着色任务的误差。该方法的不足是，在特征提取过程中，下采样会损失大量图像特征信息，存在细节信息丢失的问题。Qin 等在上述方法的基础上，替换了低阶特征网络的基础[1]，采用残差神经网络[2]（ResNet）作为低阶特征网络的基础，利用恒等快捷连接解决网络性能退化和梯度衰减的问题，在一定程度上保留了细节信息，增强了特征提取能力。Zhang 等提出使用密集连接神经网络（DenseNet）[3]作为低阶特征网络的基础，利用 DenseNet 特征信息提取率高、利用率高的特性，更进一步地提升细节保留能力[4]。上述提到的 3 种方法，均采用均方误差作为损失函数。在训练过程中，为了降低损失值而使得输出结果平均化，导致出现了颜色平淡、不鲜艳等问题。

Larsson 等[5]与 Zhang 等[6]提出使用基于 VGG 的网络作为基础网络，自动提取图像特征，并预测最终的颜色结果，两者均改动了 VGG 的基础网络结构，去除了池化层，利用空间上采样与下采样方式实现分辨率的转换。Larsson 等将灰度图像的彩色化任务理解成一个回归问题进行研究，将 KL 散度（Kullback-Leibler divergence）作为损失函数。Zhang 等将灰度图像的彩色化任务理解成一个分类问题进行研究，使用交叉熵损失函数，将彩色化任务看

① Qin P L, Cheng Z R, Cui Y H, et al. Research on image colorization algorithm based on residual neural network[C]. Computer Vision: Second CCF Chinese Conference, 2017: 608-621.

② He K M, Zhang X Y, Ren S Q, et al. Deep residual learning for image recognition[C]. 2016 IEEE Conference on Computer Vision and Pattern Recognition, 2016: 770-778.

③ Huang G, Liu Z, van der Maaten L, et al. Densely connected convolutional networks[C]. 2017 IEEE Conference on Computer Vision and Pattern Recognition, 2017: 2261-2269.

④ Zhang N, Qin P L, Zeng J C, et al. Image colorization algorithm based on dense neural network[J]. International Journal of Performability Engineering, 2019, 15(1): 270-280.

⑤ Larsson G, Maire M, Shakhnarovich G. Learning representations for automatic colorization[C]. Computer Vision-ECCV 2016: 14th European Conference, 2016: 577-593.

⑥ Zhang R, Isola P, Efros A A. Colorful image colorization[C]. Computer Vision-ECCV 2016: 14th European Conference, 2016: 649-666.

成分类问题①，就是对目标图像中的每一个像素点进行分类，每个分类都代表一种颜色，针对一般场景下的颜色，可以将其看成 313 个类别的分类问题。为了解决颜色平淡的问题，本研究引入了类别平均步骤，旨在促进对特殊颜色的预测。尽管这种方法能够有效提升图像的鲜艳度，但也可能导致着色结果过于激进，进而引发主观评价不佳的情况。

Zhang 等提出了一种基于用户实时引导的方法②，依据用户标注的额外颜色信息完成灰度图像着色，同时模型可以实时推理出给予用户彩色化参考的信息，实时辅助用户完成着色任务。其网络模型由 3 部分子网络组成，分别是全局参考网络、局部参考网络和着色网络。其中，局部参考网络由两部分组成：一部分是处理用户在实时交互界面标记的指定位置与颜色的信息；另一部分是提供给用户参考的特定位置的颜色选择范围信息。全局参考网络是根据参考图像的全局特征信息，利用五层卷积层提取特征，并将特征整合到着色网络中。着色网络采用 U-Net 的网络结构完成，可以对整张照片的全局颜色进行预测。U-Net 采用了编码器–解码器的网络结构模型，Encoder 是编码器，可以对输入的灰度图像进行卷积和下采样操作提取特征，Decoder 是解码器，可以对编码器提取的特征进行反卷积和上采样，以此实现对输入的灰度图像进行着色。同时，U-Net 引入了跳跃连接，将每一层级的编码器层与解码器层相连接，目的是保留浅层的特征信息，有利于保留细节特征。另外，研究者在损失函数的设置方面也有所创新，使用平滑 L1 回归损失函数③代替 L1 损失函数④或 L2 损失函数⑤，避免着色效果过于激进，需要用户实时多次调整标记颜色，才能改善最终的着色效果。

---

① Zhang R, Isola P, Efros A A. Colorful image colorization[C]. Computer Vision-ECCV 2016: 14th European Conference, 2016: 649-666.

② Zhang R, Zhu J Y, Isola P, et al. Real-time user-guided image colorization with learned deep priors[EB/OL]. https://arxiv.org/abs/1705.02999, 2017.

③ Lee C P, Lin C J. A study on L2-loss(squared hinge-loss)multiclass SVM[J]. Neural Computation, 2013 (5): 1302-1323.

④ Chang K W, Hsieh C J, Lin C J. Coordinate descent method for large-scale L2-loss linear support vector machines[J]. The Journal of Machine Learning Research, 2008 (7): 1369-1398.

⑤ de Bot K, Gommans P, Rossing C. L1 loss in an L2 environment: Dutch immigrants in France[J]. First Language Attrition, 1991: 87-98.

Isola 等[1]提出了一种基于 GAN[2]的网络模型，用于彩色化任务。其生成器网络采用 U-Net 结构完成灰度图像特征提取和着色任务，判别器网络使用 VGG 作为基础网络，最终结果为判别输入图像的真假。对于生成器，将颜色损失与 GAN 损失相结合作为其损失函数。GAN 损失是用来评价描述彩色化效果的真实性的，颜色损失是用来评价描述颜色过渡是否过于激进跳跃的，将损失函数相结合的方式可以避免网络在训练过程中出现收敛的问题。[3]该方法较好地平衡了着色任务中颜色平淡与颜色鲜艳的矛盾。

使用额外信息对灰度图像进行辅助着色已经成为一种趋势，上述方法都大量依赖训练数据，并且面临有限的语义理解。在此之后，Vitoria 提出了一种组合语义信息的对抗学习着色方法[4]，利用条件 GAN[5]作为着色网络完成彩色化任务，使用附有语义条件的灰度图像作为生成网络的条件，以便颜色生成器网络映射推理出彩色图像。之后，有研究者利用实例级对象语义来引导图像着色，同样利用额外着色条件，根据图像中的对象类别信息进行灰度图像着色，获得了比较好的着色效果。[6]Zhao 等通过像素级语义嵌入和像素级语义生成器进行着色，提高了分辨率，保留了更多细节，使着色效果更加精细。[7]

我们结合服饰数据的颜色语义分布特征，对少数民族服饰灰度图像自动化着色技术展开研究。鉴于不同民族服饰的不同部位的颜色信息差异及特点，我们基于条件 GAN 的细粒度级语义，对少数民族服饰灰度图像进行着色。除此之外，还可以对其进行扩展，将其应用在不同场景，实现基于语义分割和条件 GAN 的少数民族服饰灰度图像着色方法研究。这对于促进少数民族文化保护

---

① Isola P, Zhu J Y, Zhou T, et al. Image-to-image translation with conditional adversarial networks[C]. 2017 IEEE Conference on Computer Vision and Pattern Recognition, 2017: 5967-5976.

② Goodfellow I, Pouget-Abadie J, Mirza M, et al. Generative adversarial networks[J]. Communications of the ACM, 2020（11）: 139-144.

③ Creswell A, White T, Dumoulin V, et al. Generative adversarial networks: An overview[J]. IEEE Signal Processing Magazine, 2018（1）: 53-65.

④ Vitoria P, Raad L, Ballester C. ChromaGAN: Adversarial picture colorization with semantic class distribution[C]. 2020 IEEE/CVF Winter Conference on Applications of Computer Vision, 2020: 2434-2443.

⑤ Mirza M, Osindero S. Conditional generative adversarial nets[J]. https://arxiv.org/abs/1411.1784, 2014.

⑥ Su J W, Chu H K, Huang J B. Instance-aware image colorization[C]. 2020 IEEE/CVF Conference on Computer Vision and Pattern Recognition, 2020: 7965-7974.

⑦ Zhao J, Liu L, Snoek C G M, et al. Pixel-level semantics guided image colorization[J]. https://arxiv.org/abs/1808.01597, 2018.

和传承，以及实际应用智能化，具有极其重大的意义。

二、色彩迁移

色彩迁移是计算机视觉领域中一个饶有趣味的问题，其核心在于解决如何基于图像 A 和图像 B 合成一幅新的图像 C。图像 C 需同时融合 A 的颜色信息与 B 的形状等遗传特征，意味着图像 B 在保持自身形状信息不变的基础上，采纳了图像 A 的整体颜色基调。这一过程可称为图像的颜色迁移合成，其中，图像 A 被称为颜色图像（或源图像），而图像 B 则被称为形状图像（或目的图像）。

（一）图像颜色空间

颜色空间是进行颜色信息研究的理论基础，它将颜色从人们的主观感受量化为具体的表达，为使用计算机来记录和表现颜色提供了有力的依据。一幅图像可以用不同的颜色空间表示，其视觉效果是相同的。颜色空间的选取对图像色彩迁移算法的有效性会产生很大影响，选择一个合适的颜色空间能够保证色彩迁移结果的准确性。用于彩色图像处理的颜色空间，必须同时具有独立性和均匀性。独立性是指颜色空间的 3 个分量互不影响，对其中某个分量的处理，不会导致其他分量相对于人眼的感觉发生变化；均匀性是指对颜色空间的每一个分量来说，相同幅度的变化会导致大致相同的视觉变化。颜色空间的表达形式是多样的，不同的颜色空间具有不同的特性，但因为不同的颜色空间是同构的，它们之间是可以相互转换的。

（二）传统灰度图像伪彩色化模型

灰度图像伪彩色化模型是一种基于统计理论的实用计算机技术处理模型，它根植于统计学原理。在多媒体领域，该模型展现出了卓越的图像处理能力。随着计算机技术的迅猛发展和多媒体信息的爆炸式增长，图像处理分析技术取得了显著进步。在此背景下，基于灰度图像的伪彩色化模型在图像处理、图像分割及视频分析等多媒体信息处理领域也获得了快速发展。

在对灰度图像的每一个像素基点进行抽取、采集和分析的基础上，我们采取灰度图像伪彩色化模型为灰度图像的每一个数据点建立相应的模型。每一幅灰度图像的每一个统计学要素都可以表达一种情境，那么很多这样的模型数据点就可以在统一划分的基础上，充分表达实验训练集的研究内容。一般伪彩色化模型技术流程，如图 7-1 所示。

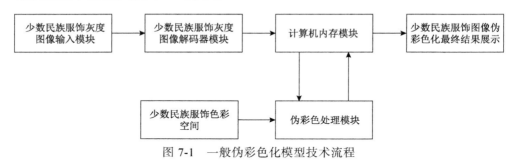

图 7-1　一般伪彩色化模型技术流程

灰度图像伪彩色化模型的建立基于一个核心原则：它依据每幅图像自身的特性进行处理，而非将图像划分为固定的模块。该模型的优势在于，对图像处理高效与迅速。然而，其缺点也显而易见：在处理灰度图像时，它对每一幅图像的每一帧都进行独立处理，忽略了帧与帧之间的相关性及潜在的相互反馈。此外，当应用于少数民族服饰图像时，该模型往往难以充分展现这些图像所特有的少数民族文化特征。

（三）基于邻域相似色彩迁移算法

基于邻域相似色彩迁移算法是一种利用日常生活中彩色图像与黑白图像的关联性自动着色的技术。该技术通过将彩色图像中的固有颜色迁移到目标灰度图像上，实现着色。尽管目前尚无将彩色图像色彩精确无误地添加到灰度图像上的完美方案，但将彩色图像在颜色空间中的色彩信息迁移到目标灰度图像，已是现有技术中人工干预最少、最为高效的自动着色方法之一。

具体而言，基于邻域相似色彩迁移算法是对图像进行亮度匹配和信息纹理调整，从颜色空间调色板中选择相应的颜色来为单个组件着色，将整个原本用来进行参考的彩色图像的整体颜色传输到目标图像。这样的处理方式仅传输色度信息，并保留目标灰度图像的原始亮度值，从而保留了目标颜色的原始亮度。

此外，该算法通过将两个图案的区域与矩形样本进行匹配，进一步强化了色彩迁移过程，有力地证明了采用这种计算机技术手段处理图像是切实可行的。即使面对大小、纹理和亮度各异的图像，该算法也能成功提取彩色图像中的颜色信息，并将其迁移到目标灰度图像上，从而广泛应用于各类图像的自动着色处理。采用基于邻域相似色彩迁移算法生成的目标彩色图像，充分展示了色彩迁移技术在图像处理领域的巨大潜力和应用价值。

Lab 颜色空间各个颜色通道之间并不具备相互关联的特点。在这种情况下，如果有一种可以适用于互相不关联的色彩通道的运算符方式，能够有效实现彩色图像颜色向灰度图像的迁移。

这种方法的核心思想是，通过对灰度图像进行自动着色实验的色彩统计分析，找到一个可靠的线性变换。这个变换能够在 Lab 色彩空间中，使得灰度图像与彩色参考图像在方差和均值上达到一致，从而实现自动着色。

采用线性变换处理，可以在 Lab 颜色空间中使得灰度图像与彩色图像拥有相同的方差和均值。随后，将经过实验处理后的三个颜色通道的数据值，直接作为实验所得彩色结果图像的三个颜色通道的数据值。接着，将这些颜色通道的数据值转换为对应的 RGB 数据值，以便作为最终的实验结果进行展示。

基于邻域相似色彩迁移算法运行起来相对简单有效，但运行速度较慢，而且采取了整体色彩迁移的方式。因此，算法在整体颜色较为单一的彩色参考图像与灰度图像之间能够实现良好的迁移。

对于颜色丰富的彩色服饰图像，采用基于邻域相似色彩迁移算法的效果往往不尽如人意。特别是对于少数民族服饰图像，该算法难以充分凸显其独特的色彩特征。针对这一问题，一种解决方案是引入包含少数民族服饰色彩特征的颜色空间，并在明确样本块对应关系的基础上，加入人机交互来选择样本块。尽管这种增加交互的方案在技术上具有可行性，但它给用户带来了烦琐的操作体验。此外，这种改进方案并不具备通用性，当图像色彩数据复杂时，用户很难手动精确地挑选出合适的实验样本块。

（四）Welsh 颜色迁移算法

Welsh 颜色迁移算法的提出相对比较早，目前很多有关计算机技术的图像处理方案都采取了这种算法。这一算法的运行过程如下。

首先，将采集到的彩色参考图像和目标灰度图像变换到与之有关的研究空间。当采集的彩色参考图像在进行亮度重新映射时，将采集到的彩色参考图像的具体色彩传输给研究空间，从而为目标灰度图像着色。目标灰度图像的每一个像素点都会在采集到的彩色参考图像中寻求一个具体像素点进行匹配，对彩色参考图像和作为目标灰度图像的亮度的整体差异进行调和。在调和过程中，对彩色参考图像亮度进行进一步调整，让彩色参考图像亮度直方图与目标灰度图像亮度直方图进行进一步的匹配。接下来，再计算彩色参考图样的每一个点的亮度值，以及色彩在一定区域内的方差值。

其次，对于目标灰度图像的每一个基本像素点，计算其亮度值及在一定区域内色彩值的方差，进而得到该像素点所在区域的色彩方差。同时，提取彩色参考图像的特征，并将这些特征与计算得到的亮度值和方差值进行比较，以确定与目标像素最为接近的对应点。这个点即为目标灰度图像所选用的匹配点。

最后，将彩色参考图像的像素值传输给目标灰度图像，同时保留亮度值，不让它扫描目标灰度图像，而是对目标灰度图像的每一个像素点都采取以上步骤进行处理，最终找到匹配图像中可以与之匹配的颜色的对应点，并且将彩色参考图像中采集到的色彩传输到目标灰度图像中。Welsh 颜色迁移算法技术路线，如图 7-2 所示。

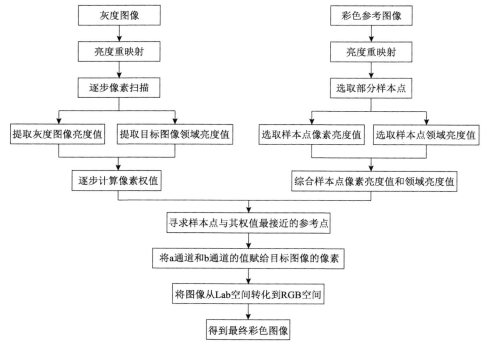

图 7-2　Welsh 颜色迁移算法技术路线

Welsh 颜色迁移算法表现优异，能够高效地在色彩丰富的图像与灰度图像之间实现色彩迁移。然而，相较于色彩丰富的图像，当应用于全局颜色基调单一的图像时，该算法可能会显得过于丰富，迁移效果略显夸张。

该方法与基于邻域相似色彩迁移算法相同的地方，是对少数民族服饰彩色图像与灰度图像之间的色彩迁移处理效果较差，无法很好地体现少数民族本身具有的色彩文化特征，而且对少数民族服饰灰度图像整体的色彩迁移效果也并不具备很高的真实性。本书采用具有少数民族色彩特征的颜色空间，以缩小实验数据内存作为代价，要求用户指定相对应实验样本块数据之间的相互对应关系，从而提升基于 Welsh 色彩迁移算法对少数民族服饰灰度图像的实验效果。该方法与基于邻域相似色彩迁移算法在一点上存在共同问题，即在处理少数民族服饰的彩色图像与灰度图像之间的色彩迁移时，效果不尽如人意，难以充分展现少数民族独特的色彩文化特征。同时，对于少数民族服饰灰度图像的整体色彩迁移，其真实性也有待提高。为了改善这一状况，本书采用了一种融入少数民族色彩特征的颜色空间，尽管这样做会增加实验数据的内存占用，但要求用户明确指定实验样本块数据之间的对应关系，以此来提升基于 Welsh 颜色迁移算法在处理少数民族服饰灰度图像时的实验效果。

三、图像细粒度语义分割

图像细粒度语义分割与一般的图像分割的区别在于，在一般的图像分割中，目标对象属于粗粒度的元类别（例如，鸟、橙子和狗），因此它们看起来不同。但在图像细粒度语义分割中，由于对象属于一个元类别的子类，细粒度的特性导致它们看起来非常相似。图像细粒度语义分割任务的难点在于，要对类别进行更加精细化的分类。例如，一般通用的分类任务旨在对不同类别的对象进行分类，这类任务通常涉及的类别数量较少，因此相对简单。然而，对于细粒度图像的分类而言，要求区分的是同一大类下的细粒度子类。这些子类在大的类别框架下差异细微，导致在计算机视觉领域，实现细粒度级别的图像语义分割极具挑战性。

图像细粒度语义分割任务的目的在于识别像素级别的图像组成部分。例如，对于少数民族服饰灰度图像来说，细粒度语义分割可以将图像中的服饰与人体不同部分区分开来。目前，对细粒度图像的识别，可以总结为 3

种范式：①使用定位分类子网络对图像进行细粒度识别；②使用端到端的特征编码进行细粒度识别；③使用外部信息进行细粒度识别。其中，第一个范式和第二个范式只能对细粒度图像相关的监督进行限制。除此之外，由于面临巨大的挑战，当前的细粒度图像分割系统的性能尚不理想。因此，为了提升细粒度识别任务的精度，有学者尝试引入易于获取的外部信息（如网页数据、文本描述等），这对应了细粒度识别的第三个范式。在此范式中，常用的评估指标是数据集所有从属类别的平均分类准确率。针对细粒度识别中类内变化大的问题，研究者转而关注捕获细粒度对象具有辨识性的语义部分，并据此建立中级表征以完成最终分类。具体而言，为了精确定位关键部位，学者设计了定位子网络，并将其与为识别任务设计的分类子网络相结合。第一个范式便是通过这两个子网络的协作构成框架，即利用定位分类子网络进行细粒度识别。拥有定位信息（如分割掩码或部位边界框）后，可以获得辨别效率更高的中级（部位）表征。此外，这还能进一步提升子网络分类模型的学习能力，从而显著提高最终识别的准确率。在这一范式的早期工作中，研究者依赖额外的密集部位注释信息（如定位关键点）来定位目标语义关键部位（如头部、躯干），并通过部位检测器进行学习与训练。另有一些研究则利用分割方法来定位部位，随后将多个部位的特征整合为整个图像的表征，并将其输入到后续的分类子网络中进行最终识别。因此，这些方法也被称为基于部位的识别方法。[1]

但是，使用人工进行标注的方式对各部位进行注释，工作量巨大，使得细粒度级别的应用在实际生活中的实用性与可扩展性受到限制。近年来，出现了更多只需要图像标签[2]就可以准确定位这些部位的算法，能够对各部位的外观进行比较。具体来说，就是为了获取在细粒度类别中共享的一些语义部位，如主体和躯干等，同时还发现了这些部位表征之间的微小差别。[3]注

① Zhang L M, Li C Z, Wong T T, et al. Two-stage sketch colorization[J]. ACM Transactions on Graphics(TOG), 2018, 37(6): 1-14.

② Furusawa C, Hiroshiba K, Ogaki K, et al. Comicolorization: Semi-automatic Manga Colorization[J]. SIGGRAPH Asia 2017 Technical Briefs, 2017: 1-4.

③ Cao Y, Zhou Z M, Zhang W N, et al. Unsupervised diverse colorization via generative adversarial networks[C]. Joint European Conference on Machine Learning and Knowledge Discovery in Databases: European Conference, 2017: 151-166.

意力机制①和多阶段策略②采用这种先进的技术，能够对整个架构进行联合训练，实现定位与分类一体化网络。对于采用端到端特征编码方式的细粒度识别，其通过强大的特征提取模型直接训练，以获取高辨别力的特征。在这些方法中，最具代表性的是双线性卷积神经网络。它利用两个深度卷积神经网络池化后的特征进行外积处理，以此表征图像，并编码卷积激活的高阶统计量，从而提升学习能力。尽管双线性卷积神经网络在细粒度识别中表现出色，具有较大的模型容量，但其双线性特征的维度极高，限制了其在实际应用中的可行性，尤其是对于大规模应用而言更是如此。后来，又有研究者对维度高的问题进行了大量的研究，比如，采取张量草图聚合低维嵌入的研究③，通过这种方式可以实现近似双线性的特征表示，同时保持更好的表现性能与效率。其他研究工作则专注于为细粒度识别量身定制特定的损失函数，这些损失函数能够引导深度模型学习具有辨识性的细粒度特征表示。在细粒度识别的过程中，通过引入外部信息（如网络数据、多模态数据或人机交互等），可以进一步提升识别的准确性和效果。

四、Pix2Pix 网络模型

图像处理、图形学和视觉中的许多问题都涉及将输入图像转换为相应的输出图像。对于这些问题，通常使用特定于应用程序的算法来处理，尽管设置总是相同的，如将像素映射到像素。CGAN 是一种通用的解决方案，似乎能很好地解决此类问题。下面，介绍基于 CGAN 的 Pix2Pix 网络模型。

Pix2Pix 是基于 CGAN 实现图像翻译的一种方法。因为 CGAN 可以通过添加条件信息来指导图像生成，因此在图像翻译中就可以将输入图像作为条件，学习从输入图像到输出图像之间的映射，从而得到指定的输出图像。其他基于 GAN 进行图像翻译的方法与 Pix2Pix 的主要差异在于，它们通常利用

---

① Chen L Q, Xie X, Fan X, et al. A visual attention model for adapting images on small displays[J]. Multimedia Systems, 2003（4）: 353-364.

② Vinasco G, Rider M J, Romero R. A strategy to solve the multistage transmission expansion planning problem[J]. IEEE Transactions on Power Systems, 2011（4）: 2574-2576.

③ Kasiviswanathan S P, Narodytska N, Jin H X. Deep neural network approximation using tensor sketching[EB/OL]. https://arxiv.org/abs/1710.07850, 2017.

GAN 算法的生成器从随机噪声中生成图像，这一过程较难控制输出。因此，这些方法大多依赖于其他约束条件来指导图像的生成，而不是像 Pix2Pix 那样采用 CGAN 的方式。Pix2Pix 通过 CGAN 引入条件信息，从而更有效地控制图像翻译的过程。

Pix2Pix 网络模型如图 7-3 所示，以基于边缘生成图像为例介绍了 Pix2Pix 的工作流程。首先，输入图像用 y 表示，输入图像的边缘图像用 x 表示，Pix2Pix 在训练时需要成对的图像（x 和 y）。x 作为生成器 G 的输入（随机噪声 z 在图中并未画出，去掉 z 不会对生成效果产生太大影响，假如将 x 和 z 合并在一起作为 G 的输入，可以得到更多样的输出）得到生成图像 $G(x)$，然后将 $G(x)$ 和 x 基于通道维度合并在一起，最后作为判别器 D 的输入得到预测概率值。该预测概率值表示输入是否是一对真实图像，概率值越接近 1，表示判别器 D 越肯定输入的是一对真实图像。另外，真实图像 y 和 x 也是基于通道维度合并在一起的，作为判别器 D 的输入得到概率预测值。因此，判别器 D 的训练目标是在输入不是一对真实图像 $[x$ 和 $G(x)]$ 时输出小的概率值（比如，最小是 0），在输入是一对真实图像（x 和 y）时输出大的概率值（比如，最大是 1）。生成器 G 的训练目标是使得生成的 $G(x)$ 和 x 作为判别器 D 的输入时，判别器 D 输出的概率值尽可能大，这样就相当于成功地欺骗了判别器 D。

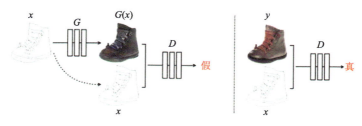

图 7-3　Pix2Pix 网络模型

对于生成器 G，模型采用的是 U-Net 结构。U-Net 是德国弗赖堡大学模式识别和图像处理组提出的一种全卷积结构。与常见的先降采样到低维度，再升采样到原始分辨率的编解码（Encoder-Decoder）结构的网络相比，U-Net 是加入跳跃连接，对应特征解码之后，与同样大小的特征按通道拼在一起，用来保留不同分辨率下像素级的细节信息。原本 GAN 中常用的生成器结构是 Encoder-Decoder 类型，二者的对比如图 7-4 所示。

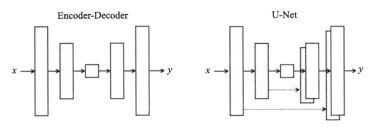

图 7-4　不同生成器结构对比

对于判别器 D，Pix2Pix 采用的是一个 6 层的卷积网络，其思想与传统的判别器类似，只是有以下两点比较特别的地方。

1）将输入图像与目标图像进行堆叠。Pix2Pix 的判别器的输入不只是真实图像与生成图像，还将输入图像一起作为输入的一部分，即将输入图像与真实图像、生成图像分别在第 3 通道进行拼接，然后一起作为输入传入判别器模型。

2）引入 PatchGAN 的思想。传统的判别器是对一幅图像输出一个 Softmax 概率值，而 Pix2Pix 的判别器则引入了 PatchGAN 的思想，将一幅图像进行多层卷积后，最终输出了一个比较小的矩阵，如 30×30，然后对每个像素点输出一个 Softmax 概率值。这就相当于将一幅输入图像切分为很多小块，对每一小块分别计算一个输出。

五、灰度图像着色评价指标

为了更好地评估目标图像与真实图像的相关性，直观地反映草图着色效果，本书进行定量评价的标准是峰值信噪比（peak signal-to-noise ratio，PSNR）和 SSIM 两个指标。[①]PSNR 作为最常见的一种基于误差敏感的图像客观评价指标，没有将人眼的视觉特性考虑进去，即人眼对空间频率较低的对比差异敏感度较高，对亮度对比差异的敏感度较色度高[②]，周围邻近区域会影响来自人眼对一个区域的感知的结果，因此人的主观感受和得到的评价结果有差

① Vinasco G, Rider M J, Romero R. A strategy to solve the multistage transmission expansion planning problem[J]. IEEE Transactions on Power Systems, 2011（4）：2574-2576.

② Kasiviswanathan S P, Narodytska N, Jin H. Deep neural network approximation using tensor sketching[EB/OL]. http://arxiv.org/pdf/1710.07850，2017.

异的情况会经常出现。PSNR 图像质量评价指标主要衡量信号是否失真，其单位是 dB，数值越大，表示失真越小，草图着色效果越好。计算 PSNR，需要先计算目标图像和真实图像的均方误差。SSIM 是一种用于衡量两幅图像相似性的指标，被广泛应用于图像质量评估。SSIM 更符合人眼的视觉感知特性，因为它不仅考虑像素级差异，还结合了图像的结构信息。

第二节　少数民族服饰草图着色

　　本书构建了基于 Pix2Pix 网络的少数民族服饰草图着色模型，实现了对少数民族服饰草图的渲染。在整个着色模型中，少数民族服饰草图在训练过程中作为一个输入的"标签"来约束目标图像的生成；着色模型的生成器使用 ResNet，在进行特征提取时，可以将先前的输入图像信息添加到输出信息中，确保输出信息与原始输入不会有太大的差别；在损失函数中加上 L1 损失，限制模型的参数，约束生成图像和真实图像之间的差异，进一步保证生成图像的着色效果。

　　要实现少数民族服饰草图着色，需要考虑两个关键问题：①生成的彩色图像应与草图轮廓保持一致，要能看到着色图像与原始草图的对应关系；②渲染出的颜色要合理，符合人们的审美，不能随意填充或更改。

　　要使轮廓信息保持一致，就需要对采集到的图像的质量提出较高的要求，可以通过对生成器的选择来解决这一问题，使在提取图像特征的同时，尽可能地防止丢失更多的细节信息。在着色合理性方面，考虑到 GAN 网络属于无监督学习，虽然也取得了很好的着色效果，但渲染颜色的合理性无法得到保证。因此，我们在充分考虑底层信息不变性和着色合理性的基础上，构建了一种用于少数民族服饰草图着色的 GAN。该网络在 CGAN 的基础上，对 D 和 G 做了一些细节上的调整，输入生成器的控制条件由"分类标签 y"变成了少数民族服饰草图，这样能在着色过程中起到更好的参考作用。在该着色模型中，生成器模型使用了 ResNet 网络结构，通过残差块的方式，可以尽可能地保留更多细节信息。

一、基于 Pix2Pix 的少数民族服饰草图着色模型

在 CGAN 模型中，生成器和判别器都额外加入了一个条件 y。对于少数民族服饰草图着色任务来说，可以将少数民族服饰草图对应的真实彩色图像作为额外的输入条件。最近提出的一种 GAN 模型，是将 GAN 应用于有监督的图像到图像翻译的重要研究，提出的基于 GAN 网络的模型被简称为 Pix2Pix。Pix2Pix 的网络结构如图 7-5 所示。

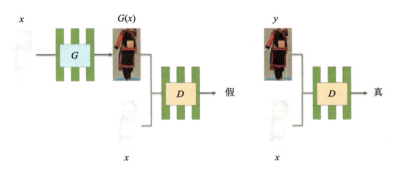

图 7-5　Pix2Pix 的网络结构

从图 7-5 可以清楚地看出，整个 Pix2Pix 模型结构也是分为生成器和判别器两部分，但是在生成器部分做了一定的调整，即在生成器中会输入少数民族服饰草图 x 作为"标签"，判别器则使用效果较好的 PatchGAN。在训练过程中，输入生成器的少数民族服饰草图对目标图像的生成也会起到一定的约束作用，生成器和判别器在训练中不断博弈，最终生成以假乱真的少数民族服饰彩色图像。

Pix2Pix 着色模型是在 CGAN 网络的基础上进行搭建的，总体结构是由生成器 G 和判别器 D 组成，用于完成图像间的转换工作。生成器与判别器的设置如下：①在模型的输入中，生成器的控制条件变为少数民族服饰草图。②判别器的功能是对真实图像与着色图像进行区分，并返回预测结果，这样整个着色框架是在有监督的环境中进行训练的。在 Pix2Pix 着色模型中，使用少数民族服饰草图作为控制条件来指导生成目标图像。输入生成器的草图的维度与生成器输出的目标图像的维度相同，完全可以映射较为复杂的分布，所以在训练的过程中不必再输入噪声 z。因此，在 Pix2Pix 模型中，将一幅少数民族服饰

草图 x 输入生成器 G 中，相应地会生成一幅彩色图像 $G(x)$。将生成的彩色图像 $G(x)$ 和输入的真实图像 y 一起输入判别器 D 中，判别器将预测为真实图像的概率输出。因此，在 Pix2Pix 网络结构中，生成器 G 不会考虑噪声的存在，即使输入噪声也会被忽略，Pix2Pix 拟合的是训练集中目标图像的像素概率分布，少数民族服饰草图在训练过程中是作为"约束条件"来使用的。

在 Pix2Pix 中，输入判别器的控制条件也由"分类标签"变成了少数民族服饰草图。草图作为"条件"，要和真实图像或生成器生成的目标图像拼接在一起送入判别器，这也说明了为什么要把生成器的输入解释为"条件"更加全面。对 Pix2Pix 做了以上改动后，整个模型从"输入噪声—输出图像"的流程变成了"输入草图—输出目标图像"的流程。

（一）生成器模型结构

在 Pix2Pix 中，生成器由全局生成器输出的分辨率为 1024×512 像素。由于全局生成器的输出分辨率满足数据的大小要求，为了减小计算量，我们使用全局生成器作为模型的生成器。但是，全局生成器经过卷积之后，存在丢失部分特征信息、目标定位精度下降等缺点。基于此，本书在上采样阶段分别使用编码器和解码器生成大小相同的特征图，将其在相应的位置进行叠加，并进行卷积运算，以有效地融合图像的浅层和深层特征，着色模型生成器网络结构如图 7-6 所示。生成器和判别器网络结构改进后的生成器由一系列下采样、一组残差块和一系列上采样组成。为了提高 Pix2Pix 模型的泛化能力，本书采用了在卷积层后加入批量归一化层的方法，模型中的激活函数主要是 ReLU，只在输出层使用了 Tanh。[①]为了加快 Pix2Pix 模型的收敛速度，在网络结构中加入残差块。本书使用的残差块主要由 9 个残差单元组成，残差块对生成图像与标签映射的差异进行学习，从而加快了模型收敛速度。模型具体流程如下：①先把标签映射输入到尺寸为 7×7、卷积核数目为 64、步长为 1 的卷积层中，并把结果输入到批归一化层进行归一化处理。②对批归一化层的输出数据进行 4 次下采样操作，其中设置卷积核大小为 3×3、步长为 2 的卷积层。每进行一次

---

① Chia A Y S, Zhuo S J, Gupta R K, et al. Semantic colorization with internet images[J]. ACM Transactions on Graphics, 2011 (6): 156.

下采样操作后，卷积层通道数加倍，图像特征将被输入到批归一化层进行归一化处理。③图 7-6 中的 9 个黄色小方块代表的是残差块，绿色代表的是卷积组，在进行下采样之后，将张量输入残差块中进行残差运算，其中卷积运算包括使用大小为 3×3、卷积核数目为 1024、步长为 2 的卷积层进行运算，并将结果输入批归一化层进行归一化处理。④进行 4 次上采样，采用的方式为反卷积操作，每次上采样之后，卷积层通道数会减少一半，其中反卷积层的大小为 3×3、步长为 2，随后将反卷积结果输入批归一化层进行归一化处理。[①]

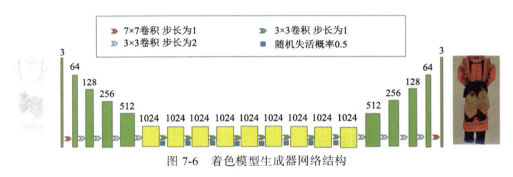

图 7-6　着色模型生成器网络结构

另外，在每次特征输入上采样之前，会与下采样过程中相对应的特征拼接起来，从而使通道数翻倍，所以要将拼接后的特征张量输入到卷积核大小为 3×3、步长为 1 的卷积层中，使特征通道数恢复到跳接之前。最后，经卷积核数目为 3、卷积为 7×7、步长为 1 的卷积层输出生成图像。

在采用 Pix2Pix 方法的过程中，我们对 Encoder-Decoder 结构与 U-Net 进行了对比。由于 U-Net 结构使用了多尺度融合的方式来进行跨层连接，取得了很好的效果，早期被 Pix2Pix 选择用作生成器。因为 ResNet 可以很好地解决神经网络梯度消失的问题，所以当其出现后，大多数的 GAN 都采用了"残差块"作为部件的 ResNet 版生成器，所以本书也采用了 ResNet 作为生成器。ResNet 是由多个 ResNet 块组成的，结构如图 7-7 所示。

---

① Zhang L M, Li C Z, Wong T T, et al. Two-stage sketch colorization[J]. ACM Transactions on Graphics, 2018(6): 1-14.

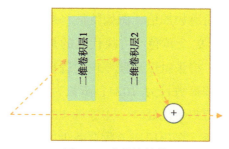

图 7-7　残差块结构

ResNet 生成器中共包含了 9 个残差块，每个残差块由两个卷积层组成，卷积层使用的卷积核大小为 3×3，步长为 1，将卷积操作前的信息添加到另一边，经过两层卷积操作之后提取的特征信息一起作为残差块的输出。这是为了确保先前图层的输入属性也可以用于后面的图层，使得网络的输出信息不至于因梯度消失问题变得越来越少。

（二）判别器模型结构

针对判别器的选择，本书使用了 PatchGAN 结构。它可以被理解为将其输入的图像切割为多个 N×N 的矩阵，其中通过 Sigmod 函数将矩阵中的每一个像素值输出为真或者假[①]，并对矩阵中所有的值取均值，将最终的结果作为判别器的输出。通过把图像切割为多个 N×N 的矩阵，可以达到减少模型参数、提升模型运算速度的效果。

（三）损失函数

为什么在网络中加入标签之后，CGAN 能够有监督地来生成图像呢？它的原理也十分简单，GAN 网络要做的就是拟合数据的概率分布，而 CGAN 拟合的就是条件下的概率分布，原始 GAN 网络的训练优化目标函数如式（7.1）所示。

$$\min_{G}\max_{D}V(D,G) = E_{x\sim p\mathrm{data}(x)}\big[\log D(x)\big] \\ + E_{z\sim p\mathrm{noise}(z)}[\log(1 - D(\mathrm{G}(z)))] \tag{7.1}$$

在生成器参数固定的情况下，通过交叉熵损失函数优化判别器的参数，使

---

① Furusawa C, Hiroshiba K, Ogaki K, et al. Comicolorization: Semi-automatic manga colorization[EB/OL]. https://arxiv.org/abs/1706.06759, 2017.

判别器的值最大化，这样判别器的性能将达到最优。在判别器性能达到最优的基础上，固定判别器的参数，再通过交叉熵损失函数优化生成器，将生成器的值取最小，这样生成器的性能也将达到最优。CGAN 网络的损失函数如式（7.2）所示。

$$\min_{G}\max_{D}V(D,G) = E_{x \sim p\mathrm{data}(x)}\big[\log D(x|y)\big] \\ + E_{z \sim p\mathrm{noise}(z)}[\log(1 - D(G(z|y)))]$$

（7.2）

除了应用 CGAN 的损失函数之外，该网络结构还额外计算了生成图像与真实图像之间的误差。在此设定中，(x, y) 代表一个真实的图像对，其中 y 为真实的图像，而 x 则为其对应的轮廓图。L1 损失的计算方法就是真实 B 组（目标风格）图像与生成器生成的假 B 组图像逐像素求差的绝对值再求平均。公式中的 x 是指 A 组（原风格）图像，y 是指 B 组（目标风格）图像，z 是指输入生成器中的高斯分布噪声。Pix2Pix 网络总的损失就是 CGAN 网络的损失函数和 L1 损失之和，如式（7.3）所示。

$$L_{\mathrm{Pix2Pix}} = \arg\min_{G}\max_{D} L_{\mathrm{CGAN}}(G,D) + \lambda L_{\mathrm{L1}}(G)$$

（7.3）

二、实验结果与分析

为了选择合适的着色模型，以便更好地获取草图着色效果，我们采用了 GAN、CGAN、CycleGAN 及本书算法进行训练，然后对比着色后的效果，最后选择着色效果最好的着色模型，不同算法的着色效果如图 7-8 所示。图中左侧第一行是少数民族服饰草图，往下依次为 GAN 方法着色效果和 CGAN 方法着色效果；右侧第一行是 CycleGAN 着色效果，往下依次为本书算法着色效果及真实图像。

通过 GAN、CGAN、CycleGAN 及 Pix2Pix 网络的着色效果可以看出，GAN 在训练过程中，是通过生成器和判别器相互对抗来进行图像生成，没有其他条件的限制，所以在测试过程中少数民族服饰的整体轮廓没有在训练中出现过，会导致生成的图像颜色较为混乱；CGAN 渲染出的颜色大都比较模糊，而且失真比较严重；CycleGAN 的着色效果较为清晰，但是渲染的颜色有的很突兀，出现了着色不合理的现象；本书算法的着色效果与原图像比较接近，着色之后的目标图像很清晰。

图 7-8　不同方法的着色效果图 1

为了更好地验证本书构建的网络模型的着色效果，我们将生成器分别换成 UNet-128、UNet-256、ResNet_6blocks 进行实验对比，实验结果如图 7-9 所示。

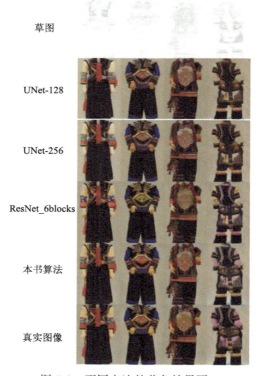

图 7-9　不同方法的着色效果图 2

从上述实验结果可以看出，在本书构建的着色网络模型的基础上选择不同的生成器，可以实现草图着色的效果，而且由于网络的输入是高分辨率的参考图像，生成图像出现模糊的情况很少。在几种生成器结构中，本书选择使用的 UNet-128 生成器对草图着色的清晰度最高。然而，UNet-128 着色模型虽然保证了生成图像的清晰度，有时候渲染的颜色却并不合理，所以相比较而言，本书算法生成的图像更接近于真实图像。不同方法的草图着色效果对比，如表 7-1 所示。

表 7-1　不同方法的草图着色效果对比

方法	评价指标（PSNR）	评价指标（SSIM）
GAN	18.695	0.614
CGAN	20.731	0.719
CycleGAN	20.408	0.698
UNet-128	23.800	0.817
UNet-256	22.609	0.791
ResNet_6blocks	21.289	0.795
本书算法	24.061	0.820

本书分别选用 PSNR 和 SSIM 指标来测量不同方法下的草图着色效果，对于 PSNR 指标，数值越大，说明生成图像质量越好；图像相似度指标 SSIM 也是一样，相似度越高，说明生成图像越接近于真实图像。通过上述结果可以看出，使用 Pix2Pix（生成器使用 UNet-128）生成的图像的输出结果是大致接近原始图像的，而且细节清晰，但是它的问题在于额外添加了很多不必要的细节，使得与原本的真实图像在细节上差距较大。残差块能更好地保留图像的细节信息，所以使用 Pix2Pix（ResNet_6blocks）的输出结果是比较令人满意的，完善了细节，而且目标图像也比较清晰，生成图像和真实图像较为接近，取得了很好的着色效果。

本书提出了一种基于 Pix2Pix 的少数民族服饰草图自动着色方法，构建了少数民族服饰草图自动着色的网络模型。通过对目标函数添加 L1 约束提高着色效果图的清晰度，采用 ResNet 结构的生成器模型来保留少数民族服饰草图与彩色图像的底层轮廓信息，使用生成器和判别器对抗式进行的训练，构建了少数民族服饰草图与彩色图像间的映射关系，最终产生可以用于对一般少数民族服饰草图进行着色的模型，从而实现少数民族服饰草图自动着色。与 GAN、CGAN、CycleGAN 等几种方法进行对比，结果表明，本书构建的着色模型能够对少数民族服饰草图进行合理的着色，同时能保证较高的清晰度。

第八章

少数民族服饰数字化平台设计与实现

本章主要介绍少数民族服饰数字化相关技术的应用，包括需求分析、平台功能模块设计、平台功能流程设计、开发环境、开发技术及平台界面设计等。另外，还详细展示了系统各项功能的操作界面，以便用户更好地了解和使用相关技术。我们将少数民族服饰数字化的各类任务与相关算法引入系统中，搭建了少数民族服饰数字化平台。在系统技术栈方面，使用 Vue.js（后简称为 Vue）框架[1]作为前端用户操作界面的构建工具，使用基于 Python 的 Web 应用框架 Django[2]实现前后端的数据交互，使用深度学习框架 PyTorch[3]作为本书提出算法实现的具体支持。这一平台展示了少数民族服饰图像数字化系统的实现效果，提高了少数民族服饰图像数字化技术与应用的呈现效果，不仅为相关研究者提供了一些思路，也为普通用户提供了一个体验少数民族服饰数字化技术的平台。

少数民族服饰数字化平台主要集成了 3 个主要的应用系统，分别为少数民族服饰灰度图像语义分割与着色系统、基于语义分割的少数民族服饰图像检索系统及少数民族服饰草图生成与着色系统，3 个系统分别实现了少数民族服饰图像数字化技术在不同场景的应用，下面对平台的 3 个子系统进行详细的介绍。

---

① https://cn.vuejs.org/.

② http://www.djangoproject.com/.

③ https://pytorch.org/.

第一节　数字化平台需求分析

一、少数民族服饰灰度图像语义分割与着色系统需求分析

本系统的主要目标是实现对输入的少数民族服饰灰度图像进行自动化着色。通过在平台界面上传少数民族服饰灰度图像，系统将图像传输到后端业务模块进行处理，后端业务模块调用图像处理模块与深度学习框架实现的相应算法，以完成图像语义分割、语义修正、灰度图像着色等一系列图像处理任务，最终再由业务模块传输到前端系统，将相应的图像数字化处理任务的结果反馈给前端系统。本系统主要实现的基本功能包括以下几个方面。

（一）服饰灰度图像导入与彩色效果显示

为了更好地展示灰度图像着色功能，从前端导入图像主要分为两种情况：第一，直接从本地导入少数民族服饰灰度图像，系统将默认不会对图像进行灰度化处理，直接将灰度图像作为输入图像输入到算法模块中；第二，可以导入少数民族服饰彩色图像，展示系统对灰度图像着色后的对比效果。系统提供对彩色图像进行灰度化的图像操作功能，进行灰度化的操作后，同时保留导入的彩色图像副本，以便能对最终着色结果进行直观上的参照对比。

（二）服饰灰度图像语义分割

服饰灰度图像语义分割是指以灰度图像作为目标图像进行语义分割。系统先对灰度图像进行预处理，再将其输入语义分割算法模型中实现图像的语义分割，后端将语义分割结果图像传到前端界面进行展示。语义分割操作区域有语义分割参照图例，可以根据图例颜色与语义分割结果进行参照对比。

（三）服饰语义分割结果人工修正操作

服饰语义分割结果人工修正是指经过语义分割算法得到的可视化效果会有一定的偏差，可以通过人工进行修正，以便进行后续处理。人工修正语义分割结果这一步骤不是必须进行的，用户可以根据语义分割的可视化效果进行判断

与评估。本书提出的着色算法需要将细粒度语义作为着色的输入条件之一，所以可选择对图像语义分割结果进行二次修正，以实现更加灵活的调整与设置，更好地展示算法的着色效果。

（四）服饰灰度图像着色操作

服饰灰度图像着色是指对灰度图像进行彩色化处理，将颜色单一的灰度图像变成颜色丰富的彩色图像。对于少数民族服饰灰度图像着色系统来说，这是一种重要的核心功能。灰度图像着色模型的输入主要包括两部分，分别是少数民族服饰细粒度语义信息和少数民族服饰灰度图像。前端系统将两者传给后端业务模块，调用图像处理模块对图像进行预处理，得到结果后再输入到灰度图像着色网络模型中，通过灰度图像着色网络实现少数民族服饰图像彩色化。最后，后端业务模块将着色后的图像结果传输到前端系统进行展示。

（五）服饰相关结果图像保存

在少数民族服饰灰度图像语义分割和少数民族服饰灰度图像着色过程中，会生成少数民族服饰灰度图像、少数民族服饰灰度图像的语义分割结果图、人工修正的少数民族服饰语义图和灰度图像着色图，用户可以根据需要将其下载到本地进行保存。

二、基于语义分割的少数民族服饰图像检索系统需求分析

本系统设计的目的是让用户直观地感受少数民族服饰的特点，通过对输入的少数民族服饰图像进行语义分割，获取各个部位的信息。在此基础上，通过特征融合与分层检索的方式，实现少数民族服饰图像的相似度检索，最终在检索界面展示多张与输入图像相似的少数民族服饰图像。因此，本系统主要实现的基本功能包括以下几个方面。

（一）导入服饰图像操作

在图像检索系统中，需要保持整个系统使用的连贯性。图像检索系统需要用户上传所需的图像，进行一系列相关的操作与处理，以完成相关任务。用户

可以通过点击按钮的方式将图像上传到系统中，以便进行之后的相关操作与处理。对于用户导入的图像，需要进行检验，限定为系统支持的图像格式文件，满足输入到算法模型中的要求。

（二）加载语义分割模型

语义分割是本系统的前置操作，因此输出的结果关系到整个功能的使用体验。对于图像检索任务而言，选择合适的骨干网络尤为重要，因此系统为用户提供了多种骨干网络架构的选择，如 ResNet 与 MobileNet 等。用户可以选择特定的骨干网络作为语义分割任务的基础网络架构，系统需要相应地调整网络的相关参数，确保模型能够正确地学习和识别少数民族服饰图像中的语义信息。

（三）语义分割操作

语义分割操作可以帮助用户快速定位少数民族服饰图像的各个部位，为整张图像进行像素分类。语义分割功能对输入的少数民族服饰图像进行精准的语义分割，同时为不同的服饰部位分配不同的像素值信息，便于用户直观地查看图像分割的效果，以便使用。

（四）特征处理操作

在图像检索系统中，为了实现少数民族服饰的有效检索，对图像进行特征提取与特征融合是至关重要的，以准确描述图像内容的检索特征。这一操作负责提取输入服饰图像的整体特征及语义分割后各部位的深度特征，将其按顺序进行融合，形成少数民族服饰图像的检索特征，然后将检索特征输入分类层，即可得到服饰所属的类别。

（五）图像检索

图像相似性度量是实现图像检索的关键环节，也是算法有效性的最终体现。对输入图像的检索特征与服饰所属的民族服饰检索特征库进行相似性度量，系统会根据相似度分数对少数民族服饰图像进行排序，并将相似度排名前10 的少数民族服饰图像展示给用户。完善的图像检索功能，有利于丰富用户的体验和提高应用价值。

（六）处理结果保存

系统生成的结果不仅要通过用户界面展示出来，还要对相关结果进行保存与后续处理，以便后续的研究者进行深入研究。在实现少数民族服饰图像检索过程中，会产生中间结果图像数据，用户需要指定保存中间结果图像的路径和文件名，将相关数据下载并保存到本地，以确保功能实现的可靠性和高效性。

三、少数民族服饰草图生成与着色系统需求分析

本系统成功实现了少数民族服饰草图的自动生成与着色，并且能够将普通图像转化为具有少数民族服饰风格的图像。为少数民族服饰草图着色，极大地丰富了服饰的多样性，使传承和保护少数民族服饰文化具有了更大可能性。这一创新对于构建富有民族特色的服饰文化体系，以及将少数民族服饰蕴含的文化精髓融入现代服饰设计之中，具有深远的意义。

本系统主要实现的基本功能包括以下几个方面。

（一）图像处理操作

为了更好地呈现本系统涉及算法的有效性，需要对输入的图像进行相应的处理。用户从本地上传原始彩色图像，将彩色图像传给后端，后端使用灰度化算法对图像进行灰度化处理，最后再由后端将灰度化图像传到前端界面进行展示。要保证图像处理操作的可视化和交互性，图像处理操作就需要在前端界面进行展示，设计友好、直观的图像处理界面，以方便用户进行图像处理操作，并及时获得处理结果。

（二）图像列表展示

在图像处理与操作过程中，除了对图像进行特定的处理外，前端系统需要展示在运行过程中生成的图像与结果。这些图像一部分是系统处理的中间结果，也有的是系统的最终输出结果，因此系统需要根据相应的功能对图像结果进行展示。用户界面需要根据用户的需求对这些图像进行删除、修改和检索等操作。

（三）生成草图

系统可以根据用户上传的少数民族服饰图像，通过算法生成服饰草图。从本地上传少数民族服饰图像到前端用户界面，前端对服饰图像进行预处理后传输到后端算法模块，利用原始的图像生成算法输出相应的服饰草图，系统再将后端算法生成的草图传输到前端系统展示给用户。

（四）草图着色

将生成的草图传输到后台服务器后，系统将利用草图着色算法对草图进行着色。将输入的草图作为条件进行着色，同时保留原图像的纹理和结构信息，生成色彩均衡的彩色图像，传回前端展示给用户。通过草图着色操作，用户可以更好地了解彩色图像的颜色分布和细节信息，从而更好地进行相关的分析和应用。

第二节 数字化平台功能模块设计

一、少数民族服饰灰度图像语义分割与着色系统功能模块设计

少数民族服饰灰度图像语义分割与着色系统功能模块如图 8-1 所示。用户通过在前端系统进行相应的操作来完成对应的功能，系统前端业务模块主要包括用户界面模块与人工修正语义模块。前端需要连接服务器的业务，主要通过服务连接模块请求服务端业务模块，服务端业务模块主要可以调用灰度图像语义分割模块与灰度图像着色模块。

1）前端业务模块。负责向服务端发送需要的请求，并将相应的数据发送到后端服务器，同时接收服务端处理好的数据，整合前端相关的功能。

其一，用户界面模块。负责用户界面的构建与显示，包括界面布局、控件定义、事件响应设置、图像处理结果显示等。

其二，人工修正语义模块。负责可视化语义分割后的结果，按照不同的颜色进行显示，提供修正语义操作，进行二次编辑。

2）服务连接模块。算法模块需要较长的运行时间，因此需要时刻检测与后台的连接。负责与服务器进行连接的功能模块，保证其他业务功能可以正常工作，定期更新连接状态。

3）服务端业务模块。负责响应前端的各种请求，并处理传输数据，预处理图像与参数，同时将各个业务功能模块处理后的数据发送到前端。

其一，灰度图像语义分割模块。负责对输入的少数民族服饰灰度图像进行语义分割，调用后台算法进行处理与分析。

其二，灰度图像着色模块。负责对输入的少数民族服饰灰度图像和其对应的细粒度语义分割结果进行颜色映射。

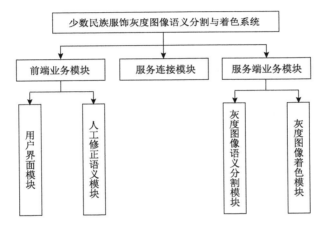

图 8-1　少数民族服饰灰度图像语义分割与着色系统功能模块

本系统主要包含导航栏和主界面操作区。系统的功能主要包括灰度图像导入、少数民族服饰灰度图像细粒度级语义分割、细粒度语义人工修正二次编辑、少数民族服饰灰度图像彩色化 4 大功能模块。最左侧导航栏为操作流程按钮，分别是语义分割、语义修正、自动着色 3 个功能选项。语义分割操作界面左侧区域为少数民族服饰灰度图像的导入与显示，支持输入灰度图像或彩色图像，若图像为彩色图，就需要在输入网络之前先将其转换为灰度图像；若为灰度图像，则忽略此操作。右侧为执行语义分割操作区域。语义分割操作界面如图 8-2 所示。

图 8-2　语义分割操作界面

语义修正和自动着色的操作界面的左侧区域与语义分割的功能一样，用来展示图像和执行灰度化操作。语义修正功能的右侧区域为执行语义分割操作区域。自动着色功能的右侧区域为执行自动着色操作区域。其中语义修正操作界面和自动着色操作界面分别如图 8-3 和图 8-4 所示。

图 8-3　语义修正操作界面

图 8-4　自动着色操作界面

二、基于语义分割的少数民族服饰图像检索系统功能模块设计

基于语义分割的少数民族服饰图像检索系统功能模块，如图 8-5 所示。

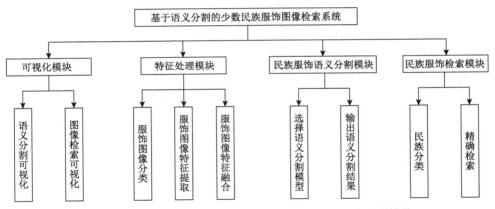

图 8-5　基于语义分割的少数民族服饰图像检索系统功能模块

1）可视化模块。该模块主要负责系统整体界面的样式，其中包含用户界面的设计、系统信息的布局、按钮的功能、事件的触发及相关图像的显示等。具体而言，需要实现语义分割结果可视化及图像检索结果的可视化两大功能。

2）特征处理模块。该模块主要负责对图像的分类、特征提取与融合。具体而言，需要实现对输入的图像调用民族服饰分类网络，判断服饰所属的民族，以便后续缩小检索范围。同时，提取其整体图与语义分割后各服饰部位的深度特征，并进行特征融合。

3）民族服饰语义分割模块。该模块主要负责调用本书设计的民族服饰语义分割网络，对其进行分割，并赋予分割出来的服饰部位不同的像素值。然后，将其呈现在用户主界面，使用户能够直观地看到分割效果。具体而言，需要实现对输入图像的精确分割。

4）民族服饰检索模块。该模块主要负责调用本书设计的少数民族服饰检索网络，提取之前已经训练好的分类模型与参数，对用户输入的少数民族服饰图像进行分类，判断输入图像中的服饰在最大概率上属于哪个民族。最后，根据分类返回的结果，在少数民族服饰特征库中进行相似度计算，返回检索结果，最终呈现在用户主界面。具体而言，需要实现对输入图像进行民族分类及检索等。

本系统的界面主要包括菜单栏、主界面操作区域。本系统在流程处理过程中，需要对少数民族服饰图像分层检索，所以左侧导航栏只设计了分层检索的按钮，主界面操作区域分为 3 部分，一系列的操作都在这一区域完成。

系统操作主界面是本系统的一个主要界面，共包含 6 个主要的操作按钮，分别是导入、加载分割模型、开始分割图像、保存分割结果、特征提取融合及开始检索图像。其中，最重要的 3 个按钮是加载分割模型、特征提取融合及开始检索图像。3 个操作按钮位于最左侧区域，中间为导入原始图像及展示区域，最右侧的区域为语义分割图像展示。其中，对于检索图像的结果，另外设计一个新的界面进行展示。

点击"导入"按钮，从本地选择需要处理的少数民族服饰图像，并将其输入系统中。本系统为用户提供了两种语义分割方式，点击"加载分割模型"按钮，为少数民族服饰图像选择合适的语义分割模型，点击"开始分割图像"按钮，即可对输入系统的少数民族服饰图像进行语义分割，分割结果展示在结果展示区域，可与中间区域展示的原始图像进行对比，方便用户直观地看到语义分割的效果。生成语义结果后，可以点击"保存分割结果"按钮，将语义分割图像保存到本地。点击"特征提取融合"按钮，可以将语义分割后的少数民族服饰提取整体与各部位的深度特征融合，获得深度的检索特征。最后，点击"开始检索图像"按钮，系统会根据深度的检索特征与数据库中的图像进行相似度对比，最终从系统中找出并显示与输入图像相似的服饰图像，按相似度从高到低的顺序展示。本系统的主界面如图 8-6 所示。

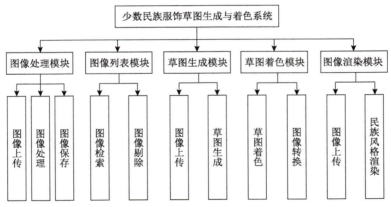

图 8-6　系统主界面

三、少数民族服饰草图生成与着色系统功能模块设计

少数民族服饰草图生成与着色系统功能模块，如图 8-7 所示。

图 8-7　少数民族服饰草图生成与着色系统功能模块

为了最大程度地实现少数民族服饰草图着色效果，增强用户体验，本平台将从以下几个模块进行设计与实现。

（一）图像处理模块

图像处理模块的功能包括图像上传、图像处理（包括分辨率调整、降噪和量化）、图像保存等。在基于 CycleGAN 网络的边缘特征与轮廓提取方法中，通过降噪和量化等步骤，对输入的少数民族服饰真实图像进行预处理，然后对边缘和轮廓进行提取，最后得到少数民族服饰草图。在这个过程中，少数民族服饰真实图像经过预处理操作之后的图像不会显示出来。因此，为了可以让用户更直观地看到预处理结果，系统设计了图像处理模块，可以输入图像，获取降噪和量化之后的效果图像。

（二）图像列表模块

图像列表模块的主要功能是保存和显示用户通过本平台生成的图像，用户可以使用图像列表功能对本平台生成的图像进行管理。图像列表模块主要包括检索、剔除等。检索是按照图像的生成日期或名称查找，如果对列表中某一幅图像的生成效果不满意，可以进行剔除操作。要想修改图像的名称或者属性，可以通过编辑功能进行操作。

（三）草图生成模块

草图生成模块的主要功能是输入一幅少数民族服饰原图，经过系统平台上传到服务器，服务器在接收到上传图像后，会根据草图生成算法训练好的网络模型进行测试，最后得到一幅提取边缘轮廓的草图，并将其传输到前端展示在界面上。

（四）草图着色模块

草图着色模块主要包括两部分：草图着色和图像转换。草图着色模块可以实现从草图到彩色图像之间的转换。在草图着色模块中，上传一幅少数民族服饰草图，经过服务器上保存的训练好的着色模型的处理，生成一幅着色的彩色图像，传到前端并展示在界面上。图像转换模块是为了满足更多用户的需求，将草图生成算法融入进来。在图像转换模块可以直接输入少数民族服饰真实图像，经过生成草图选项，得到一幅少数民族服饰草图，然后点击"开始着色"选项，会生成一幅着色的图像，以此来实现真实图像与彩色图像之间的转换。

（五）图像渲染模块

民族风格着色主要是通过本书提出的核心算法——边缘轮廓提取算法和着色算法来实现的，主要目的是输入任意类别的一幅图像，经过民族风格渲染模块的处理，最终得到一幅包含民族服饰元素色彩的图像。

本系统界面主要分为左侧的导航栏和右侧的操作主界面区域。左侧导航栏分别有首页、图像处理、草图生成、草图着色等部分，其中草图着色功能又分为民族服饰草图生成彩色和民族服饰图像转换两个功能。右侧为操作主界面，包括上传彩图生成草图、开始着色和保存彩图图像等。系统主界面，如图 8-8 所示。

图 8-8　系统主界面

第三节　平台功能流程设计

一、少数民族服饰灰度图像语义分割与着色系统功能流程设计

少数民族服饰灰度图像语义分割与着色的具体流程，如图 8-9 所示。用户选择少数民族服饰彩色图像或者黑白图像作为系统输入，如果输入到前端系统的不是黑白图像，系统会提供图像预处理的功能来对输入的图像进行灰度处

理，使输入的彩色图像可以转换为灰度图像。可以根据用户需求，将灰度图像输入服务端的语义分割模块，经过网络模型得到图像语义分割结果，并将其传到前端界面进行可视化展示。用户可以对照色彩对照图例，分析语义分割结果是否满足要求。如果对语义结果的某些色彩区域不满意或有色彩上的偏差，用户可以进行人工语义修正操作，二次编辑过程在前端界面完成。然后，是灰度图像着色阶段，将灰度图像及其对应的细粒度语义信息输入服务端的着色模块，使用训练好的灰度图像着色模型分析并输出灰度图像着色结果，并将灰度图像着色结果进行可视化展示。用户可以将最初输入系统的彩色图像与经过灰度化处理并进行着色的彩色图像进行对比，可以看出灰度图像着色的效果。

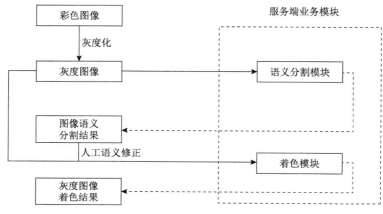

图 8-9　少数民族服饰灰度图像语义分割与着色流程

二、基于语义分割的少数民族服饰图像检索系统功能流程设计

基于语义分割的少数民族服饰图像检索的具体流程，如图 8-10 所示。用户通过点击"导入图像"按钮，从本地文件选择少数民族服饰彩色图像输入系统中，点击"选择语义分割模型"按钮，确定选用的语义分割模型。点击"开始分割图像"按钮，得到少数民族服饰图像语义分割结果。在对语义分割结果进行展示的同时，将分割得到的部位图输入特征提取与融合模块。在这一模块中，对服饰整体图与部位图分别进行特征提取和融合，同时获取其所属的民族类别。最后，对提取到的检索特征通过分层检索的方式进行相似性度量，以此获得最终检索结果。这一系统提供了图像分割、保存、检索、浏览等功能。

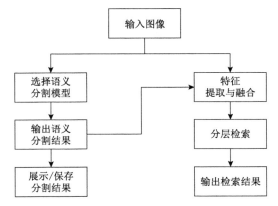

图 8-10　基于语义分割的少数民族服饰图像检索流程

三、少数民族服饰草图生成与着色系统功能流程设计

在系统设计过程中，流程图是非常重要的。本平台根据用户的实际需要，在平台的输入过程中，可以选择输入原图，通过边缘与轮廓提取模型生成草图，然后通过着色模型生成目标图像。那么，现实中往往还存在草图已经获取到了，只是想通过本平台来达到着色效果的情况。这时平台就能为用户提供多样化的选择，用户可以直接输入草图，通过着色模型生成目标图像。在这一过程中，如果用户对生成的目标图像不满意，还可以重新着色，直到用户满意为止，然后进行保存。少数民族服饰草图生成与着色的具体流程，如图 8-11 所示。

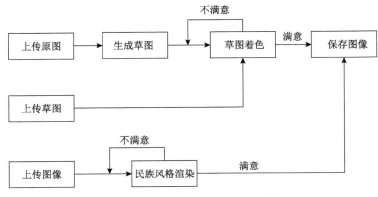

图 8-11　少数民族服饰草图生成与着色流程

第四节　开发环境和技术

本平台的 3 个主要应用任务，均需要有大量的计算资源才能完成，所以采用服务器与客户端配合的方式进行，使用服务器 GPU 高性能推理卡进行结果预测。本书提出的方法的实施，均由深度学习框架 PyTorch 与各个图像处理库（包括 OpenCV、SKLearn）提供支持，运行的操作系统为 Ubuntu 16.04。客户端系统使用 Vue 前端框架构建出一个简单、快捷的交互系统。

服务器与客户端的业务响应和数据传输的实现，采用了 Django 框架。Django 框架是非阻塞式的服务器，处理与响应速度相当迅速。Django 框架在短时间内能够处理数量庞大的连接，想要获得实时 Web 服务，Django 框架作为 Web 框架无疑是理想的选择。

少数民族服饰数字化平台基于浏览器/服务器模式搭建。目前，基于 B/S（browser/server，浏览器/服务器）模式的系统开发技术已经很成熟，所以在技术实现上没有太大的困难。同时，本平台是在民族教育信息化教育部重点实验室集群服务器上设计开发的，硬件设备需求都能满足，主要算法也已经实现，不需要其他额外的支出，所以开发这一平台在经济上也是切实可行的。本平台为用户提供了简单、易操作的可视化界面，具有很强的实用性。用户在使用本平台时，不用关心底层的架构，只需要进行简单的熟悉，即可应用全部功能模块，实现不同应用场景的转换，满足少数民族服饰相关的不同应用需求。综上所述，开发本平台是切实可行的。

一、Vue 前端框架

Vue 是一个流行的前端框架，它采用组件化的开发方式，将页面拆分成独立的组件，使得代码更易于维护和重用。以下是 Vue 的主要特点。

1）响应式数据绑定。Vue 可以帮助开发者轻松地实现数据和视图的双向绑定。当数据发生变化时，视图也会自动更新。

2）组件化开发。Vue 支持组件化开发，可以将页面划分为多个组件，组件之间可以嵌套、复用，提高了代码的复用性和可维护性。

3）轻量级框架。Vue 的体积很小，只有 20KB 左右，加载速度很快。

4）易于学习。Vue 的应用程序编程接口设计简单，学习曲线平缓，因此容易上手。

5）生态系统丰富。Vue 有很多插件和工具，如 Vue CLI、Vue Router 等，这些工具可以帮助开发者更轻松地构建大型应用程序。

总的来说，Vue 是一种简单易用、高效灵活的前端框架，在当前的 Web 开发中被广泛应用。

二、Django Web 框架

Django 是一个用于快速开发 Web 应用程序的 Python Web 框架。它遵循了模型-视图-控制器（model-view-controller，MVC）的架构模式，并且使用了类似于 Ruby on Rails 的模型-模板-视图（model-template-view，MTV）设计模式。以下是 Django 的一些特点和优势。

1）自带对象关系映射（object-relational mapping，ORM）。Django 的 ORM 是其最强大和最重要的功能之一，开发者可以通过 Python 语言和面向对象的方式操作数据库，无须直接编写结构化查询语言（structured query language，SQL）语句。

2）管理后台。Django 提供了一个完整的管理后台，允许开发者以可扩展和可定制的方式管理网站内容和用户。开发者可以快速创建、修改、删除数据库中的记录，无须编写任何代码。

3）安全性。Django 自带一些安全功能，如防止跨站请求伪造（cross-site request forgery，CSRF）和 SQL 注入攻击等。

4）强大的模板引擎。Django 的模板引擎具有强大的模板继承和模板标签等功能，开发者可以轻松创建高效、可重用的模板。

5）完整的文档和社区支持。Django 具有完整的官方文档和活跃的社区支持，开发者可以快速学习和解决相关问题。

6）可扩展性。Django 具有可扩展的应用程序结构，允许开发者在其基础上创建自己的应用程序。

7）自带后台任务支持。Django 自带了一些后台任务处理模块，可以非常方便地创建异步任务。

Django 是一个基于 Python 的功能强大、易于使用、灵活、可扩展的 Web 框架，非常适合快速开发各种规模的 Web 应用程序。

三、PyTorch 深度学习框架

PyTorch 是一个基于 Python 的开源深度学习框架，由 Facebook 公司开发并维护。与其他深度学习框架相比，PyTorch 拥有许多特点和优势。

1）PyTorch 使用动态计算图，意味着可以使用 Python 的所有特性来定义、调试和修改计算图。与之相比，其他框架（如 TensorFlow）使用的是静态计算图，需要先定义计算图，再使用数据填充计算图。

2）PyTorch 使用 Python 编程语言，具有直观的语法和简单易懂的应用程序编程接口（application programming interface，API），使得编写深度学习代码变得更加容易。同时，PyTorch 还提供了丰富的文档和示例，用户可以快速上手。

3）PyTorch 具有灵活的架构，可以处理各种类型的神经网络结构，并且支持各种类型的数据（如图像、文本、语音等）。同时，PyTorch 还支持多种硬件（如 CPU、GPU 和 TPU），用户可以根据需要选择适当的硬件。

4）PyTorch 提供了高度可扩展的接口，用户可以自定义网络结构和损失函数，并且可以通过扩展 PyTorch 的代码库来实现自定义的功能。

5）PyTorch 提供了许多高级的深度学习库，包括 PyTorch Geometric、PyTorch Lightning 和 PyTorch Ignite 等。这些库可以帮助用户更轻松地完成各种深度学习任务。

整体来说，PyTorch 是一款灵活、易用且高度可扩展的深度学习框架，具有动态计算图的特性，适用于各种类型的神经网络和数据，并且具有丰富的深度学习库，可以帮助用户轻松解决各种深度学习问题。

第五节　平台应用展示

少数民族服饰数字化平台包含了本书设计的 3 个关于少数民族服饰相关的应用系统，本节对该平台的 3 个系统的界面进行详细的介绍和展示。这一系统

设计的界面简洁，用户操作方便，能激发用户对少数民族服饰文化的喜爱，带给用户关于少数民族服饰文化的新奇体验，对保护和传承少数民族服饰文化有重要的作用。少数民族服饰数字化平台首页如图 8-12 和图 8-13 所示，展示的是几幅有关少数民族服饰的示例图像。

图 8-12　少数民族服饰数字化平台首页 1

图 8-13　少数民族服饰数字化平台首页 2

一、少数民族服饰灰度图像着色功能展示

少数民族服饰灰度图像语义分割与自动着色系统操作界面主要分为两个区域，左侧为菜单栏，分别是语义分割、语义修正、自动着色。操作区域分为两

部分，其中左侧区域为图像导入与展示区域，右侧区域为用户操作功能区域。在左侧的图像导入与展示区域，可以直接预览通过系统导入的少数民族服饰图像，点击"导入"按钮，可以从本地文件导入需要着色的目标图像。图像下方有一个颜色灰度化的可选显示功能，当导入的图像本身就是灰度图像时，不用进行灰度化操作，当导入的图像为彩色图像时，点击"灰度化"按钮，可以将彩色图像变为灰度图像。通过这个选项功能按钮，可以对显示效果的语言图像进行灰度图像与彩色图像的切换。导入彩色图像和相应的灰度化图像结果展示，如图 8-14 和图 8-15 所示。

图 8-14　导入彩色图像界面

图 8-15　灰度化图像界面

在语义分割操作界面（图 8-16），可以对目标图像进行细粒度语义分析。其主要针对的是少数民族服饰图像，将彩色图像导入并进行灰度化处理之后，点击右侧区域的"执行"按钮，对左侧的少数民族服饰灰度图像进行语义分割，分割后的结果显示在右侧结果展示区域的指定位置。这里呈现的语义分割结果，采用不同颜色进行区分，进而可视化少数民族服饰语义分割后的显示效果。下方的界面有分割色彩图例进行指示，方便用户根据色彩图例进行参照对比，以分析语义分割结果。

图 8-16　语义分割操作界面

在语义修正操作界面（图 8-17），可以对上一步的语义分割结果进行编辑。其中，操作区域的上方为语义分割结果展示界面，下方为修正语义画笔，可以点击相应的语义对语义分割结果进行二次人工编辑与修正，最下方有"显示本地语义""上传""保存"3 个按钮。对于最终修正的结果，点击"保存"按钮，可以将语义结果保存到本地。

在自动着色操作界面（图 8-18），主界面显示了着色效果，右侧结果展示区域的下方有"执行""保存"按钮，对应相应的功能。点击"执行"按钮，可以将灰度图像传到服务器端进行灰度图像的着色推理，完成着色后，向客户端返回图像效果，展示在界面上。点击"保存"按钮，可以将着色后的图像保存到本地（图 8-19）。至此，少数民族服饰图像细粒度语义分割与着色系统的操作流程全部展示完毕。

图 8-17　语义修正操作界面

图 8-18　自动着色操作界面

图 8-19　保存自动着色图像界面

二、少数民族服饰图像检索功能展示

　　少数民族服饰图像操作主要界面按功能可分为 3 个区域，分别为菜单栏、输入图像展示区、语义分割结果展示区，将"加载分割模型""特征提取融合""开始检索图像"按钮单独放到左侧菜单栏，中间区域为原始图像展示区域，语义分割展示区可进行分割图像和保存图像操作。这一系统操作的执行顺序为导入、加载分割模型、开始分割图像、保存分割结果、特征提取融合、开始检索图像。如果在没有执行前面操作的情况下直接执行后续操作，则系统会提示应该先执行哪个操作，确定后才可以继续执行后续操作。例如，如果没有执行导入图像而直接执行后面的操作，系统会提示先导入图像；如果导入图像没有进行分割图像操作而执行保存分割结果，系统会提示先执行分割图像操作。为了让用户可以更加直观地对比输入图像与语义分割后图像的结果，本系统采用分栏的方式将输入图像与语义分割并列进行展示。本系统的系统主界面如图 8-20 所示。

　　点击选择输入图像区域的"导入"按钮，可以从本地文件列表里选择需要输入系统的图像，输入的图像将在系统的输入图像区域显示，系统提示导入图片成功，操作界面如图 8-21 所示。

图 8-20　系统主界面

图 8-21　导入图像界面

选择加载分割模型的文件以后，点击"开始分割图像"按钮，即可对输入的图像使用选择的语义分割模型进行语义分割，并将分割结果显示到右侧语义分割显示区域，系统提示分割图像成功，操作界面如图 8-22 所示。

语义分割结果展示在界面上，用户可以选择保存分割后的结果，点击"保存分割结果"按钮，对语义分割结果进行重命名保存到本地，操作界面如图 8-23 所示。

图 8-22 语义分割界面

图 8-23 语义分割结果保存界面

点击"特征提取融合"按钮，对输入的图像进行分类与融合，获得检索特征用于检索。点击"开始检索图像"按钮，系统会搜索数据库中的图像，计算并展示与输入图像相似度排名前 10 的图像。主操作界面没有空间展示搜索到的检索图像，所以在主操作界面上使用一个新的对话框进行展示，最终系统的服饰图像分层检索结果界面如图 8-24 所示。

图 8-24　服饰图像分层检索结果界面

三、少数民族服饰草图生成与着色功能展示

少数民族服饰草图生成与着色系统主要包括左侧导航栏和右侧操作区域，主要功能包括图像处理、草图生成、草图着色、民族风格渲染等，系统界面风格以图像处理界面为例，如图 8-25 所示。

图 8-25　少数民族服饰着色系统界面

　　图像处理模块是少数民族服饰着色平台的第一个模块。这个模块的主要功能是输入一些图像，根据不同模型的需要进行简单的预处理，如裁剪某些图像区域、调整分辨率大小等。

　　在图像处理模块，左侧区域是上传图像功能，右侧区域是预处理功能。点击"上传图片"按钮，用户选择本地图像进行上传，上传结果如图 8-26 所示。在本系统中，图像在输入边缘与轮廓提取模型及着色模型的过程中，会自动调整大小，所以本系统设置的"开始预处理图片"主要是为了达到降噪和量化的目的。

图 8-26　图像处理模块上传图像界面

　　在图像处理模块上传完图像之后，点击"图像处理"按钮，这时系统会根据预先设置好的参数进行图像的降噪与量化，生成一幅预处理之后的目标图像，系统提示图像预处理成功，处理效果如图 8-27 所示。

　　图像生成模块主要依赖于核心算法，主要包括上传图像及图像生成效果两大功能。用户在使用过程中可以先上传原图像，经过平台上传至服务器后，会返回一个处理的结果。训练好的边缘与轮廓提取模型存放在服务器端，所以需要等待几秒钟才会得到处理结果，系统会提示上传原图生成草图成功，草图生成模块功能界面如图 8-28 所示。

图 8-27　图像预处理效果展示

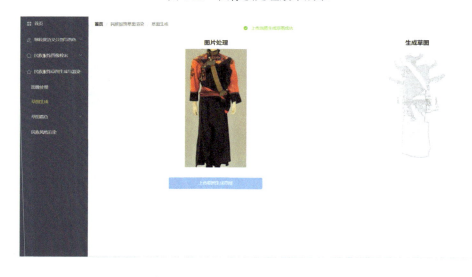

图 8-28　草图生成模块功能界面

　　图像着色模块也是本系统的重点模块，在设计的过程中除了能实现草图到彩色图像的转换，用户还可以选择输入彩色图像生成草图，再实现从草图到彩色图像的转换，草图着色功能模块界面和图像转换功能模块界面如图 8-29、图 8-30 所示。

图 8-29 草图着色功能模块界面

图 8-30 图像转换功能模块界面

（一）少数民族服饰草图生成彩图

在使用少数民族服饰草图着色功能时，只需要点击上传草图生成原图菜单，平台会自动上传用户输入的图像，并进行着色处理，最后的着色结果会在图像处理结果栏显示，系统提示上传草图生成原图成功。少数民族服饰草图生成彩图结果展示界面如图 8-31 所示。

图 8-31 少数民族服饰草图生成彩图结果展示界面

（二）少数民族服饰图像转换

少数民族服饰图像转换页面可以实现输入彩色图像，通过着色的方式获得着色后的效果，也可以直接输入草图，然后进行着色。该功能共分为 3 栏，第一栏中点击"上传彩图生成草图"，系统提示成功生成草图；第二栏点击"开始着色"，根据第一栏的彩色图像提取边缘轮廓之后生成的草图进行着色，系统提示着色成功；第三栏是经过第二栏的草图点击"开始着色"后，依据保存的着色模型生成的目标图像。彩色图像转换为草图功能界面如图 8-32 所示，草图转换为彩色图像功能界面如图 8-33 所示。

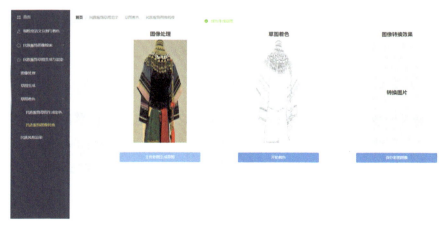

图 8-32 彩色图像转换为草图功能界面

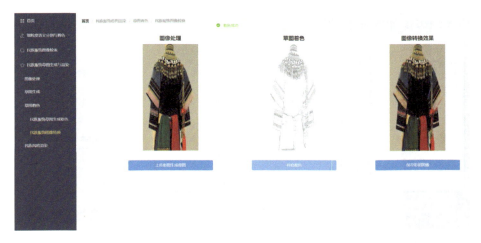

图 8-33　草图转换为彩色图像功能界面

着色生成彩色图像后，点击"保存彩图图像"按钮，可以对生成的彩图重新命名并保存到本地，保存彩色图像界面如图 8-34 所示。

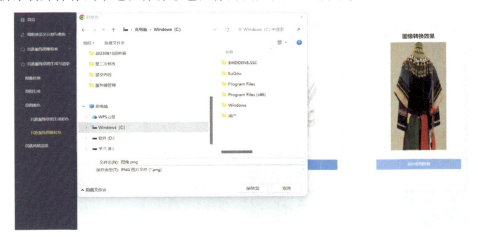

图 8-34　保存彩色图像界面

民族风格渲染模块作为整个平台的升华部分，主要作用是为用户提供一些其他图像着色民族色彩的途径。比如，有的人喜欢佤族的白色，所以想在制作花瓶等工艺品的时候加上这种色彩，那么就可以选择将花瓶图像输入到系统中，根据生成的带有民族色彩的花瓶供用户进行选择。对于该部分功能来说，用户输入一幅图像，系统在处理完之后，会同时生成 4 张不同风格的图像以供用户选择，这样既满足了用户的需求，又增加了着色的多样性。民族风格渲染模块功能界面如图 8-35 所示。

图 8-35　民族风格渲染模块功能界面

点击"上传原图"按钮，可以从本地系统选择彩色图像上传，上传原始彩色图像界面如图 8-36 所示。

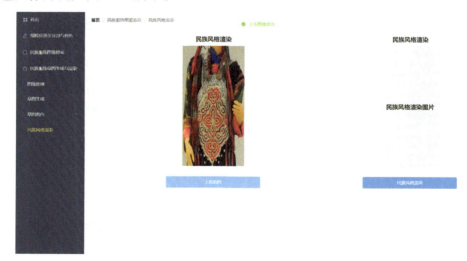

图 8-36　上传原始彩色图像界面

点击"民族风格渲染"按钮，对上传的彩色图像进行民族风格着色，民族服饰着色效果界面如图 8-37 所示。

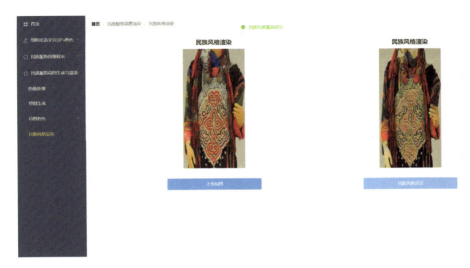

图 8-37 民族服饰着色效果界面

这一系统主要实现了少数民族服饰着色平台的各部分功能，把少数民族服饰草图自动着色重要算法紧密地联系起来，让用户可以快速、便捷地实现图像边缘轮廓提取和草图着色。在设计过程中，我们还添加了一些多样化的功能，如民族风格渲染模块，用户可以根据自己的需要实现各种类型图像的民族风格化，能给用户带来更多的趣味体验，平台在真正意义上实现了端到端的操作。

少数民族服饰数字化平台设计与实现，主要集成了少数民族服饰灰度图像语义分割与着色、基于语义分割的少数民族服饰图像检索，以及少数民族服饰草图生成与着色 3 个系统，并且实现了相应的功能。本书从需求分析、系统的功能模块、系统的流程、系统的设计环境和系统的界面进行平台的设计，满足了不同场景下对少数民族服饰图像的不同应用需求，弥补了少数民族服饰图像数字化实践方面成果的不足，可以促进少数民族服饰色彩在辅助服装设计等领域的推广，对促进少数民族服饰文化的保护与传承具有一定的意义。